# 供热工程

主 编　江　煜　杨　广　李　靖
副主编　汪秋刚　额热艾汗　任玉成

中国水利水电出版社
www.waterpub.com.cn

·北京·

## 内 容 提 要

本书结合国家最新的设计规范及其设计规程，深入浅出，对以热水和蒸汽作为热媒的集中供暖系统的工作原理、设计方法及设计要求作了详细的阐述；对供热收费改革与计量、分户热计量热水供暖系统、低温热水地板辐射供暖、温控阀等新技术、新设备和新的研究成果给予了比较详细的介绍。为了方便读者学习、理解及备考勘查设计注册公用设备工程师暖通空调专业执业资格考试，本书在每个章节设置典型工程案例及其技术例题。

本书亦可供从事供热工程设计和施工的技术人员作提高专业技能的参考书籍，也可作为勘查设计注册公用设备工程师暖通空调专业执业资格考试的复习参考书。

**图书在版编目（C I P）数据**

供热工程 / 江煜，杨广，李靖主编. -- 北京 ： 中
国水利水电出版社，2019.1
ISBN 978-7-5170-6787-0

Ⅰ．①供… Ⅱ．①江… ②杨… ③李… Ⅲ．①供热工
程－高等学校－教材 Ⅳ．①TU833

中国版本图书馆CIP数据核字 (2018) 第205216号

| 书　名 | 供热工程<br>GONGRE GONGCHENG |
| --- | --- |
| 作　者 | 主编　江煜　杨广　李靖<br>副主编　汪秋刚　额热艾汗　任玉成 |
| 出版发行 | 中国水利水电出版社<br>（北京市海淀区玉渊潭南路 1 号 D 座　100038）<br>网址：www.waterpub.com.cn<br>E-mail：sales@waterpub.com.cn<br>电话：（010）68367658（营销中心） |
| 经　售 | 北京科水图书销售中心（零售）<br>电话：（010）88383994、63202643、68545874<br>全国各地新华书店和相关出版物销售网点 |
| 排　版 | 北京图语包装设计有限公司 |
| 印　刷 | 北京九州迅驰传媒文化有限公司 |
| 规　格 | 184mm×260mm　16 开本　13.25 印张　314 千字 |
| 版　次 | 2019 年 1 月第 1 版　2019 年 1 月第 1 次印刷 |
| 定　价 | **59.00 元** |

凡购买我社图书，如有缺页、倒页、脱页的，本社营销中心负责调换

# 前　　言

《供热工程》是为高等院校建筑环境与能源应用工程专业编写的教材，随着供热新技术、新理论、新方法的出现，供热工程在理论与实践方面都有了很大的发展，我国先后颁布了《民用建筑供暖通风与空气调节设计规范》（GB 50736—2012）和《辐射供暖供冷技术规程》（JGJ 142—2012），供热系统的设计、施工等方面有了新的要求。为了能及时反映供热工程的新技术以及有关规范、规程的新技术要求，提高"供热工程"课程的教学质量，我们编写了该书。

本书主要介绍以热水和蒸汽作为热媒的集中供暖系统的工作原理、设计方法及设计要求。

内容包括绪论、供暖系统的设计热负荷、室内供暖系统的末端装置、室内热水供暖系统、室内热水供暖系统的水力计算、蒸汽系统等，并对近年来供热工程的新技术、新理论、新方法、新设备等作了较为详细的介绍。为了使读者能够尽快掌握供热工程的设计计算方法，书中提供了设计计算例题和典型的工程实例。

本书也可供从事供热工程设计、施工的技术人员使用。

本书共6章，第1章绪论由江煜编写，第2章由江煜、李靖编写，第3章由杨广、李靖编写，第4章由李靖、汪秋刚、额热艾汗编写，第5章由汪秋刚、额热艾汗、任玉成编写，第6章由汪秋刚、额热艾汗、任玉成编写，附录由江煜、杨广、李靖、汪秋刚、额热艾汗、任玉成编写。全书由江煜统编定稿。

本书诚请石河子大学易红星教授审阅，为本书提出了许多宝贵的意见，谨此表示衷心感谢。

由于我们的编写水平有限，书中难免存在缺点和错误之处，敬请读者不吝指教，编辑不胜感谢。

编　者

# 目　录

前　言
第一章　绪　论……………………………………………………………………………………- 1 -
　　一、供热技术的发展概况………………………………………………………………………- 1 -
　　二、我国供热事业的发展………………………………………………………………………- 3 -
　　三、供热工程有关的概念………………………………………………………………………- 6 -
　　四、供暖工程……………………………………………………………………………………- 6 -
　　五、供暖工程的研究对象及主要内容…………………………………………………………- 10 -
　　六、供暖工程课程任务…………………………………………………………………………- 10 -
第二章　供暖系统的设计热负荷…………………………………………………………………- 11 -
　　第一节　供暖系统设计热负荷………………………………………………………………- 11 -
　　　　一、供暖系统设计热负荷…………………………………………………………………- 11 -
　　　　二、建筑物失热量和得热量………………………………………………………………- 11 -
　　　　三、供暖系统设计热负荷的确定…………………………………………………………- 12 -
　　第二节　围护结构的基本耗热量……………………………………………………………- 12 -
　　　　一、围护结构的基本耗热量………………………………………………………………- 13 -
　　　　二、供暖室内计算温度 $t_n$ 的确定…………………………………………………………- 13 -
　　　　三、供暖室外计算温度 $t'_w$ 的确定………………………………………………………- 14 -
　　　　四、温差修正系数 $\alpha$ 值…………………………………………………………………- 14 -
　　　　五、围护结构的传热系数 $K$ 值……………………………………………………………- 15 -
　　　　六、围护结构传热面积的丈量……………………………………………………………- 19 -
　　第三节　围护结构的附加（修正）耗热量…………………………………………………- 20 -
　　　　一、朝向修正耗热量………………………………………………………………………- 20 -
　　　　二、风力附加耗热量………………………………………………………………………- 20 -
　　　　三、高度附加耗热量………………………………………………………………………- 21 -
　　　　四、其他附加耗热量………………………………………………………………………- 21 -
　　第四节　冷风渗透耗热量……………………………………………………………………- 22 -
　　　　一、冷风渗透耗热量概念…………………………………………………………………- 22 -
　　　　二、影响冷风渗透耗热量的因素…………………………………………………………- 22 -
　　　　三、按缝隙法计算多层建筑的冷风渗透耗热量…………………………………………- 22 -
　　　　四、用换气次数法计算冷风渗透耗热量…………………………………………………- 23 -

　　五、用百分数法计算冷风渗透耗热量——用于工业建筑的概算法 ················ - 24 -
　第五节　冷风侵入耗热量 ················································· - 24 -
　　一、冷风侵入耗热量概念 ··············································· - 24 -
　　二、冷风侵入耗热量的确定方法 ········································· - 24 -
　　三、建筑物供暖热负荷的估算方法 ······································· - 25 -
　第六节　供暖设计热负荷计算例题 ········································· - 25 -
　第七节　辐射供暖系统热负荷计算 ········································· - 28 -
　　一、辐射供暖 ······················································· - 28 -
　　二、低温地板辐射供暖系统的特点 ······································· - 31 -
　　三、低温辐射供暖热负荷计算 ··········································· - 31 -
　第八节　围护结构的最小传热阻与经济传热阻 ······························· - 32 -
　　一、最小传热阻 ····················································· - 32 -
　　二、经济传热阻 ····················································· - 34 -
　第九节　高层建筑供暖设计热负荷计算方法简介 ····························· - 35 -
　　一、热压作用 ······················································· - 35 -
　　二、风压作用 ······················································· - 37 -
　　三、风压与热压共同作用 ··············································· - 39 -
　第十节　建筑节能及措施 ················································· - 41 -
　　一、建筑总能耗 ····················································· - 41 -
　　二、建筑节能相关节能指标 ············································· - 42 -
　　三、建筑节能的方法及设计步骤 ········································· - 43 -
第三章　室内供暖系统的末端装置 ··········································· - 45 -
　第一节　散热器 ························································· - 45 -
　　一、对散热器的要求 ················································· - 45 -
　　二、散热器的种类及选择 ··············································· - 46 -
　　三、散热器的布置与安装 ··············································· - 53 -
　第二节　散热器的计算 ··················································· - 54 -
　　一、计算目的和依据 ················································· - 54 -
　　二、散热器面积的计算 ················································· - 54 -
　第三节　低温辐射供暖的计算 ············································· - 57 -
　　一、低温热水地板辐射供暖 ············································· - 57 -
　　二、混凝土填充式地面辐射热水供暖系统设计 ····························· - 58 -
　　三、低温热水地板辐射供暖地面散热量的计算 ····························· - 60 -
　　四、辐射供暖系统水力计算 ············································· - 62 -
　第四节　暖风机 ························································· - 64 -

一、暖风机概述 ································································· - 64 -

二、分类与应用 ································································· - 64 -

第四章　室内热水供暖系统 ··············································· - 69 -

第一节　概述 ································································· - 69 -

一、供暖热媒的选择 ························································· - 69 -

二、热水供暖系统的分类 ··················································· - 69 -

第二节　重力循环热水供暖系统 ··········································· - 70 -

一、系统工作原理 ··························································· - 70 -

二、系统工作过程 ··························································· - 70 -

三、系统的作用压力 ························································· - 71 -

四、自然循环热水供暖系统设计特点 ······································· - 72 -

五、系统主要形式 ··························································· - 72 -

六、重力循环热水供暖系统作用压力计算 ··································· - 73 -

第三节　机械循环热水供暖系统 ··········································· - 77 -

一、机械循环热水供暖系统 ················································· - 77 -

二、系统主要形式 ··························································· - 78 -

第四节　高层建筑热水供暖系统 ··········································· - 83 -

一、高层建筑热水供暖系统设计存在的问题 ································· - 83 -

二、分层式供暖系统 ························································· - 83 -

三、双线式系统 ····························································· - 85 -

四、高层建筑直连（静压隔断）式供暖系统 ································· - 86 -

第五节　室内热水供暖系统的管路布置和主要设备及附件 ··················· - 88 -

一、室内热水供暖系统的管路布置 ··········································· - 88 -

二、室内热水供暖系统主要设备和附件 ······································· - 94 -

第六节　分户热计量热水供暖系统 ········································· - 99 -

一、分户热计量供暖系统 ··················································· - 99 -

二、室内分户热计量供暖系统的组成 ······································· - 100 -

三、户内水平供暖系统形式与特点 ········································· - 100 -

三、单元立管供暖系统形式与特点 ········································· - 104 -

四、水平干管供暖系统形式与特点 ········································· - 105 -

五、分户供暖系统的入户装置 ············································· - 106 -

第五章　室内热水供暖系统的水力计算 ··································· - 108 -

第一节　管路水力计算的基本原理 ········································· - 108 -

一、基本公式 ······························································· - 108 -

二、当量长度法 ··························································· - 111 -

　　　三、室内热水供暖系统水力计算中应注意的几点 ················· - 112 -
　　　四、室内热水供暖系统管路水力计算的数学模型 ················· - 114 -
　　　五、室内热水供暖系统水力计算的主要任务和内容 ··············· - 116 -
　　第二节　重力循环双管系统管路的水力计算················· - 118 -
　　　一、重力循环双管系统循环作用压力 ····················· - 118 -
　　　二、例题································· - 118 -
　　第三节　机械循环热水供暖系统的水力计算方法和例题 ··········· - 125 -
　　　一、机械循环热水供暖系统的特点 ······················ - 125 -
　　　二、机械循环单管顺流异程式热水采暖系统的水力计算步骤 ········· - 125 -
　　　三、散热器进流系数的确定 ·························· - 129 -
　　　四、机械循环单管顺流同程式热水供暖系统的水力计算例题 ········· - 131 -
　　第四节　不等温降的水力计算方法简介 ····················· - 135 -
　　　一、不等温降法 ······························· - 135 -
　　　二、不等温降的水力计算方法及步骤 ····················· - 136 -
　　第五节　分户供暖热水供暖系统管路的水力计算原则与方法 ·········· - 136 -
　　　一、传统供暖系统的特点 ··························· - 136 -
　　　二、分户供暖系统水力工况特点 ······················· - 137 -
　　　三、户内水平供暖系统的水力计算原则与方法 ················ - 138 -
　　　四、单元立管与水平干管供暖系统的水力计算应考虑的原则与方法 ····· - 139 -
　第六章　蒸汽供暖系统····························· - 142 -
　　第一节　概述································· - 142 -
　　第二节　室内蒸汽供暖系统·························· - 143 -
　　　一、室内蒸汽供暖系统的分类 ························ - 143 -
　　　二、低压蒸汽供暖系统 ···························· - 144 -
　　第三节　高压蒸汽供暖系统·························· - 148 -
　　　一、高压蒸汽供暖系统的技术经济特性 ···················· - 148 -
　　　二、高压蒸汽供暖系统的形式 ························· - 149 -
　　　三、高压蒸汽供暖系统的特点 ························· - 151 -
　　　四、高压蒸汽供暖系统凝水回收方式 ····················· - 151 -
　　　五、高压蒸汽供暖系统设计要点 ······················· - 152 -
　　第四节　蒸汽系统专用设备························· - 153 -
　　　一、疏水器································· - 153 -
　　　二、水封及孔板式疏水阀 ··························· - 158 -
　　　三、减压阀································· - 159 -
　　　四、二次蒸发箱······························· - 162 -

　　　四、安全水封 ………………………………………………………………… - 163 -
　　第五节　室内蒸汽供暖系统水力计算 ………………………………………… - 164 -
　　　一、室内低压蒸汽供暖系统管路的水力计算 ………………………………… - 164 -
　　　二、室内高压蒸汽供暖系统管路的水力计算 ………………………………… - 168 -
参考文献 ………………………………………………………………………… - 172 -
附表 ……………………………………………………………………………… - 173 -
　　附表 2-1　辅助建筑物及辅助用室的冬季室内计算温度 $t_n$（最低值） ……… - 173 -
　　附表 2-2　温差修正系数 $\alpha$ 值 ………………………………………………… - 173 -
　　附表 2-3　一些建筑材料的热物理特性表 ……………………………………… - 173 -
　　附表 2-4　常用维护结构的传热系数 $K$ 值 …………………………………… - 175 -
　　附表 2-5　渗透空气量的朝向修正系数 $n$ 值 ………………………………… - 175 -
　　附表 2-6　供暖热指标推荐值 $q$ ……………………………………………… - 176 -
　　附表 2-7　允许温差 $\Delta t_y$ 值 ………………………………………………… - 176 -
　　附表 3-1　一些铸铁散热器规格及其传热系数 $K$ 值 ………………………… - 177 -
　　附表 3-2　一些钢制散热器规格及其传热系数 $K$ 值 ………………………… - 177 -
　　附表 3-3　散热器组装片数修正系数 $\beta_1$ …………………………………… - 178 -
　　附表 3-4　散热器连接形式修正系数 $\beta_2$ …………………………………… - 178 -
　　附表 3-5　散热器安装形式修正系数 $\beta_3$ …………………………………… - 178 -
　　附表 3-6　水泥、石材或陶瓷面层单位地面面积的向上供热量和向下传热量 … - 179 -
　　附表 3-7　塑料类材料面层单位地面面积的向上供热量和向下传热量 ……… - 180 -
　　附表 3-8　木地板材料面层单位地面面积的向上供热量和向下传热量 ……… - 181 -
　　附表 3-9　铺厚地毯面层单位地面面积的向上供热量和向下传热量 ………… - 182 -
　　附表 3-10　塑料管及铝塑复合管水力计算表 ………………………………… - 183 -
　　附表 3-11　块状辐射板规格及散热热量表 …………………………………… - 188 -
　　附表 3-12　金属辐射板的最低安装高度 ……………………………………… - 188 -
　　附表 4-1　水在各种温度下的密度 $\rho$（压力为 100kPa 时） ………………… - 189 -
　　附表 4-2　在自然循环上供下回双管热水供暖系统中，由于水在管路内冷却
　　　　　　　而产生的附加压力 ………………………………………………… - 189 -
　　附表 4-3　供暖系统各设备供给每 1kW 热量的水溶量 $V_0$ ………………… - 190 -
　　附表 5-1　热水供暖系统管道水力计算表（$t'_g$=95℃，$t'_h$=70℃，$K$=0.2mm） … - 191 -
　　附表 5-2　热水及蒸汽供暖系统局部阻力系数 $\xi$ 值 ………………………… - 193 -
　　附表 5-3　热水供热系统局部阻力系数 $\xi$ =1 的局部损失（动压头）
　　　　　　　值 $\Delta P_d = pv^2/2$(Pa) …………………………………………… - 194 -
　　附表 5-4　一些管径的 $\lambda/d$ 值和 $A$ 值 …………………………………… - 195 -
　　附表 5-5　按 $\xi_{zh}$=1 确定热水供暖系统管段压力损失的管径计算表 …… - 195 -
　　附表 5-6　供暖系统中摩擦损失与局部损失的概率分配比例 $\alpha$ ………… - 197 -
　　附表 6-1　疏水器的排水系数 $A_p$ 值 ………………………………………… - 197 -

附表 6-2　低压蒸气供暖系统管路水力计算表（表压力 $P_b$=5~20kPa，$k$=0.2mm）··················· - 198 -

附表 6-3　低压蒸气供暖系统管路水力计算用动压头 ································· - 199 -

附表 6-4　蒸汽供暖系统干式和湿式自流凝结水管管径选择表·················· - 199 -

附表 6-5　室内高压蒸汽供暖系统管径计算表（蒸汽表压力 $P_b$=200kPa，$k$=0.2mm）··········· - 200 -

附表 6-6　室内高压蒸汽供暖管路局部阻力当量长度（$K$=0.2mm）····················· - 202 -

# 第一章 绪 论

## 一、供热技术的发展概况

人类利用能源的历史经历了四次重大的突破：火的使用、蒸汽机的发明、电能的应用以及原子能的利用。可再生能源的开发利用，使人类利用能源的历史不断发生着重大变革，也使供热工程技术发生了质的飞跃。

人类利用热能是从熟食、取暖开始的，后来又将热能应用于生产中，并经过长期的实践，丰富和发展了供热理论。

供热技术的发展，起初是以炉灶为热源的局部供热。蒸汽机的发明，促进了锅炉制造业的发展。19 世纪欧洲的产业革命，使供热技术发展到以锅炉为热源、以蒸汽或热水为热媒的集中供热。集中供热方式始于 1877 年，当时在美国纽约，建成了第一个区域锅炉房向附近十四家热用户供热。到了 20 世纪初，由于社会化大生产的出现和电力负荷的增多，使供热技术有了新的发展，出现了热电联产，且以热电厂为热源进行区域供热。最近几十年来，区域供热发展很快，能够明显地达到节约能源、改善环境、提高人民生活水平和满足生产用热要求。

集中供热技术的发展，各国因具体情况不同而各具特点。

苏联和东欧国家的集中供热事业，长时期以来以积极发展热电厂供热作为主要技术发展政策。苏联集中供热规模，居世界首位；1980 年其热电厂总装机容量为 9600 万 kW；全国工业与民用的年总供热量中，70%由集中供热方式——热电厂和区域锅炉房供热；全国热电厂的总年供热量约为 55 亿 GJ。由于热电联产，单就苏联能源电力部所属的热电厂而言（占苏联全国热电厂的总装机容量的 86%），就节约了 6800 万 t 标煤（tce）。

莫斯科的集中供热系统是世界上规模最大的供热系统。据 1980 年资料，莫斯科市区有 14 座热电厂，供热机组 78 台，总容量为 585 万 kW，供热能力达 45200GJ/h。在室外温度较低时，投入系统运行的高峰热水锅炉共有 71 台，供热能力为 41100GJ/h；热网干系长度达到 3000 多 km，向 500 多个工业、企业和 4 万多座建筑供热。热水网路设计供/回水温度为 150℃/70℃，热水网路与供暖热用户的连接大多采用直接连接方式。热电厂供热系统供热量占全莫斯科市用热量的 60%，其余由区域锅炉房供热。城市的集中供热普及率接近100%。

地处寒冷气候的北欧国家，如瑞典、丹麦、芬兰等，在第二次世界大战以后，集中供热事业发展迅速。城市的集中供热普及率都较高。据 1982 年资料，如瑞典首都斯德哥尔摩市，集中供热普及率为 35%。丹麦的集中供热系统遍及全国城镇，向丹麦全国 1/3 以上的居民供暖和热水供应。这些国家的热水网路的设计供水温度大多为 120℃左右，网路与供暖热用户的连接方式多采用间接连接方式。

德国在第二次世界大战后的废墟重建工作，为发展集中供热提供了有利的条件。目前除柏林、汉堡、慕尼黑等已有规模较大的集中供热系统外，在鲁尔地区和莱茵河下游，还建立了连接几个城市的城际供热系统。

北欧国家和德国等，集中供热技术较为先进，如管道大多采用直埋敷设方式、装配式热力站、优化的热网运行管理和良好的热网自控设施等，在世界上处于领先地位。

在一些工业发展较早的国家中，如美、英、法等国家，由于早期多以区域锅炉房供热来发展集中供热事业，因此目前区域锅炉房供热仍占较大的比例，如法国首都巴黎的一个供热公司，采用蒸汽管网向部分城市的约 4000 幢大楼供热。据 1985 年资料，集中供热系统的热源由八座区域性蒸汽锅炉房、三座大型焚烧垃圾的锅炉房和一座热电厂所组成。热源的供汽压力为 5～20bar[①]。热源的总供汽能力为 3560t/h。由于 20 世纪 70 年代的石油危机，也促使这些国家更重视发展热电联产，如美国在 1978 年通过的国家能源法，就制定了促进热电联产的技术和经济方面的倾斜政策。

利用地热能源供热已有 70 多年的历史。世界上最早利用地热供暖的有意大利和新西兰等国家。冰岛首都雷克雅未克市的地热供热系统规模很大，据 1980 年资料，全市约 98.5%（约 10 万人）已使用地热供暖和热水供应。地热水一般温度为 80～120℃。此外，在匈牙利、日本、美国、苏联等许多国家都有地热水供热系统。

原子核的裂变和聚变可以释放出巨大的能量。原子能利用于热电联产上，始于 1965年。目前世界上已建成的原子能电站超过 300 座。例如，瑞典首都斯德哥尔摩市附近的沃加斯塔原子能热电厂，用背压汽轮机组排出的蒸汽加热高温水，向距厂约 4.5km 远的发鲁斯塔地区 15000 户、4 万人口的住宅区供暖。利用低温核反应堆只供应热能的集中供热，近年来许多国家如苏联、瑞典、加拿大等国家都在积极开发。苏联的高尔基城已建成两座500MW 的低温核反应堆。

此外，大型的工业企业，如钢铁、化工联合工业企业等，最大限度地利用生产工艺用热设备的余热装置，已成为生产工艺流程中不可缺少的组成部分。工业余热利用是节约能源的一个重要途径。

供暖技术的发展，离不开工业水平的提高和集中供热事业的发展。随各国具体情况不同，各国供暖技术的发展也有不同的特点。如苏联和东欧等国家，由于城市多采用大型热水网路系统，因而在散热器热水供暖系统和工业厂房采用集中热风供暖方面，对系统的设计原理和方法、运行中系统水力工况和热力工况的分析以及与热网的连接方式等问题，都

---

① 1bar=10⁵Pa

进行了大量的研究工作和有丰富的实践经验。在欧美国家中，由于市场经济和适应用户的多种要求，在多种形式供暖系统（如辐射供暖、与空调相结合的供暖方式等）、供暖设备和附件的多样化以及供暖系统的自控技术等方面，不断进行研究和开发，促进供暖技术的现代化。

**二、我国供热事业的发展**

我国在远古时期，就有钻木取火的传说。我国在供热技术发展中曾对人类做出了杰出的贡献。例如西安半坡村挖掘出土的新石器时代仰韶时期的房屋中，就发现有长方形灶炕，屋顶有小孔用以排烟，还有双连灶形的火炕。在《今古图书集成》中记载，在夏、商、周时期就有供暖火炉。从古墓中出土的文物表明，汉代就有带炉箅的炉灶和带烟道的局部供暖设备。火地是我国宫殿中常用的供暖方式，至今在北京故宫和颐和园中还完整地保存着。这些利用烟气供暖的方式，如火炉、火墙和火炕等，目前在我国北方农村还被广泛地使用着。目前研究还表明，火炕是一种节能、舒适、环保、有发展应用前景的农村供暖方式。

但是在长期的封建社会中，供热技术的发展一直受到束缚，中华人民共和国成立前，我国仅在一些大城市的个别建筑和特殊区域内设置集中式供暖系统，如当时北京的六国饭店、清华大学图书馆和体育馆、东单的德国医院等，又如上海的国际饭店、华山公寓等，供暖系统被视为高贵的建筑设备。

在工厂中，对生产工艺用热，大多只采用简陋的锅炉设备和供热管道。供热事业的基础非常薄弱，供热事业很落后。

中华人民共和国成立后，随着国民经济建设的发展和人民生活水平的不断提高，我国的供暖和集中供热事业得到了迅速的发展。在东北、西北、华北三北地区，许多民用建筑、多数工业企业都装设了集中式供暖设备，居住的舒适性、卫生与环境条件得到很大的改善。

在集中供热发展的同时，也面临着许多问题和困难。我国从计划经济向社会主义市场经济全面转轨，城镇集中供热也逐渐从作为职工福利转变为适应市场经济的用热缴费制度，现有的供热体制、供热收费制度等已不能适应新时期市场经济条件下供热事业发展的需要。2002 年 3 月，中华人民共和国建设部的城建函〔2002〕49 号下发了《关于改革城镇供热体制的通知》（征求意见稿），通知中明确表示，改革单位统包的用热制度，停止福利供热，实行供热商品化、货币化；加大建筑节能技术的推广应用和供热设施的改革力度，提高热能利用效率，改善城镇大气环境的质量；加快供热企业改革，引入竞争机制，培育和规范城镇供热市场；更进一步明确了以后供热技术的发展方向。

供暖工程的设计、施工和运行管理工作，在 20 世纪 50 年代期间，主要是以学习苏联供暖技术为依据的。经过数十年来广大供暖通风技术工作者的努力，在 1975 年建设部颁布的设计规范基础上，1987 年颁布了适合我国国情，总结我国供暖通风技术经验的国家标准《采暖通风与空气调节设计规范》（GBJ 19—87）。如规范中对供暖室外计算温度和供暖热负荷的确定以及计算原则和方法，进行了大量的研究和编制工作，其成果与世界先进国家规范相比，毫不逊色。2012 年颁布了现行的《民用建筑供暖通风与空气调节设计规范》（GB 50736—2012）。

随着我国机械工业的发展，目前我国已有各种燃煤用的工业锅炉和热水锅炉系列产品，其中热水锅炉单台容量达 116MW，促进了集中供热（暖）的发展。在燃用低值燃料的热能综合利用方面，也做了大量的工作，取得了显著的效果。

从 20 世纪 70 年代开始，多种供暖系统形式的应用和新型散热设备的研制工作，有了较大的发展。如工业企业中高温水供暖系统，钢制辐射供暖的应用，新型钢串片、钢板模压等散热器的研制和应用，高级旅馆中供暖与空调相结合的风机盘管系统的出现等，这些都标志着我国供暖技术有了较迅速的发展。

太阳能和地热能用于供暖方面，也取得了可喜的成绩，在西北地区、北京、天津等地，20 世纪 80 年代建造了一批太阳能供暖建筑。天津、北京、新疆等地也相继出现了地热供暖。目前已有 20 多个省（自治区、直辖市）开展了地热能的勘探和开发利用，地热能供暖也了一定的发展前景。

此外，供暖技术的研究工作，供暖系统设计优化和电算技术的应用以及施工技术方面，近年来也获得了长足的进步。

我国的集中供热事业，可以说是在几乎空白的基础上，从第一个五年计划开始发展的。伴随着当时的大规模工业建设，兴建了区域性热电厂，如在北京、保定、石家庄、郑州、洛阳、西安、兰州、太原、包头、吉林、哈尔滨、富拉尔基等地，为我国热电联产事业奠定了基础。近四十多年来，随着国民经济的迅速发展，节能工作日益受到重视和改革开放政策的实施，使我国集中供热事业，无论在供热规模还是供热技术方面，都有很大的发展。

自 1959 年我国第一座城市热电站——北京东郊热电站投入运行，到改革开放前，我国只有哈尔滨、沈阳等 7 个城市有集中供热。改革开放后发展迅速，1981 年增加到 15 个城市，到 1998 年有集中供热设施的城市猛增到 286 个。

根据能源部的统计资料，1980 年，全国单机容量 6000kW 及以上的供热机组容量为 443.41 万 kW，到 1990 年底已发展到 998.93 万 kW，年供热量为 56481 万 GJ。根据 1980 年建设部统计资料，"三北"地区集中供热（暖）面积仅为 1124.8 万 m²，普及率为 2%；到 1990 年底，全国已有 117 个城市建设了集中供热设施，供热（暖）面积达 21263 万 m²，2005 年底，全国实现供热（暖）面积为 252056 万 m²，到 2012 年，全国集中供热面积达 518400 万 m²，从 2005 年开始每年以 2 亿 m² 以上速度增长。

到 20 世纪 80 年代末期，北京市热力公司所管辖的集中供热系统，热源是由两个热电厂、两个区域锅炉房组成的。供暖建筑面积到 1989 年底为 1304 万 m²。到 2005 年底，供暖面积已发展到 31736 万 m²。

20 世纪 80 年代以后，我国集中供热技术的进展，主要表现在以下几个方面：

（1）高参数、大容量供热机组的热电厂和大型区域锅炉房的兴建，为大、中型城市集中供热，开辟了广阔的前景。以前我国供热机组容量较小，多为 1.2 万 kW、2.5 万 kW、5.0 万 kW 的供热机组。近年来，主要应用的是 20 万 kW 和 30 万 kW 抽汽冷凝两用供热机组，在北京、沈阳、长春和太原等地建成投产。太原市的大型区域锅炉房，供暖建筑面积达到 600 万 m²。

（2）改造凝汽式发电厂为热电厂，采用汽轮机汽缸开孔抽汽或在导汽管开孔抽汽，或利用凝汽器低真空运行加热热网循环水的方式，改造中、小型老旧凝汽机组，使发电耗煤大大降低，并为城市集中供热提供热源。20 世纪 80 年代末期，单在东北地区电网所属范围的凝汽式发电厂，已有 14 个电厂采用低真空运行的方式供热，为小城镇供热开辟了快而省的途径。

（3）改变了多年来城市集中热水供热系统单一的系统模式，初步形成集中供热系统形式多样化的局面。我国城市民用的集中热水供热系统，绝大多数是由单一热源，按质调节方式（即随室外温度变化，相应改变供水温度，但网路循环水量不改变的调节方式）供热，热水网路与供暖用户系统采用直接连接的方式。近年来，多热源联合供热系统、热水网路与供暖用户系统采用间接连接、环形热水网路和利用变速循环水泵和分布式水泵供热系统等的应用，促进了供热技术的发展。

（4）预制供热保温管直埋敷设的较广泛应用，改变了以前主要采用地沟敷设的形式，节约了管网投资和便于施工。此外，管道保温材料的品种和规格也多种多样。

（5）一些新型的供热管道的附件和设备得到推广应用，如波纹管补偿器、球形补偿器、旋转式补偿器、蝶阀、手动调节阀、自立式流量调节阀、平衡阀等。对保证供热系统安全运行起着重要的作用。

（6）从 20 世纪 60 年代开始，我国已经能够自行设计大、中、小型的成套设备、各种锅炉，设计制造多种铸铁、钢制和铝合金的散热设备。特别是近年来拓宽了国际技术交流的渠道，大量先进技术陆续引进，国内供热技术的开发能力也不断地增强，城镇供热在设计标准、工艺水平和技术性能、自动化程度等方面有了很大的进步。

集中供热系统优化设计方面，进行了大量研究工作。供热系统的自控技术，如采用微机监控系统、采用机械式调节器控制等技术，已在国内一些集中供热系统中应用。

集中供热系统在设计标准方面，建设部发布了《城市热力网设计规范》（CJJ 34—2002）和《城市供热管网工程施工及验收规范》（CJJ 28—2004）等标准。

（7）20 世纪 80 年代后，在供热规模和供热技术方面取得了很大的发展。各种新设备、新技术、新工艺不断出现。供暖方式出现多样化：独立式分户供暖、地暖、电暖家庭中央空调供暖等。按照供热的规模和供热建筑类型的不同，供热方式可分为城市集中热力网供热、居住小区集中供热、分户供热、商业或公共建筑供热（自备热源的独立供热建筑）

（8）推广热电联产、集中供热，提高热电机组的利用率，发展热能梯级利用技术，热、电、冷三联产技术和热、电、煤气三联供技术，提高热能综合利用率。

虽然在中华人民共和国成立六十多年来，我国供热工程建设、技术及供热普及率，虽然取得了长足的进步，但与一些工业发达的国家如瑞典、芬兰等集中供热行业发达的国家比仍存在较大差距，在整个供热系统的热能利用效率、供热（暖）产品设备品种和质量、供热系统的运行管理和自控水平等方面，仍有不少差距，亟待提高，这也从另一方面说明了我国城市集中供热行业有巨大的发展潜力。

我国供热工程发展面临的主要问题如下：

（1）节能减排，创建和谐社会。我国是能源消耗大国，在能源消耗结构中，煤炭约占总能耗75%。供热、通风是能源消耗大户。供热事业的可持续性发展意味着资源持续利用，也意味着不可再生能源消耗的增长。因此，供热工程的发展，在消耗能源的同时也间接地对环境造成污染。生态环境得到保护和社会均衡发展是当前全球环境问题之一。这就要求我们不但要研究开发供热领域的新技术与新设备，同时要加强新建建筑的保温，对20世纪80年代以后建设的建筑实施节能改造，以达到增加供暖面积不增能耗的目的。

（2）采用绿色能源，如太阳能、风能、地热能、余热综合利用等。在这方面已取得初步成效，如地源热泵、城市污水水源热泵、空气源热泵、秸秆利用等，但还需加大力度推进才能保证社会可持续发展。

（3）加强供热系统的科学化管理。应有一批高素质，技术过硬的一线工作者，同时采用先进的自控手段，在满足供热要求下，减少燃料、电、水的耗量，实现节能减排。

## 三、供热工程有关的概念

### 1. 供热工程

在本专业范围内，供热工程主要是指利用热媒将热能输送到各热用户的工程技术。

随着国民经济、建设发展、技术进步和节约能源的迫切需要，以及供热系统中的空调系统、供暖系统及热水供应系统的能耗占建筑物总能耗的40%～60%，供热工程成为我国热能工程的重要组成部分而日益得到重视。

### 2. 供暖

供暖是指在冬季用人工的方法通过消耗一定能源向室内供给热量，使室内维持生活、工作所需室内温度的技术、设备、服务的总称。

### 3. 热媒

热媒是热能的载体，是可以用来输送热能的媒介物，常用的热媒是热水和蒸汽、其他介质。

## 四、供暖工程

### 1. 供暖系统的组成

所有的供暖系统都是由热源、输热管道和散热设备三个主要部分组成。

（1）热源。热源是生产热能的部分，在热能工程中，泛指能从中吸取热量的任何物质、装置或天然能源。

（2）输热管道。热媒通过输热管道从热源输送到散热设备。

（3）散热设备。散热设备将热媒携带的热量散入室内的设备。

图 1-1 为集中式热水供暖系统的示意图。热水锅炉与散热器分别设置，通过热水管道（供水管和回水管）相连接。循环水泵使热水克服系统内各种流动阻力循环流动，在锅炉内被加热，经散热器冷却后返回锅炉重新被加热。膨胀水箱用于容纳供暖系统升温时的膨胀水量，并使系统保持一定的压力。图 1-1 中的热水锅炉，可以向单幢建筑物供暖，也可以向多幢建筑物供暖。

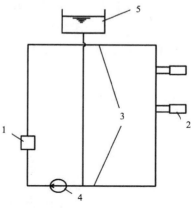

1—热水锅炉；2—散热器；3—热水管道；
4—循环水泵；5—膨胀水箱
图 1-1　集中式热水供暖系统示意图

2. 供暖的方式

根据供暖的规模及其组成三者之间的关系的不同，供暖可划分如下：

（1）分散供暖。即热用户少，热源规模小、输热管线较短的单体或小范围的供暖。

分散供暖大多将热源和散热设备合并成一个整体，集中设置在一个区域内的供暖系统（分散设置在各个房间里），目前分散供暖系统包括户用烟气供暖、户式燃气供暖、户式空气源热泵供暖及电热供暖等，如火炉、火墙、火炕、红外线燃气炉、电暖器、电热膜等。虽然燃气及电能由远处输送到建筑物内，但热量的转化和利用都是在散热设备上实现的。

火炉、火墙、火炕等供暖构造简单、卫生条件差，也不安全。

（2）集中供暖，如图 1-2 所示。热用户较多，热源规模较大，输热管线较长的大范围或区域供给热量的供暖系统，又称为集中式供暖系统。

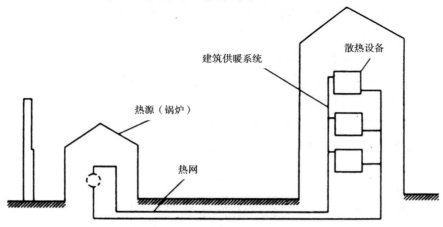

图 1-2　集中式供暖系统的示意图

集中供暖由远离供暖房间的热源与散热设备分别设置，是热源通过热媒管道向各个房间或各个建筑物供给热量的供暖系统。

热源对一个或几个小区多幢建筑物的集中供暖方式，在国内也惯称联片供热（暖）。以热水和蒸汽作为热媒的集中供暖系统可以较好地满足人们生活、工作以及生产对室内温度的要求，并且卫生条件好，减少了对环境的污染，热效率高，目前广泛应用于各类建筑物中。

（3）集中供热，如图 1-3 所示。

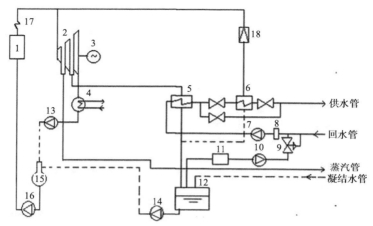

1—锅炉；2—汽轮机；3—发电机；4—凝汽器；5—主加热器；6—高峰加热器；7—循环水泵；8—除污器；
9—压力调节阀；10—补给水泵；11—补充水处理装置；12—凝结水箱；13、14—凝结水泵；15—除氧器；
16—锅炉给水泵；17—过热器；18—减压装置

图 1-3   抽气式热电厂集中供热系统原则性示意图

集中供热是指以热水或蒸汽作为热媒，从一个或多个热源通过热网向城市（镇）或其中某些区域提供日常供热。它的供热量和范围比分散供热大得多，输送距离长得多。

19 世纪末期，在集中供暖技术的基础上，开始出现以热水和蒸汽作为热媒，由热源集中向一个城镇或较大区域供应热能的技术。如新疆石河子市，20 世纪 80 年代，全市共有100 多套锅炉供热系统，现在主要由东热电厂、西热电厂、24 号供热站、四个热源进行集中供热，实现全市 88%集中供热率，居全新疆之首。

（4）值班供暖。值班供暖是指在非工作时间或中断使用的时间内，为使建筑物保持最低室温要求而进行的供暖。

（5）全面供暖。全面供暖是指使整个供暖房间保持一定温度的要求而进行的供暖。

（6）局部供暖。局部供暖是指在室内局部区域或局部工作地点保持一定温度而进行的供暖。

3．供暖系统的分类

（1）根据热媒种类分类。根据热媒种类，供暖系统分为热水、蒸汽、热风供暖及烟气供暖系统。

1）热水供暖系统。热水供暖系统是以热水作为供暖系统的热媒。一般认为，凡是温度低于100℃的水称为低温水，高于100℃的水称为高温水。低温水供暖系统供回水的设计温度通常为50～75℃，目前，我国高温水供暖系统的供水温度一般不超过130～150℃，回水多为70℃。由于低温水供暖系统卫生条件较好，目前被广泛用于民用建筑中。

2）蒸汽供暖系统。蒸汽供暖系统以饱和蒸汽作为供暖系统的热媒，按蒸汽的压力不同，可分为低压蒸汽供暖系统（蒸汽压力不大于70kPa）、高压蒸汽供暖系统（蒸汽压力大于70kPa）和真空蒸汽供暖系统三种。

蒸汽供暖与热水供暖相比，主要优点是热媒平均温度高，所需散热器数量少；蒸汽流速大，管道的管径小，节省管材；蒸汽密度小，产生的静压力小，在热负荷相同的情况下热媒流量小，可以节省电能。

蒸汽供暖与热水供暖相比，主要缺点是蒸汽在输送过程中热损失大，易泄漏，消耗燃料多；系统内会有空气存在，尤其是凝结小管易锈蚀，使用年限短；管道和散热器温度高，易烫伤，室内卫生条件较差。另外蒸汽的热惰性小，热得快，停汽时冷得也快，间歇供暖时稳定性差，适用于短时间供暖的建筑物。

3）热风供暖系统。热风供暖系统以热空气作供暖系统的热媒，即把空气加热到适当的温度（一般为35～50℃）直接送入房间，以强制对流方式直接向房间供热，用以满足供暖要求。根据需要和实际情况，可设独立的热风供暖系统或者采用与通风和空调联合的系统。例如暖风机、热风幕等就是热风供暖的典型设备，热风供暖以空气作为热媒，它的密度小，比热容与导热系数均很小，因此加热和冷却比较迅速。但由于空气比容大，所需管道断面积比较大。

4）烟气供暖系统。直接利用燃料在燃烧时所产生的高温烟气，在流动过程中向房间散出热量，以满足供暖要求。如火炉、火墙、火坑、火地等形式，在我国北方广大的村镇中应用比较普遍，烟气供暖虽然简便实用，但由于大多属于在简易的燃烧设备中就地燃烧燃料，不能合理地使用燃料，燃烧不充分，热损失大，热效率低，燃料消耗多，而且温度高，卫生条件不够好，火灾的危险性大。

（2）根据按散热设备散热方式分类。根据按散热设备散热方式的不同，供暖系统可分为对流供暖和辐射供暖两种类型。

1）对流供暖。对流供暖的散热设备以对流换热为主要方式的供暖系统。利用空气受热所形成的自然对流，使房间温度上升。对流供暖的主要系统有散热器供暖系统、暖风机供暖系统等。

2）辐射供暖。辐射供暖散热设备以辐射换热为主要方式的供暖系统。利用受热面释放热射线，将室内空气加热。辐射供暖主要散热设备有金属辐射板、电红外线或燃气辐射供暖器，或以建筑物的顶棚、地板、墙壁等作为辐射面等。

（3）根据供暖系统收费计量方式分类。根据供暖系统收费计量方式不同可分为集中供暖的常规型式和分户热计量型式。

传统的供暖系统为常规形式，是按照建筑面积收费，不利于调动供热部门及热用户节能的积极性。随着我国建筑节能技术和供热体制改革步伐的加快，对供暖系统的供热计量和热网的调节控制功能提出更高要求，供暖系统出现了分户热计量形式。

## 五、供暖工程的研究对象及主要内容

1. 研究对象

本书的供暖系统主要研究以热水和蒸汽作为热媒的集中式散热器供暖和低温热水地板辐射供暖系统。

2. 主要内容

本书供暖系统的主要研究内容是以热水和蒸汽为热媒的散热器供暖系统组成、工作原理、系统型式，热水供暖设计原理、方法及步骤，低温辐射供暖系统组成、工作原理、系统型式及其系统设计原理、方法及步骤，供暖设备、附件等的构造原理及其选用方法。

## 六、供暖工程课程任务

供暖工程是建筑环境与能源应用专业的主干课程之一。学习本课程之前，应系统地学习传热学、工程热力学、流体力学、热质交换原理与设备等专业基础课程。通过本课程的学习和课程设计等实践性教学环节，系统地掌握建筑物供暖系统设计原理、方法以及运行管理的基本知识；具有供暖系统的设计能力和运行管理能力；并能了解和应用相关设计规范、施工验收规范和设备标准等；同时了解和应用供暖新技术、新设备、最新研究成果。

# 第二章　供暖系统的设计热负荷

供暖系统设计热负荷是供暖设计中最基本的数据。设计热负荷直接影响供暖系统方案的选择、系统设计流量、供暖管道和管径的大小及散热设备的确定。同时，供暖系统设计热负荷也是供热系统设计的基础数据之一，关系到供热系统热源设备的容量、供热管网流量及管径的大小。

## 第一节　供暖系统设计热负荷

### 一、供暖系统设计热负荷

1. 供暖系统的热负荷 $Q$

供暖系统的热负荷是指冬季供暖房间所需要的热量，即供暖房间的散热设备在一定时间内散出的热量，是供暖系统实际运行的工况（热负荷）。

2. 供暖系统的设计热负荷 $Q'$

在供暖设计室外温度下，为了达到要求的室内温度，供暖系统在单位时间内向建筑物供给的热量，它是设计供暖系统的最基本依据之一，是设计工况。

### 二、建筑物失热量和得热量

1. 建筑物失热量

冬季供暖季节，建筑物通过各种途径损失的热量包括如下：

（1）围护结构的传热耗热量 $Q_1$。

（2）加热由门、窗缝隙渗入室内的冷空气的耗热量，称冷风渗透耗热量 $Q_2$。

（3）加热由门、孔洞及相邻房间侵入的冷空气的耗热量，称冷风侵入耗热量 $Q_3$。

（4）水分蒸发的耗热量 $Q_4$。

（5）加热由外部运入的冷物料和运输工具的耗热量 $Q_5$。

（6）通风耗热量。通风系统将空气从室内排到室外所带走的热量 $Q_6$。

（7）其他途径散失的热量 $Q_7$。

根据具体建筑确定，比如游泳馆建筑，除了上面内容以外还包括池水预热负荷、补充水加热负荷、管道和设备损失负荷、淋浴用水负荷等。

2. 建筑物得热量

冬季供暖季节，建筑物通过各种途径获取的热量包括如下：

（1）散热设备散热量 $Q_8$。

（2）生产车间最小负荷班的工艺设备散热量 $Q_9$。

（3）热管道及其他热表面的散热量 $Q_{10}$。

（4）热物料的散热量 $Q_{11}$。

（5）太阳辐射进入室内的热量 $Q_{12}$。

（6）照明散热量 $Q_{13}$。

（7）人体散热量 $Q_{14}$。

（8）其他途径获得的热量 $Q_{15}$。

### 三、供暖系统设计热负荷的确定

根据热平衡原理，列方程得

$$\sum_{i=1}^{7} Q_i = \sum_{i=8}^{15} Q_i \tag{2-1}$$

$$Q' = Q_8 = \sum_{i=1}^{7} Q_i - \sum_{i=9}^{15} Q_i \tag{2-2}$$

式中：$Q'$为供暖系统设计热负荷。

计算热负荷时，对于不经常的散热量，可不计算；经常出现但不稳定的散热量，应采用小时平均值。公共建筑内较大且放热较恒定的放热物体的散热量，在确定系统热负荷时应予以考虑。

综上所述，对于一般的民用建筑和产热量不太大的工业建筑，且没有装置机械通风系统的，供暖系统设计热负荷为

$$Q' = Q_8 = Q'_{sh} - Q'_d = Q_1 + Q_2 + Q_3 - Q_{14} = Q'_1 + Q'_2 + Q'_3 \tag{2-3}$$

式中：$Q'$为当室内温度高于室外温度时，通过各种围护结构向外传递的热量；$Q_{sh}$ 为失热量，只考虑 $Q_1$、$Q_2$、$Q_3$ 三项；$Q_d$ 为得热量，只考虑太阳辅射进入室内的热量；带上角标"'"的均表示在设计工况下的各种参数。

在工程设计中，计算 $Q'_1$ 时，常把它分成围护结构的基本耗热量和附加（修正）耗热量两部分进行计算，式（2-3）变为

$$Q' = Q'_{1,j} + Q'_{1,x} + Q'_2 + Q'_3 \tag{2-4}$$

式中：$Q'_{1,j}$ 为围护结构的基本耗热量；$Q'_{1,x}$ 为围护结构的附加（修正）耗热量。

## 第二节　围护结构的基本耗热量

在工程设计中，围护结构的基本耗热量是按一维稳定传热过程进行计算的。

实际上，室内散热设备散热为不稳定传热过程。不稳定传热计算较复杂，对室内温度容许有一定波动幅度的一般建筑物来说，采用稳定传热计算可以简化计算方法也能基本满足要求。

## 一、围护结构的基本耗热量

1. 概念

围护结构的基本耗热量是指在设计条件下，经过房间各部分围护结构从室内传到室外的稳定传热量的总和。

2. 计算方法

围护结构的基本耗热量，可以按以下公式计算：

$$q' = KF(t_n - t_w')\alpha \qquad (2-5)$$

式中：$q'$ 为围护结构的基本耗热量，W；$K$ 为围护结构的传热系数，$W/(m^2 \cdot ℃)$；$F$ 为围护结构的传热面积，$m^2$；$t_n$ 为供暖室内计算温度，℃；$t_w'$ 为供暖室外计算温度，℃；$\alpha$ 为温差修正系数。

式（2-5）适用于每部分外围护结构的计算，各参数取值不同。整个建筑物或房间的 $Q_{1,j}'$ 等于它的各部分围护结构 $q'$ 的总和，即

$$Q_{1,j}' = \sum q' = \sum KF(t_n - t_w')\alpha \qquad (2-6)$$

## 二、供暖室内计算温度 $t_n$ 的确定

1. 测定温度范围

室内计算温度是指距地面 2m 以内人们活动区域的空气平均温度。对于一般民用建筑可以用其房间无冷热源影响的几何中心处的温度代表。

2. 确定原则

室内空气温度的选定，应该满足人们生活和生产工艺的要求。

3. 确定方法

室内空气温度的选定与人们的生活习惯、生活水平、舒适性环境要求、生产工艺要求及其劳动强度和经济政策等因素有关。

《民用建筑供暖通风与空气调节设计规范》（GB 50736—2012）规定：

（1）设计供暖时，民用建筑冬季室内计算温度应按下列规定采用：①寒冷地区和严寒地区主要房间应采用 18~24℃；②夏热冬冷地区主要房间冬宜采用 16~22℃；③设置值班供暖房间不应该低于 5℃；辅助建筑物及辅助用室，见附表 2-1。

生产厂房的工作地点的温度与作业强度有关：轻作业宜采用 18～21℃，中作业 16～18℃，重作业 14～16℃，过重作业 12～14℃。

针对层高度较高的生产厂房的温度分布特点，应按下列规定采用：①计算地面耗热量时，应采用工作地点的温度 $t_g$；②计算屋顶、天窗耗热量时，应采用屋顶下的温度 $t_d$；③计算门、窗和墙体耗热量时，应采用室内平均温度 $t_{pj}$，即

$$t_{pj} = \frac{t_g + t_d}{2} \qquad (2-7)$$

屋顶下的温度受诸多因素影响，如车间性质、供暖方式、散热设备布置等，难以用理论方法确定。可以有两种方法确定：一是按照已有的类似厂房进行实测；二是按经验数值，用温度梯度法确定，即

$$t_d = t_g + (H-2)\Delta t \qquad\qquad (2\text{-}8)$$

式中：$H$ 为屋顶距地面的高度，m；$\Delta t$ 为温度梯度，℃/m，主要与车间的散热强度及采暖方式有关，一般为 $0.3 \sim 1.5$℃/m。对散热量小于 23 W/m$^2$ 的生产厂房，$\Delta t$ 不能确定时，用工作地点的温度计算围护结构基本耗热量，但应进行高度附加来增大计算耗热量。

### 三、供暖室外计算温度 $t'_w$ 的确定

室外空气计算参数是负荷计算的重要基础数据，$t'_w$ 的确定对供暖系统设计有很关键性的影响。目前国内外选定供暖室外计算温度的方法可以归纳为两类：一类是根据围护结构的热惰性原理；另一类是根据不保证天数的原则来确定。

1. 根据围护结构的热惰性原理确定方法

围护结构的热惰性原理是苏联建筑法规规定给城市供暖室外计算温度的方法。它规定供暖室外计算温度应按 50 年中最冷的 8 个冬季里最冷的连续 5 天的日平均温度的平均温度值确定。

2. 根据不保证天数的原则确定方法

不保证天数的原则是：人为允许有几天时间室外温度可以低于规定的供暖室外计算温度值，亦即容许这几天室内温度可能稍低于室内计算温度值。

《民用建筑供暖通风与空气调节设计规范》（GB 50736—2012）规定："供暖室外计算温度，应采用历年平均不保证 5 天的日平均温度。"

### 四、温差修正系数 $\alpha$ 值

在计算直接与大气接触的围护结构的基本耗热量时，用 $q' = KF(t_n - t'_w)$；但对供暖房间围护结构外侧不是与室外空气直接接触，而中间隔着不供暖房间或空间的场合，如图 2-1 所示。

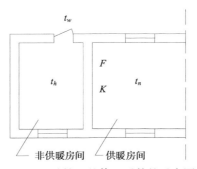

图 2-1　计算温差修正系数的示意图

此时，通过该围护结构的传热量应该为

$$q' = KF(t_n - t_h)$$

式中：$t_h$ 为传热达到平衡时，非供暖房间或空间的温度，$t_h$ 可通过热平衡确定。

为了计算方便，在计算与室外空气非直接接触的围护结构基本耗热量时，为了统一计算公式，工程中用 $(t_n - t_w')\alpha$ 代替 $(t_n - t_h)$ 进行计算。

$$q' = KF(t_n - t_h) = KF(t_n - t_w')\alpha \qquad (2\text{-}9)$$

$$\alpha = \frac{t_n - t_h}{t_n - t_w'} \qquad (2\text{-}10)$$

式中：$\alpha$ 为围护结构温差修正系数。

围护结构温差修正系数 $\alpha$ 值的取值与非供暖房间或空间围护结构的特征有关。根据经验得出的各种不同情况的 $\alpha$ 值见附表 2-2。

**五、围护结构的传热系数 K 值**

1. 匀质多层材料（平壁）的传热系数 K 值

所谓平壁结构，是指其长、宽尺寸远远大于厚度尺寸的结构，比如建筑物的外墙、屋面可视为平壁结构。

建筑物外墙的传热分为三个过程，如图 2-2 所示，其中，$t_n$ 为室内温度，$t_w$ 为室外温度，$Q$ 为通过围护结构的传热量，$\tau_n$ 为室内壁面温度，$\tau_w$ 为室外壁面温度。

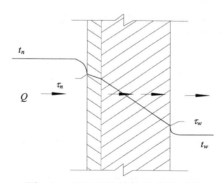

图 2-2　通过围护结构的传热过程

（1）墙体内表面吸收热量过程：由于温差的存在，以自然对流和辐射换热方式，从室内空气及其他物体吸收热量。

（2）墙体传导热量过程：冬季墙体内表面温度比墙体外表面温度高，热量由墙体内表面传导至墙体外表面。

（3）墙体外表面放出热量过程：由于风力作用，主要以强迫对流换热方式，向室外空气及其他物体放出热量；辐射换热所占比例较小。

根据 GB 50736—2012 规定，围护结构的传热系数应按下式计算：

$$K = \frac{1}{R_0} = \frac{1}{\dfrac{1}{\alpha_n} + \Sigma \dfrac{\delta_i}{\alpha_\lambda \cdot \lambda_i} + R_k + \dfrac{1}{\alpha_w}} = \frac{1}{R_n + R_i + R_k + R_w} \qquad (2\text{-}11)$$

式中：$K$ 为围护结构的传热系数，W/(m².℃)；$R_0$ 为围护结构的传热阻；$\alpha_n$、$\alpha_w$ 分别为围护结构内、外表面的换热系数，W/(m².℃)，与其表面特征有关，工程计算中采用的换热系数分别列于表 2-1 和表 2-2；$R_n$、$R_w$ 分别为围护结构内、外表面的传热阻，(m².℃)/W，工程计算中采用的传热阻值分别列于表 2-1 和表 2-2；$\delta_i$ 为各层围护结构的厚度，m；$\lambda_i$ 为围护结构各层材料的导热系数，W/(m².℃)，常见建筑材料的导热系数，参见附表 2-3，与温度、材料含湿率、密度、热流方向等有关；$\alpha_\lambda$ 为材料导热系数修正系数；$R_i$ 为围护结构各材料层的热阻值，(m².℃)/W；$R_k$ 为封闭空气间层的热阻，(m².℃)/W，按规范 GB 50736—2012 的表 5.1.8-4 中采用。

常用围护结构传热系数 $K$ 见附表 2-4。

表 2-1　内表面换热系数 $\alpha_n$ 与热阻 $R_n$

| 围护结构内表面特征 | $\alpha_n$ | $R_n$ |
| --- | --- | --- |
| | W/(m²·℃)<br>[kcal/(m²·h·℃)] | m²·℃/W<br>[(m²·h·℃)/kcal] |
| 墙、地面、表面平整或有肋状突出的顶棚，当 $h/s \leqslant 0.3$ 时 | 8.7（7.5） | 0.115（0.133） |
| 有肋状突出物顶棚，当 $h/s > 0.3$ 时 | 7.6（6.5） | 0.132（0.154） |

注：表中 $h$ 为肋高（m）；$s$ 为肋间净距（m）。

表 2-2　外表面换热系数 $\alpha_w$ 与热阻 $R_w$

| 围护结构外表面特征 | $\alpha_w$ | $R_w$ |
| --- | --- | --- |
| | W/(m²·℃)<br>[kcal/(m²·h·℃)] | m²·℃/W<br>[(m²·h·℃)/kcal] |
| 外墙与屋顶 | 23（20） | 0.04（0.05） |
| 与室外空气相通的非供暖地下室上面的楼板 | 17（15） | 0.06（0.07） |
| 闷顶和外墙上有窗的非供暖地下室上面的楼板 | 12（10） | 0.08（0.10） |
| 外墙上无窗的非供暖地下室上面的楼板 | 6（5） | 0.17（0.20） |

2. 两向非匀质围护结构的传热系数 $K$ 值

传统的实心砖墙传热系数值较高，这种墙体是由两种以上材料组成的非匀质围护结构，无论是在垂直于热流方向，还是在平行于热流方向，其材料都是不同的，如图 2-3 所示，其中 $\lambda_1$、$\lambda_2$ 为围护结构不同材料导热系数；$\delta$ 为围护结构厚度；$d_1$、$d_2$ 为围护结构不同材料对应的厚度；$a_1$、$a_2$ 为围护结构不同材料对应的宽度。

其传热属于两维传热过程，计算它的传热系数时，通常用近似计算方法或实验数据。下面介绍中国建筑科学研究院物理所推荐的一种方法。

首先计算围护结构的平均传热阻，按下式计算：

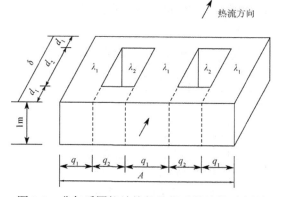

图 2-3  非匀质围护结构的传热系数计算示意图

$$R_{pj} = \left[ \frac{A_i}{\sum\limits_{i=1}^{n} \dfrac{A_i}{R_{oi}}} - (R_n + R_w) \right] \phi \qquad (2\text{-}12)$$

式中：$R_{pj}$ 为平均传热阻，垂直于热流方向的总传热面积，$m^2$；$A_i$ 为按平行热流方向划分的与热流方向垂直的各个传热面积，$m^2$；$R_{oi}$ 为各个传热面积的总传热阻，$(m^2 \cdot \text{℃})/W$；$R_n$、$R_w$ 为分别为围护结构内、外表面的传热阻，$(m^2 \cdot \text{℃})/W$；$\phi$ 为平均传热阻修正系数，按表 2-3 取值。

表 2-3  修正系数 $\phi$ 值

| 序号 | $\lambda_2/\lambda_1$ 或 $(\lambda_2+\lambda_3)/2\lambda_1$ | $\phi$ |
|---|---|---|
| 1 | 0.09~0.19 | 0.86 |
| 2 | 0.20~0.39 | 0.93 |
| 3 | 0.40~0.69 | 0.96 |
| 4 | 0.70~0.99 | 0.98 |

注：1. 当围护结构由两种材料组成，$\lambda_2$ 应取较小值，$\lambda_1$ 为较大值，$\phi$ 值由比值 $\lambda_2/\lambda_1$ 确定。

2. 当围护结构由三种材料组成，$\phi$ 值应由比值 $\dfrac{\lambda_2 + \lambda_3}{2\lambda_1}$ 确定。

3. 当围护结构中存在圆孔时，应先将圆孔折算成同面积的方孔，然后再进行计算。

然后计算两向非匀质围护结构的传热系数，按下式计算：

$$K = \frac{1}{R_0} = \frac{1}{R_n + R_{pj} + R_w} \qquad (2\text{-}13)$$

3. 空气间层传热系数 $K$ 值

空气间层常应用在寒冷及严寒地区建筑物中。常用的形式有多孔黏土砖、双层及三层玻璃、双层窗、空心墙、复合墙体、空心屋面板的空气间层等。

（1）空气间层传热作用原理。间层中的空气导热系数比组成围护结构的其他材料的导热系数小，增加了围护结构传热阻。

（2）空气间层热阻值的确定。空气间层对流换热强度与间层的厚度、间层传热方向、间层设置的形状以及密封性等因素有关。

空气间层热阻值难以用理论公式确定，在工程设计中，可按表 2-4 确定。

表 2-4　空气间层热阻 $R'$　　　　　　　　　　单位：$(m^2·℃)/W$

| 位置、热流状况 | 间层厚度 $\delta$ | | | | | | |
| --- | --- | --- | --- | --- | --- | --- | --- |
| | 0.5cm | 1cm | 2cm | 3cm | 4cm | 5cm | 6cm 以上 |
| 热流向下（水平、倾斜） | 0.103 | 0.138 | 0.172 | 0.181 | 0.189 | 0.198 | 0.198 |
| 热流向上（水平、倾斜） | 0.103 | 0.138 | 0.155 | 0.163 | 0.172 | 0.172 | 0.172 |
| 垂直空气间层 | 0.103 | 0.138 | 0.163 | 0.172 | 0.181 | 0.181 | 0.181 |

**4. 地面的传热系数**

所谓地面热阻是指建筑基础持力层以上各层材料的热阻之和。

材料保温性能的好坏由其导热系数的大小决定的，导热系数越小，保温性能越好。通常将导热系数不大于 1.16 的材料称为保温材料。

（1）贴土非保温地面（组成地面的各层材料导热系数都大于 1.16W/(m·℃)）。贴土非保温地面传热系数不能由匀质多层材料结构传热系数计算公式计算得出。其传热系数的确定方法有地带法和平均值法两种。

1）地带法。在冬季，室内热量通过靠近外墙地面传到室外的路程较短，热阻较小；而通过远离外墙地面传到室外的路径较长，热阻增大；因此，室内地面的传热系数随着离外墙的远近而有变化，但在离外墙约 8m 以内的地面，传热量随距离变化基本不变，可以认为是常数。

根据以上情况，工程设计采用近似方法计算地面传热系数：沿着与外墙平行的方向，每 2m 划分为一个地带，最多划分 4 个地带，如图 2-4 所示。

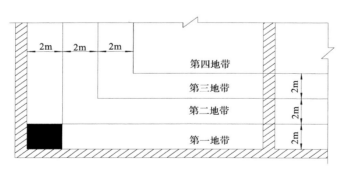

图 2-4　地面传热地带的划分

每个地带的传热系数及热阻值不同，见表 2-5。第一地带相交的 $4m^2$ 面积计算两次（图 2-4 的阴影部分，属于三维传热）。

表 2-5　非保温地面的传热系数和热阻

| 地带 | $R_0/[(m^2 \cdot ℃)/W]$ | $K_0/[W/(m^2 \cdot ℃)]$ |
|---|---|---|
| 第一地带 | 2.15 | 0.47 |
| 第二地带 | 4.30 | 0.23 |
| 第三地带 | 8.60 | 0.12 |
| 第四地带 | 14.2 | 0.07 |

2）平均值法。工程计算中，也有采用对整个建筑物或房间地面以平均传热系数进行计算的简易方法，可详见相关设计手册。

一面外墙：根据房间近深直接查设计手册得到平均传热系数。

二面外墙：根据房间开间和近深直接查设计手册得到平均传热系数。

三面外墙：划分为二个拐角房间，开间和近深直接查设计手册得到平均传热系数。

四面外墙：划分为四个拐角房间，开间和近深直接查设计手册得到平均传热系数。

（2）贴土保温地面[有导热系数小于 1.16W/(m·℃)的保温层]。贴土保温地面热阻值在相应非保温地面热阻值基础之上，增加保温材料的热阻值。

$$R_0' = R_0 + \sum_{i=1}^{n} \frac{\delta_i}{\lambda_i} \qquad (2\text{-}14)$$

式中：$R_0'$ 为相应地带贴土保温地面的热阻值，$(m^2 \cdot ℃)/W$；$R_0$ 为相应非保温地面热阻值，$(m^2 \cdot ℃)/W$；$\delta_i$ 为保温层的厚度，m；$\lambda_i$ 为各保温层材料的导热系数，$W/(m \cdot ℃)$。

（3）铺设在地垄墙上的保温地面（带龙骨的架空木地板）。铺设在地垄墙上的保温地面各地带的换热阻值可按下式计算：

$$R_0'' = 1.18 R_0' \qquad (2\text{-}15)$$

式中：$R_0'$ 为相应地带贴土保温地面的热阻值，$(m^2 \cdot ℃)/W$。

## 六、围护结构传热面积的丈量

不同围护结构传热面积的丈量按图 2-5 所示的规定计算。

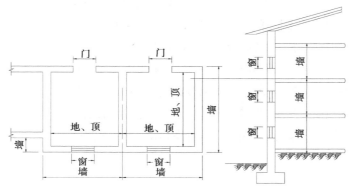

图 2-5　围护结构传热面积的尺寸丈量规则

（对平屋顶、顶棚面积按建筑物外轮廓尺寸计算）

（1）门、窗的面积：按外墙面上的净空尺寸计算。

（2）外墙面积的丈量：高度从本层地面算到上层的地面（底层、顶层除外）；对平屋顶的建筑物，最顶层的丈量是从最顶层的地面到平屋顶的外表面的高度；而对有闷顶的斜屋面，算到闷顶内的保温层表面；平面尺寸外墙应按建筑物外廓尺寸计算，两相邻房间以内墙中线为分界线。

（3）地下室面积的丈量：位于室外地面以下的外墙，其耗热量计算方法与地面的计算相同，但传热地带的划分，应从室外地面相平的墙面算起，即是把地下室外墙在室外地面以下的部分，看作是地下室地面的延伸，如图 2-6 所示。

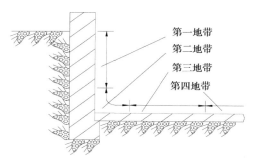

第一地带
第二地带
第三地带
第四地带

图 2-6   地下室面积的丈量

# 第三节   围护结构的附加（修正）耗热量

围护结构的基本耗热量是在稳定条件下按式（2-5）计算得出的。实际耗热量会受到气象条件以及建筑物情况等各种因素影响而有所增减，由于这些因素影响，需要对围护结构基本耗热量进行修正。

## 一、朝向修正耗热量

朝向修正耗热量主要考虑三方面因素：①太阳照射建筑物时，阳光直接透过玻璃窗，使室内直接得热；②由于阳面的围护结构较干燥，传热系数减小；③阳面围护结构外表面和附近气温升高，围护结构向外传递的热量减少。

GB 50736—2012 规定的朝向修正耗热量的修正数值选用：北、东北、西北为 0 ~ 10%；东南、西南为 -10% ~ -15%；东、西为 -5%；南为 -15% ~ -30%。

注：①应根据当地冬季日照率、辐射照度、建筑物使用和被遮挡等情况选用修正率；②冬季日照率小于 35% 的地区，东南、西南和南向的修正率，宜采用 -10% ~ 0，东、西向可不修正。

## 二、风力附加耗热量

风力附加耗热量是指在供暖耗热量计算中，基于较大的室外风速会引起围护结构外表面换热系数增大即大于 23W/(m²·℃)而设的附加系数。

由于我国大部分地区冬季平均风速不大，一般为 2~3m/s，仅个别地区大于 5m/s，影响不大，为简化计算起见，一般建筑物不必考虑风力附加，仅对建筑在不避风的高地、河边、海岸、旷野上的建筑物，以及城镇、厂区内明显高出的建筑物的风力附加作了规定。

GB 50736—2012 规定风力附加耗热量附加方法：设在不避风的高地、河边、海岸、旷野上的建筑物，以及城镇明显高出周围其他建筑物的建筑物，其垂直的外围护结构宜附加 5%~10%。

### 三、高度附加耗热量

高度附加率，是基于房间高度大于 4m 时，由于竖向温度梯度的影响导致上部空间及围护结构的耗热量增大的附加系数。

由于围护结构耗热作用等影响，房间竖向温度的分布并不总是逐步升高的，因此对高度附加率上限值做了不应大于 15%限制。高度附加率应附加于围护结构的基本耗热量和其他附加耗热量上。

GB 50736—2012 规定高度附加耗热量：民用建筑（楼梯间除外）的高度附加率，房间高度大于 4m 时，每高出 1m 应附加 2%，但总的附加率不应大于 15%。

应该特别注意的是：高度附加率应附加于房间各围护结构基本耗热量和其他附加（修正）耗热量的总和之上。如果生产厂房选取室内计算温度时已考虑了高度的影响，则不再进行高度附加。

### 四、其他附加耗热量

对具体建筑物而言，其他附加耗热量应该根据建筑物具体情况，考虑以下附加：

（1）窗墙比附加。当建筑物窗墙比超过 1:1 时，对窗的基本耗热量附加 10%。

（2）间歇附加。当建筑物不要求全天维持设计室温，而允许定时降低室温时，供暖系统可按间歇供暖设计。此时除上述各项附加外，将基本耗热量附加以下百分数：仅白天供暖时（例如办公楼、教学楼）附加 20%；不经常使用时（例如礼堂等）附加 30%。

综上所述，建筑物或房间在室外供暖计算温度下，通过围护结构的总耗热量可用下式综合表示：

$$Q' = Q'_{1,j} + Q'_{1,x} = (1 + X_g)\sum KF(t_n - t_w)\alpha(1 + X_{ch} + X_f) \qquad (2\text{-}16)$$

式中：$X_g$ 为高度附加率，%，$0 \leqslant X_g \leqslant 15\%$；$X_{ch}$ 为朝向修正率，%；$X_f$ 为风力附加率，%，$X_f \geqslant 0$；其他符号意义同前。

例 2-1　某单建筑物高为 5m，其中某房间有南北两面外墙，其 $Q_{1,j}$ = 2100W，其中垂直外围护结构基本耗热量为 1500W（南向 800W，北向 700W），该建筑物所在地区冬季室外平均风速为 5m/s，该地区 $X_{ch南}$=−5%，$X_{ch北}$=10%，风力附加按照 5%计算，求该房间 $Q'_1$。

**解：**朝向修正后耗热量为

$$800×(1-5\%)+700(1+10\%)+600=760+770+600=2130W$$

风力附加（5%计）后耗热量为

$$2130+1500×5\%=2205W$$

高度附加后耗热量为

$$Q'_1=2205×102\%=2249.1W$$

# 第四节　冷风渗透耗热量

## 一、冷风渗透耗热量概念

在（室外）风力和（室内）热压造成的室内外压差作用下，室外的冷空气通过门、窗等缝隙渗入室内，被加热后逸出。把这部分冷空气从室外温度加热到室内温度所消耗的热量，称为冷风渗透耗热量。

## 二、影响冷风渗透耗热量的因素

影响冷风渗透耗热量的因素很多，如门窗类型及构造、门窗朝向、室外风速及风向、室内外空气温差、建筑物高低及建筑物内部通道状况等。

在各类建筑物的耗热量中，冷风渗透耗热量所占比是相当大的，有时高达 30% 左右，根据现有的资料，GB 50736—2012 规范附录 F 分别给出了用缝隙法计算民用建筑的冷风渗透耗热量。

计算冷风渗透耗热量的常用方法有缝隙法、换气次数法、百分数法。

## 三、按缝隙法计算多层建筑的冷风渗透耗热量

1. 缝隙法的概念

对建筑物通过计算不同朝向的门、窗缝隙长度以及从每米长缝隙渗入的冷空气量，确定冷风渗透耗热量的方法称为缝隙法。

不同类型的门、窗，在不同风速下，从每米长缝隙渗入的空气量 $L$ 可采用表 2-6 的实验数据。表 2-6 考虑了门、窗的类型及室外风速两个因素的作用。

表 2-6　每米门、窗缝隙渗入的空气量　　　　　单位：m³/(m·h)

| 门窗类型 | 冬季室外平均流速 | | | | | |
|---|---|---|---|---|---|---|
| | 1m/s | 2 m/s | 3 m/s | 4 m/s | 5 m/s | 6 m/s |
| 单层木窗 | 1.0 | 2.0 | 3.1 | 4.3 | 5.5 | 6.7 |
| 双层木窗 | 0.7 | 1.4 | 2.2 | 3.0 | 3.9 | 4.7 |
| 单层钢窗 | 0.6 | 1.5 | 2.6 | 3.9 | 5.2 | 6.7 |
| 双层钢窗 | 0.4 | 1.1 | 1.8 | 2.7 | 3.6 | 4.7 |
| 推拉铝窗 | 0.2 | 0.5 | 1.0 | 1.6 | 2.3 | 2.9 |
| 平开铝窗 | 0.0 | 0.1 | 0.3 | 0.4 | 0.6 | 0.8 |

注：1. 每米外门缝隙渗入的空气量，为表中同类型外窗的两倍。
　　2. 当有密封条时，表中数据可以乘以 0.5~0.6 的系数。

GB 50736—2012 规范规定：建筑物门、窗缝隙的长度分别按各朝向所有可开启的外门外窗缝隙丈量，只是在计算不同朝向的冷风渗透空气量时，引进一个渗透空气量的朝向修正系数 $n$（是考虑每米门、窗缝隙，当处于不同朝向时，在供暖期间室外风速的差异使其实际造成的房间的冷风渗透耗热量不同而引入的）。即经门、窗缝隙渗入室内的总空气量：

$$V=Lln \qquad (2\text{-}17)$$

式中：$V$ 为经门、窗缝隙渗入室内的冷空气量，$m^3/h$；$L$ 为每米门、窗缝隙渗入室内的空气量，按当地冬季室外平均风速，采用表 2-7 的数据，$m^3/(m\cdot h)$；$l$ 为门、窗缝隙的计算长度，$m$；$n$ 为渗透空气量的朝向修正系数。

门、窗缝隙的计算长度，在工程实践中建议按以下方法计算：当房间仅有一面或相邻两面外墙时，全部计入其门、窗可开启部分的缝隙长度；当房间有相对两面外墙时，仅计入风量较大一面的缝隙长度；当房间有三面外墙时，仅计入风量较大的两面的缝隙长度。当房间有四面外墙时，则计入较多风向的 1/2 外围护结构范围内的外门窗缝隙。$n$ 值和主导风向有关，各地区各朝的修正系数不同，见附表 2-5。

表 2-7　概算换气次数表

| 房间外墙暴露情况 | 房间的换气次数 $n_k$/（次/h） |
| --- | --- |
| 一面有外窗或外门 | 1/4~2/3 |
| 二面有外窗或外门 | 1/2~1 |
| 三面有外窗或外门 | 1~1.5 |
| 门厅 | 2 |

注：制表条件为窗墙面积比约 20%，单层钢窗。当双层钢窗时，上值乘 0.7。

2. 冷风渗透耗热量计算方法

在确定门、窗缝隙渗入室内的冷空气量后，可以按下式计算冷风渗透耗热量：

$$Q'_2=0.278V\rho_w c_p(t_n-t'_w) \qquad (2\text{-}18)$$

式中：$V$ 为经门、窗缝隙渗入室内的总空气量，$m^3/h$；$\rho_w$ 为供暖室外计算温度下的空气密度，$kg/m^3$；$c_p$ 为冷空气的定压比热，$c_p=1kJ/(kg\cdot ℃)$；0.278 为单位换算系数，$1kJ/h=0.278W$。

## 四、用换气次数法计算冷风渗透耗热量

在工程设计中，换气次数法用于多层民用建筑的概算法。渗透的冷空气量为

$$V=n_k V_n \qquad (2\text{-}19)$$

$$Q'_2=0.278V_n n_k \rho_w c_p(t_n-t'_w) \qquad (2\text{-}20)$$

式中：$V_n$ 为房间的内部体积，$m^3$；$n_k$ 为房间的换气次数，次/h，可按表 2-7；其他符号意义同前。

## 五、用百分数法计算冷风渗透耗热量——用于工业建筑的概算法

由于工业建筑房屋较高，室内外温差产生的热压较大，冷风渗透量可根据建筑物的高度及玻璃窗的层数，按表 2-8 列出的百分数进行估算。

表 2-8　渗透耗热量占围护结构总耗热量的百分数

| 玻璃窗层数 | 建筑物高度 | | |
|---|---|---|---|
| | <4.5m | 4.5~10.0m | >10.0m |
| 单层 | 25% | 35% | 40% |
| 单、双层均有 | 20% | 30% | 35% |
| 双层 | 15% | 25% | 30% |

# 第五节　冷风侵入耗热量

## 一、冷风侵入耗热量概念

在冬季，由于受在（室外）风力和（室内）热压造成的室内外压差作用，大量的冷空气由开启的外门、孔洞等侵入室内。把这部分冷空气从室外温度加热到室内温度所消耗的热量称为冷风侵入耗热量，亦称外门附加耗热量。

## 二、冷风侵入耗热量的确定方法

1. 理论计算方法

如果能确定冷风侵入量，冷风侵入耗热量，同样可以采用下式计算：

$$Q'_3 = 0.278 V_w \rho_w c_p (t_n - t'_w) \tag{2-21}$$

式中：$V_w$ 为由开启的外门、孔洞等侵入室内的冷空气量，$m^3/h$。

2. 实际计算方法

由于流入的冷空气量不易确定，根据经验总结，对于开启时间不长、无热风幕的外门，可采用外门的基本耗热量乘以下列百分数的简便方法进行计算。

$$Q'_3 = NQ'_{1,J,m} \tag{2-22}$$

式中：$Q'_{1,J,m}$ 为外门的基本耗热量，W；$N$ 为考虑冷风侵入的外门基本附加率，见表 2-9。

此处所指的外门是建筑物底层入口的门，而不是各层每户的外门。外门附加率，只适用于短时间开启的、无热空气幕的外门。

对于开启时间长的外门，$V_w$ 可根据工业通风等原理进行计算，或根据经验公式或图表确定。建筑物的阳台门不应该计入冷风侵入耗热量。

表 2-9　外门附加率 $N$ 值

| 外门布置状况 | 附加率 |
|---|---|
| 一道门 | $65n\%$ |
| 两道门（有门斗） | $80n\%$ |
| 三道门（有两个门斗） | $60n\%$ |
| 公共建筑和生产厂房的主要出入口 | $500n\%$ |

注：$n$ 为房间的层数。

### 三、建筑物供暖热负荷的估算方法

供暖热负荷是确定供暖系统中散热器数量和锅炉容量的重要依据，在进行初步设计或规划设计时，需要估算建筑物的供暖负荷，此时可用热指标法。

热指标是指在调查了同一类型建筑物的供暖热负荷后，得出的该类建筑物每平方米建筑面积或在室内外温差为 1℃时每立方米建筑物体积的平均供暖热负荷。

1. 单位面积热指标法

单位面积热指标法按下式计算：

$$Q=qF \tag{2-23}$$

式中：$Q$ 为建筑物的耗热量，kW；$q$ 为单位面积热指标，$kW/m^2$，见附表 2-6；$F$ 为建筑物的建筑面积。

2. 单位体积热指标法

单位体积热指标法按下式计算：

$$Q=q_vV(t_n-t'_w) \tag{2-24}$$

式中：$Q$ 为建筑物的耗热量，kW；$V$ 为建筑物的体积（按外部尺寸）；$q_v$ 为单位体积热指标，$kW/m^3$，主要与围护结构及外形有关，围护结构 $K$ 越大、彩光率越大、外部建筑体积越大或建筑物的长宽比越大，$q_v$ 越大。

# 第六节　供暖设计热负荷计算例题

**例 2-2**　如图 2-7 所示，为北京市一民用办公建筑的平面图和剖面图。试计算其中会议室（101 号房间）的供暖设计热负荷。

已知围护结构的条件为：

外墙：一砖半厚（370mm），内面抹灰砖墙。$K=1.57W/(m^2 \cdot ℃)$，$D=5.06$。

外窗：单层木框玻璃窗，尺寸（宽×高）为 1.5m×2.0m。窗型为带上亮（高 0.5m），三扇两开窗。可开启部分的缝隙总长为 13.0m。

外门：单层木门，尺寸（宽×高）为 1.5m×2.0m。门型为无上亮的双扇门。可开启部分的缝隙总长度为 9.0m。

顶棚：厚 25mm 的木屑板，上铺 50mm 防腐木屑 $K$=0.93W/(m²·℃)，$D$=1.53。

地面：不保温地面，$K$ 值按划分地带计算。

北京市室外气象资料：

供暖室外计算温度 $t'_w$=−9℃；冬季室外平均风速 $v_{pj}$=2.8m/s。

累年最低日平均温度 $t_{p.min}$=−17.1℃。

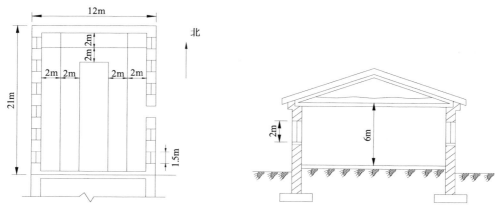

图 2-7　例 2-2 图

**解：**（1）围护结构传热耗热量 $Q'_1$ 计算全部列于表 2-10 中。

围护结构总传热耗热量 $Q'_1$=25268W

（2）冷风渗透耗热量 $Q'_2$ 的计算。

北京市的冷风朝向修正系数：东向 $n$=0.15，西向 $n$=0.40。对有相对两面外墙的房间，按最不利的一面外墙（西向）计算冷风渗透耗热量。

在冬季室外平均风速 $v_{pj}$=2.8m/s 下，单层木窗的每米缝隙的冷风渗透量 $L$=2.88 m³/(m·h)。西向六个窗的缝隙总长度为 6×13=78m。总的冷风渗透量 $V$ 为

$$V = L \times 1 \times n = 2.88 \times 78 \times 0.4 = 89.86 \ (\text{m}^3)$$

冷风渗透耗热量 $Q'_2$ 为

$$Q'_2 = 0.278 V \rho_w C_p (t_n - t'_w) = 0.278 \times 89.86 \times 1.34 \times [18 - (-9)] = 904 (\text{W})$$

（3）外门冷风侵入耗热量 $Q'_3$ 的计算。

可按开启时间不长的一道门考虑。外门冷风侵入耗热量为外门基本耗热量乘 65%，即

$$Q'_3 = N Q'_{1,jm} = 0.65 \times 1 \times 377 = 245 (\text{W})$$

（4）101 房间供暖设计热负荷总计为（按十位数汇总）：

$$Q' = Q'_1 + Q'_2 + Q'_3 = 25268 + 904 + 245 = 26420 (\text{W})$$

## 表 2-10 房间耗热量计算表

| 房间编号 | 房间名称 | 围护结构 名称及方向 | 面积计算 | 面积 m² | 传热系数 K W/(m²·℃) | 室内计算温度 $t_n$ ℃ | 供暖室外计算温度 $t'_w$ ℃ | 室内外计算温度差 $t_n-t'_w$ ℃ | 温度修正系数 α | 基本耗热量 $Q_{1,j}$ W | 朝向 $x_{ch}$ % | 风向 $x_f$ % | $1+x_{ch}+x_f$ % | 修正后耗热量 Q W | 高度修正 $x_g$ % | 围护结构耗热量 $Q_1$ W | 冷风渗透耗热量 $Q_2$ W | 冷风侵入耗热量 $Q_3$ W | 房间总耗热量 $Q'$ W |
|---|---|---|---|---|---|---|---|---|---|---|---|---|---|---|---|---|---|---|---|
| 1 | 2 | 3 | 4 | 5 | 6 | 7 | 8 | 9 | 10 | 11 | 12 | 13 | 14 | 15 | 16 | 17 | 18 | 19 | 20 |
| 101 | 会议室 | 北外墙 | 12×6 | 72 | 1.57 | 18 | -9 | 27 | 1 | 3052 | 0 | 0 | 100 | 3052 | 4 | 24296×1.04 | 904 | 245 | 26420 |
| | | 西外墙 | 21×6-6×1.5×2 | 108 | 1.57 | | | | 1 | 4578 | -5 | | 95 | 4349 | | 25268 | | | |
| | | 西外窗 | 6×1.5×2 | 18 | 5.82 | | | | 1 | 2829 | -5 | | 95 | 2688 | | | | | |
| | | 东外墙 | 21×6-6×1.5×2 | 108 | 1.57 | | | | 1 | 4578 | -5 | | 95 | 4349 | | | | | |
| | | 东外门东 | 1.5×2 | 3 | 4.65 | | | | 1 | 377 | -5 | | 95 | 358 | | | | | |
| | | 外窗 | 5×1.5×2 | 15 | 5.82 | | | | 1 | 2357 | -5 | | 95 | 2239 | | | | | |
| | | 顶棚 | 20.63×11.26 | 323.3 | 0.93 | | | | 0.9 | 5250 | 0 | | 100 | 5250 | | | | | |
| | | 地面 I | 2×2×20.63+2×11.26 | 105 | 0.47 | | | | 1 | 1332 | 0 | | 100 | 1332 | | | | | |
| | | 地面 II | 2×2×18.63+2×3.26 | 81 | 0.23 | | | | 1 | 503 | 0 | | 100 | 503 | | | | | |
| | | 地面 III | 3.26×16.63 | 54.2 | 0.12 | | | | 1 | 176 | 0 | | 100 | 176 | | | | | |
| | | | | | | | | | | | | | | 24296 | | 25268 | 904 | 245 | 26420 |

# 第七节　辐射供暖系统热负荷计算

## 一、辐射供暖

1. 辐射供暖的概念

辐射供暖是提升围护结构内表面中的一个或多个表面的温度，形成热辐射面，通过辐射面以辐射和对流的传热方式向室内供暖的方式。

辐射供暖的散热设备称为供暖辐射板，供暖辐射板是常以建筑物内部的顶面、地面、墙面或其他表面进行供暖的系统。

2. 辐射供暖系统分类

（1）按照其供暖范围不同，可分为局部和集中全面辐射供暖两种方式。局部供暖的面积与房间总面积的面积比大于 75% 时，按全面供暖耗热量计算。

（2）辐射供暖根据其辐射板面温度、辐射板构造、辐射板位置、热媒种类、与建筑物的结合关系等情况，可分成多种形式：

1）按其热媒种类不同，可分为：①低温热水式，热媒为水，其温度小于 100℃ 的辐射供暖系统；②高温热水式，热媒水温度不小于 100℃ 的辐射供暖系统；③蒸汽式，以高压或低压蒸汽为热媒的辐射供暖系统；④热风式，以加热后的空气为热媒的辐射供暖系统；⑤电热式，以电热元件加热特定表面或直接发热，如电热膜或低温发热电缆，产生红外线的辐射供暖系统；⑥燃气式，通过燃烧可燃气体、液体或液化石油气，在特制的辐射器中发射红外线的辐射供暖系统。

2）按辐射板与建筑物的结合关系，可分为整体式、贴附式和悬挂式。

整体式辐射供暖系统又可分为：①埋管式，将通冷、热媒的金属管或塑料管埋在建筑结构内，与其合为一体，根据输送热媒的管道埋设位置不同，可分为顶面式、地面式两类，图 2-8（a）为顶面式、图 2-8（b）为地面式；②风道式，如图 2-9 所示，利用建筑结构内的连贯空腔使热空气流动其间，构成辐射表面。

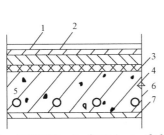
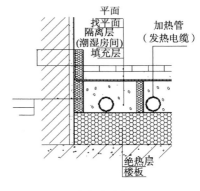

1—防水层；2—水泥找平层；3—保温层；4—采暖辐射板；
5—钢筋混凝土板；6—加热管（流通热媒的钢管）；7—抹灰层

（a）顶面式　　　　　　　　　　　　（b）地面式

图 2-8　与建筑结构结合的埋管式辐射板

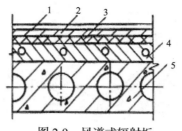

图 2-9　风道式辐射板

1—防水层；2—水泥找平层；
3—保温层；4—供暖辐射板；
5—钢筋混凝土板

贴附式辐射板，如图 2-10 所示，将辐射板贴附于建筑结构表面（窗下、其他建筑结构表面），如图 2-11 所示。

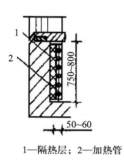

1—隔热层；2—加热管

图 2-10　贴附式辐射板（单位：mm）

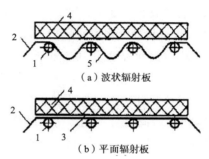

（a）波状辐射板

（b）平面辐射板

1—供热（冷）管；2—挡板；3—平面辐射板；
4—隔热层；5—波纹状辐射板

图 2-11　悬挂式辐射板

悬挂式（组合式）辐射板又可分为：①单体式，如图 2-12 所示，由加热管 1、挡板 2、辐射板 3（或 5）和隔热层 4 制成的金属辐射板，如图 2-12 所示；单体式辐射板还可串联成带状辐射板吊在顶棚下，挂在墙上或柱上；②吊棚式辐射板，如图 2-13 所示，将通热媒（或冷媒）的管道 4、隔热层 3 和装饰孔板 5 构成的辐射面板用吊钩挂在房间钢筋混凝土顶板 2 之下。这种辐射板也常用于辐射供冷。

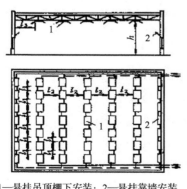

1—悬挂吊顶棚下安装；2—悬挂靠墙安装
（a）波状辐射板

（b）平面辐射板

图 2-12　单体式辐射板安装

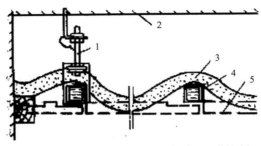

1—吊钩；2—顶棚；3—隔热层；4—管道；5—装饰孔板

图 2-13　吊棚式辐射板

3）按其辐射板面温度不同，可分为低温式、中温式和高温式。

低温式：辐射板面温度不大于 60℃，该系统广泛应用于住宅、办公楼等，热媒为热水，散热设备多为塑料盘管，也可采用电热膜、发热电缆等。

中温式：辐射板面温度为 80～200℃，该系统主要应用于厂房（尤其是高达工业厂房）或车间（精密装配），热媒为高压蒸汽（≥200kPa）、高温热水（≥110℃）。

高温式：辐射板面温度不小于 200（300～500）℃，该系统主要应用于厂外或野外作业。

4）按其辐射板面位置不同，分为墙面（壁）式、地面（板）式、顶面（棚）式、楼板式。它们可以与建筑结构结合为一体，或是一个单体，依附建筑结构设置，如图 2-14 和图 2-15 所示。

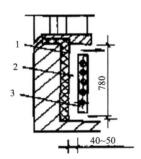

1—隔热层；2—对流通道；3—辐射板

图 2-14　双面散热的窗下辐射板（单位：mm）

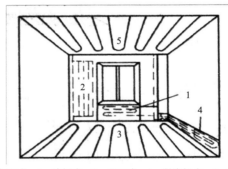

1—窗下式；2—墙板式；3—地面式；4—踢脚板式；5—顶棚式

图 2-15　房间内不同位置的供暖辐射板

墙面（壁）式：以墙壁作为辐射表面，其辐射热占 65% 左右，墙面（壁）式辐射板根据其安装位置不同分为窗下式、墙板（面）式和踢脚板式。

地面式：以地面作为辐射表面，其辐射热占 55% 左右。

顶面式：以顶棚作为辐射表面，其辐射热占 70% 左右。

楼板式：以楼板作为辐射表面，其辐射热占 55% 左右。

一般在实际工程中，一个房间只选择其中一种形式，以免系统过于复杂。

（3）辐射供暖的应用。中温辐射供暖的散热设备为钢制辐射板，以高温水或蒸汽为热媒。主要用于工业建筑尤其是高大的工业厂房中效果更好；也可用于商场、体育馆、展览厅、车站等对美观与装饰要求不太高的大空间公共建筑。低温辐射供暖在民用建筑中越来越广泛的推广应用。而高温辐射供暖，应用于厂房与野外作业。

## 二、低温地板辐射供暖系统的特点

低温地板辐射供暖系统有热舒适度高、节约能源、不占据室内地面有效空间、卫生条件好、房间热稳定性好、便于实现分户热计量、有利于隔声、可兼做夏季降温的供冷表面的优点。

辐射供暖除了以上所说的优点之外，也有造价偏高、不可维修、构造层的厚度偏大及楼板荷载偏高等缺点。

## 三、低温辐射供暖热负荷计算

《辐射供暖供冷技术规程》（JGJ 142—2012）规定：辐射供暖供冷房间热负荷应按现行国家标准《民用建筑供暖通风及空气调节设计规范》（GB 50736）的有关规定进行计算。

1. 全面辐射供暖系统

（1）与本章对流供暖系统供暖设计热负荷计算方法相同。

（2）室内设计温度确定。全面辐射供暖系统的热负荷计算时，室内设计温度辐射供暖室内设计温度宜降低 2℃。

（3）高度附加率确定。当采用地面辐射供暖的房间（不含楼梯间）高度大于 4m 时，应在基本耗热量和朝向、风力、外门附加耗热量之和的基础上，计算高度附加率。每高出 1m，应附加 1%，但最大附加率不应大于 8%。

（4）其他规定。进深大于 6m 的房间，宜以距外墙 6m 为界分区，计算热负荷，并进行管线布置。这是为了适应外区较大热负荷的需求，确保室温均匀，对进深较大房间作此规定。对敷设加热部件的建筑地面和墙面，不应计算其传热损失。

2. 局部辐射供暖系统

局部辐射供暖系统的热负荷应按全面辐射供暖的热负荷乘以表 2-11 的计算系数。

表 2-11　局部辐射供热负荷计算系数

| 供暖区面积与房间总面积的比值 | ≥0.75 | 0.55 | 0.40 | 0.25 | ≤0.20 |
|---|---|---|---|---|---|
| 计算系数 | 1 | 0.72 | 0.54 | 0.38 | 0.3 |

注：该计算系数与局部采暖建筑面积与所在房间的面积之比有关。

3. 低温热水地板辐射供暖系统设计参数

热水地面辐射供暖系统的供、回水温度应由计算确定，供水温度不应大于 60℃，供回水温差不宜大于 10℃且不宜小于 5℃。民用建筑供水温度宜采用 35 ~ 45℃。

为了保证舒适度，辐射供暖表面平均温度宜符合表 2-12 的规定。

表 2-12　辐射体表面平均温度

| 设置位置 | 宜采用温度/℃ | 温度上限值/℃ |
|---|---|---|
| 人员经常停留的地面 | 24~26 | 28 |
| 人员短期停留的地面 | 28~30 | 32 |
| 无人停留的地面 | 35~40 | 42 |
| 房间高度 2.5~3.0m 的顶棚 | 28~30 | |
| 房间高度 3.1~4.0m 的顶棚 | 33~36 | |
| 距地面 1m 以下的墙面 | 35 | |
| 距地面 1m 以上 3.5m 以下的墙面 | 45 | |

# 第八节　围护结构的最小传热阻与经济传热阻

建筑物围护结构应该具有一定的热稳定性能。这就需要利用"围护结构最小传热阻"或"经济传热阻"的概念。

## 一、最小传热阻

1. 最小传热阻概念

最小传热阻是一种技术指标，指房间在冬季正常供暖、正常使用条件下，为了保证外围护结构内表面不出现结露的同时，保证室内与围护结构内表面的温度差满足卫生要求的允许值[$\Delta t_y$]而确定的传热阻。

评价建筑物围护结构的保温性能的指标是围护结构的传热阻（$R_0$）。在确定围护结构传热阻时，除了室内空气温度（$t_n$）外，围护结构内表面温度（$\tau_n$）也是表征室内热状态的指标，对围护结构内表面温度（$\tau_n$）有两方面的要求：①除浴室等相对湿度很高的房间外，围护结构内表面温度值应满足围护结构内表面不结露的要求；②室内空气温度与围护结构内表面温度的温度差（$t_n - \tau_n$）还要满足卫生要求，防止人体向外辐射热过多，产生不舒适感。根据上述要求而确定的外围护结构传热阻，称为最小传热阻。

2. 围护结构的最小传热阻的确定

在稳定传热条件下，围护结构传热阻（$R_0$）、室内、室外空气温度（$t_n$、$t_w$）以及围护结构内表面温度（$\tau_n$）之间的关系：

$$\frac{t_n - \tau_n}{R_n} = \alpha \frac{t_n - t_w}{R_0}, \quad R_0 = \frac{R_n \alpha (t_n - t_w)}{t_n - \tau_n} = \frac{R_n \alpha (t_n - t_w)}{\Delta t_y} \quad （2\text{-}25）$$

式中：$\Delta t_y$ 为供暖室内计算温度与围护结构内表面温度的允许差值。

工程设计中，规定了在不同类型建筑物内，冬季室内计算温度与外围护结构内表面的允许温度差值（不同用途房间的外墙、屋顶），见附表 2-7。

$$R_{0,\min} = \frac{\alpha(t_n - t_{w,e})}{\Delta t_y} R_n \tag{2-26}$$

式中：$t_{w,e}$ 为冬季围护结构室外计算温度，℃，与围护结构热惰性指标（$D$）有关；$R_{0,\min}$ 为围护结构的最小传热阻，（$m^2 \cdot$ ℃）/W。

式（2-18）是稳定传热公式，实际上随着室外温度波动，热惰性不同的围护结构，在相同的室外温度波动下，其热惰性越大，则其内表面温度波动就越小。因此，工程设计采用热惰性指标 $D$ 分成四个等级来规定冬季室外计算温度 $t_{w,e}$（见表2-14）的取值。

表2-14 冬季围护结构室外计算温度

| 围护结构的类型 | 热惰性指标 $D$ | $t_{w,e}$ 的取值/℃ |
|---|---|---|
| I | >6.0 | $t_{w,e} = t'_w$ |
| II | 4.1~6.0 | $t_{w,e} = 0.6t'_w + 0.4t_{p,\min}$ |
| III | 1.6~4.0 | $t_{w,e} = 0.3t'_w + 0.7t_{p,\min}$ |
| IV | ≤1.5 | $t_{w,e} = t_{p,\min}$ |

注：1. 表中 $t'_w$、$t_{p,\min}$ 分别为供暖室内计算温度和累年最低日平均温度，℃。
2. $D \leq 4.0$ 的实心砖墙，计算温度 $t_{w,e}$ 应按 II 型围护结构取值。

当采用 $D>6$ 的围护结构（所谓重质墙）时，采用供暖室外计算温度作为校验围护结构最小传热阻的冬季室外计算温度；当采用 $D<6$ 的中型和轻型围护结构时，为了能保证与重质墙围护结构相当的内表面温度波动幅度，就得采用比供暖室外计算温度更低的温度作为检验轻型或中型围护结构最小传热阻的冬季室外计算温度，亦即要求更大一些的围护结构最小传热阻值。

3. 围护结构热惰性指标 $D$ 值确定

围护结构热惰性指标是表征围护结构对温度波衰减快慢程度的无量纲指标。$D$ 值越大，温度波在其中的衰减越快，围护结构的热稳定性越好。

对于匀质多层材料组成的平壁结构的热惰性指标 $D$ 值，可用下式计算：

$$D = \sum_{i=1}^{n} D_i = \sum_{i=1}^{n} R_i S_i \tag{2-27}$$

式中：$R_i$ 为各层材料的传热阻，（$m^2 \cdot$ ℃）/W；$S_i$ 为各层材料的蓄热系数，W/（$m^2 \cdot$ ℃）。

材料蓄热系数是指当某一足够厚度单一材料层一侧受到谐波热作用时，表面温度将按同一周期波动，通过表面的热流波幅的比值。

在周期性热作用下，物体表面温度升高或降低1℃时，在 1h 内，1 $m^2$ 表面积贮存或释放的热量。

$$S = \sqrt{\frac{2\pi c \rho \lambda}{Z}} \tag{2-28}$$

式中：$c$ 为材料的比热，J/（kg·℃）；$\rho$ 为材料的密度，kg/$m^3$；$\lambda$ 为材料的导热系数，W/（m·℃）；$Z$ 为温度波动周期，s（一般取 24h，即 86400s 计算）。

**二、经济传热阻**

1. 经济传热阻概念

建筑物围护结构的经济传热阻是建筑物十分重要的经济指标。当传热阻 $R_0$ 大时，传热小，则用于保温隔热的费用大；反之，如果传热阻 $R_0$ 小，传热大，用于保温隔热的费用虽小，但使用中的能耗费用大。在热工计算中围护结构的传热阻值是由围护结构的各构造层的导热系数及其他们的材料厚度决定的，即

$$R_0 = R_1 + R_2 + R_3 + \cdots + R_n \tag{2-29}$$

$$R_n = \frac{d_n}{\lambda_n} \tag{2-30}$$

实际上存在条件土建投资费用与使用运行能耗费用两者综合最经济的状态，此时围护结构的传热阻 $R_0$ 即为经济传热阻 $R_e$。建造费用包括土建部分及供暖系统的建造费用等，即通常所说的一次投资。经营费用包括土建部分及供暖系统的维修费、折旧费及供暖系统的运行费，即通常所说的经常运行费用。建造费用与经营费用的总和是外围护结构传热阻的函数，即 $y = f(R)$，令 $\dfrac{\mathrm{d}y}{\mathrm{d}R} = 0$，即可求得经济传热阻。

2. 影响经济传热阻的因素

影响经济传热阻的因素很多，主要有以下几个方面：①国家的经济政策；②建筑设计方案；③供暖设计方案；④气候条件。

**例 2-3**　如图 2-7 所示，为北京市一民用办公建筑的平面图和剖面图。试校核其外围结构的最小传热阻。

**解**：（1）校核外墙的传热阻。

该外墙属于Ⅱ型围护结构，围护结构冬季室外计算温度 $t_{w,e}$ 等于：

$$t_{w,e} = 0.6t'_w + 0.4t_{p\min} = 0.6 \times (-9) + 0.4 \times (-17.1) \approx -12℃$$

最小传热阻：

$$R_{0,\min} = \frac{\alpha(t_n - t_{w,e})}{\Delta t_y} R_n$$

根据已知条件即查得数据，以 $t_n = 18℃$、$t_{w,e} = -12℃$、$\Delta t_y = 6℃$、$R_0 = 0.115$（$m^2 \cdot ℃$）/W，代入得

$$R_{0,\min} = \frac{[8 - (-12)] \times 1 \times 0.115}{6} = 0.575[(m^2 \cdot ℃)/W]$$

外墙实际传热阻：

$$R_0 = 1/K = 1/1.57 = 0.637 \ [(m^2 \cdot ℃)/W]$$

$R_0 > R_{0,\min}$，满足要求。

（2）校核顶棚传热阻。

该围护结构属于Ⅲ型，围护结构冬季室外计算温度应采用：

$$t_{w,e} = 0.3t'_w + 0.4t_{p\min} = 0.3 \times (-9) + 0.7 \times (-17.1) \approx -15(℃)$$

$$R_{0,\min} = \frac{\alpha(t_n - t_{w,e})}{\Delta t_y} R_n$$

根据已知条件及查得数据值：$t_n$=18℃、$t_{w,e}$=−15℃、$a$=0.9、$\Delta t_y = 4.5℃$、$R_0$=0.115 [(m²·℃)/W]，得

$$R_{0,\min} = \frac{[18 - (-15)] \times 0.9 \times 0.115}{4.5} = 0.76 \, [(m^2 \cdot ℃)/W]$$

顶棚实际传热阻为

$$R_0 = \frac{1}{K} = \frac{1}{0.93} = 1.075 \, [(m^2 \cdot ℃)/W]$$

满足要求 $R_0 > R_{0,\min}$。

# 第九节　高层建筑供暖设计热负荷计算方法简介

高层建筑与低层建筑供暖设计热负荷计算方法的不同之处在于以下两方面：

（1）因为室外风速随着建筑物高度的增加而加大，高层建筑围护结构外表面对流换热系数随着楼层高度的增加而加大。

（2）冷风渗透耗热量计算方法不同。

本章第四节阐述了多层建筑冷风渗透量的计算方法，该方法只考虑在风压作用下从门、窗缝隙渗入室内的冷空气量，而不考虑热压的作用。高层建筑由于建筑物高度增加，热压作用不容忽视。冷风渗透量受风压和热压的综合作用。国内外对高层建筑冷风渗透量问题进行了大量理论分析和实测工作，提出了许多的计算方法。我国现行《民用建筑供暖通风与空气调节设计规范》（GB 50736—2012）推荐的计算方法，阐明高层建筑冷风渗透量在风压、热压综合作用下的工作原理和计算方法。

## 一、热压作用

### 1. 热压的概念

在冬季，建筑物室内、外温度不同，产生了空气密度差，于是形成了室内外压力差。该压力差驱使室内、外空气流动，室内温度高的空气，密度小而沿着建筑物内部竖直贯通通道（楼梯间、电梯井、管道井等）上升，并从建筑物上部的风口（门、窗缝隙）排出。这时会在原来低密度空气的地方形成负压，于是，室外温度低而密度大的新鲜空气从建筑物底层门、窗缝隙被吸入室内，从而室内、外空气就会源源不断地进行流动，这种引起空气流动的压力称为热压。

这种由于热压作用而引起的自然通风被称为"烟囱效应"。

建筑物在热压作用下引起的室内、外空气流动中具有以下规律：①较低楼层，室外气压大于室内气压，故室外空气向内渗入；②较高楼层，室内气压大于室外气压，故室内空气向外渗出；③整个建筑物，总有一高度：渗入空气量等于渗出空气量，故有一个中和面，如图 2-18 所示。

2. 理论热压的计算

假设建筑物各层完全畅通（空气流动过程中

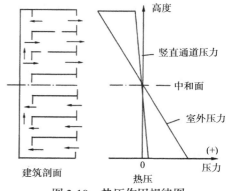

图 2-18　热压作用规律图

的阻力为零），由上述可知：热压主要由室外空气与楼梯间等竖直贯通通道空气之间的密度差形成的 $\Delta\rho$。建筑物内、外空气密度差 $\Delta\rho$ 和高度差 $\Delta h$ 形成的理论热压，可按下式计算：

$$P_r = (h_z - h)(\rho_w - \rho'_n)g \tag{2-31}$$

式中：$P_r$ 为理论热压，Pa；$\rho_w$ 为供暖室外计算温度下的空气密度，$kg/m^2$；$\rho'_n$ 为形成热压的室内空气柱（竖井温度）密度，$kg/m^2$；$g$ 为重力加速度，$g=9.81m/s^2$；$h$ 为计算楼层的门、窗中心距室外地坪高度，m；$h_z$ 为中和面标高，m，指室内外压差为零的界面，通常在纯热压作用下，可近似取建筑物高度的一半。

从式（2-31）可以看出：当门窗中心处于中和面以下时，$P_r>0$，室外空气压力高于室内空气压力，冷空气由室外渗入室内；反之 $P_r<0$，室内空气压力高于室外空气压力，热空气由室内渗出室外。图 2-19 中直线 1 表示建筑物楼梯间及竖直贯通通道的理论热压分布线。

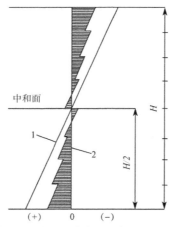

1—楼梯间及竖井热压分布线；2—各层外窗热压分布线

图 2-19　热压作用原理图

### 3．实际热压计算

实际上，建筑物外门、窗等缝隙两侧的热压差仅是理论热压 $P_r$ 的一部分，实际热压差的大小除与建筑物内、外空气密度差 $\Delta\rho$ 和高度差 $\Delta h$ 有关外，还与建筑物内部贯通通道的布置、通气状况以及门、窗缝隙的密封性有关。为了确定外门、窗两侧的有效作用热压差，引入热压差有效作用系数简称热压系数 $c_r$：它表示在单独热压作用下，外门、窗缝隙两侧空气的有效热压差 $\Delta P_r$ 与相应高度上的理论热压差 $P_r$ 的比值：

$$\Delta P_r = c_r P_r = c_r (h_z - h)(\rho_w - \rho_n')g \tag{2-32}$$

式中：$\Delta P_r$ 为热压作用下，门、窗缝隙两侧产生的实际有效作用压差，简称有效作用（热）压差，Pa。

当无条件精确计算时，可以按照表 2-15 采用。

表 2-15　热压系数

| 内部隔断情况 | 开敞空间 | 有内门或房间 | | 有前室、楼梯间门或走廊两端门 | |
| --- | --- | --- | --- | --- | --- |
| | | 密闭性差 | 密闭性好 | 密闭性差 | 密闭性好 |
| $c_r$ | 1.0 | 1.0～0.8 | 0.8～0.6 | 0.6～0.4 | 0.4～0.2 |

## 二、风压作用

### 1．风速随高度变化规律

风速随高度增加的变化规律，可以用下式表示：

$$V_h = V_0 \left( \frac{h}{h_0} \right)^{\beta} \tag{2-33}$$

式中：$V_h$ 为高度 $h$ 处的平均风速，m/s；$V_0$ 为高度 $h_0$ 处的平均风速，m/s；$\beta$ 为幂指数，与地面的粗糙度有关，可取 $\beta=0.2$。

按照我国气象部门规定，风观测的基准高度为 10m。因此，目前规范给出各城市的冬季平均风速 $V_0$ 是对应基准高度 $h_0=10$m 的数值。对于不同高度 $h$ 处的室外风速 $V_h$，可改为下式：

$$V_h = V_0 \left( \frac{h}{10} \right)^{0.2} = 0.631 h^{0.2} V_0 \tag{2-34}$$

### 2．风压的定义

（1）风压指空气流动受到阻挡时产生的静压，即风吹到建筑物外表面时，由于空气流动受阻，部分动能转化为静压的压力。风压随建筑物高度的变化情况，如图 2-20 所示。

（2）理论风压差。当风吹过建筑物时，空气会经过迎风面方向的门、窗缝隙渗入，与室内空气进行热交换后，从背风向的门、窗缝隙渗出。理论上，在风压单独作用下，当风速为 $V_h$ 时，门、窗两侧的理论风压差为

$$P_f = \frac{\rho_w}{2} V_h^2 \tag{2-35}$$

式中：$P_f$ 为理论风压差，本身具有的能量，即指恒定风速 $V$ 的气流所具有的动压，Pa；$V_h$ 为高度 $h$ 处室外平均风速，m/s。

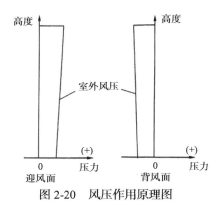

图 2-20　风压作用原理图

（3）实际风压差。门、窗两侧的实际风压差 $\Delta P_f$ 与空气穿过该楼层整个流动途径的阻力状况及风速本身所具有的能量 $P_f$ 有关：

$$\Delta P_f = c_f P_f = c_f \frac{\rho_w}{2} V_h^2 \qquad (2\text{-}36)$$

式中：$V_h$ 为高度 $h$ 处的风速，m/s；$\rho$ 为冷空气密度，kg/m²；$\Delta P_f$ 为由于风力作用，促使门、窗缝隙产生空气渗透的有效作用压差，简称风压差，Pa；$c_f$ 为作用于门、窗上的风压差相对于理论风压的百分数，简称风压差系数。

当风垂直吹到墙面上，且建筑物内部气流流通阻力很小的情况下，风压差系数的最大值可取 $c_f = 0.7$，当建筑物内部气流阻力很大时，风压差系数 $c_f$ 降低，可取 0.3 ~ 0.5，当无实测数据时，可取 0.7。

（4）门、窗两侧作用压差 $\Delta P$ 与单位缝隙长渗透空气量 $L$ 之间的关系。在风压、热压作用下，通过门窗缝隙的冷风渗透量，取决于门窗两侧的风压差 $\Delta P_f$ 和热压差 $\Delta P_r$ 的大小，他们的关系是由实验来确定的。门、窗两侧作用压差 $\Delta P$ 与单位缝隙长渗透空气量 $L$ 之间的关系，通过实验，一般将数据整理为下式：

$$L = \alpha \Delta P^b \qquad (2\text{-}37)$$

式中：$\alpha$ 为外门、外窗缝隙渗风系数，m³/（m·h·Pa$^b$），与门、窗构造有关的特性常数，当无实测数据时，可根据建筑物外窗空气渗透性能分级的相关标准查取，见表 2-16；$b$ 为外门、外窗缝隙渗风指数，与门、窗构造有关的特性常数，$b = 0.56 ~ 0.78$，即对木窗可采用 0.56、对钢窗可采用 0.67、对铝窗可采用 0.78，当无实测数据时可取 0.67。

表 2-16　外门、外窗缝隙渗风系数

| 建筑物外窗空气渗透性能分级 | I | II | III | IV | V |
|---|---|---|---|---|---|
| $\alpha$ | 0.1 | 0.3 | 0.5 | 0.8 | 1.2 |

在计算过程中，通常是以冬季平均风速 $V_0$（气象台所给数据，相应 $h_0=10m$ 的风速）作为计算基准。为便于分析，将 $V_h = 0.631h^{0.2}V_0$ 和 $\Delta P_f = c_f \frac{\rho_w}{2}V_h^2$ 代入 $L = \alpha \Delta P^b$，通过数据整理，可得出计算门、窗中心线高为 $h$ 时，由于风力单独作用产生的单位缝长渗透空气量 $L_h$：

$$L_f = \alpha \Delta P^b = \alpha(c_f \frac{\rho_h}{2}V_h^2)^b = \alpha\left[ c_f \frac{\rho_w}{2}(0.631h^{0.2}V_0^2)^2 \right]^b = \alpha(c_f \frac{\rho_w}{2}V_0^2)^b(0.3h^{0.4})^b \quad （2-38）$$

设 $\quad L = \alpha(c_f \frac{\rho_w}{2}V_0^2)^b \quad$ m³/（m·h）、$c_h = (0.3h^{0.4})^b$，则

$$L_h = c_h L \quad\quad\quad （2-39）$$

式中：$L_h$ 为计算门、窗中心线高为 $h$ 时，由于风力的单独作用产生的单位缝长渗透空气量，m³/（m·h）；$L$ 为基准风速 $V_0$ 作用下的单位缝长空气渗透量，m³/（m·h），当有实测数据 $\alpha$、$b$ 值时，可直接按 $L = \alpha(\frac{\rho_{wn}}{2}V_0^2)^b$ 计算，其中，$V_0$ 为基准高度冬季室外最多风向的平均风速；也可按表 2-6 的数据采用；$c_h$ 为计算门、窗中心线高为 $h$ 时的渗透空气量对于基准渗透量的高度修正系数（当 $h<10m$ 时，按基准高度 $h=10m$ 计算）。

### 三、风压与热压共同作用

实际作用的冷风渗透现象，都是风压与热压共同作用的结果，结果如图 2-21 所示。

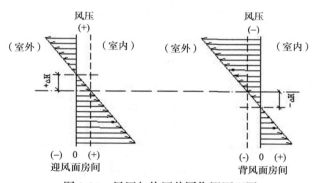

图 2-21　风压与热压共同作用原理图

理论推导在风压与热压共同作用下，建筑物各层各朝向的门、窗冷风渗透量时，考虑了下列几个假设条件：

（1）建筑物各层门、窗两侧的有效作用热压差 $\Delta P_r$，仅与该层所在的高度位置、建筑物内部竖井空气温度和室外空气温度所形成的密度差，以及热压差系数 $c_r$ 值大小有关，而与门、窗所处的朝向无关。

（2）建筑物各层不同朝向的门、窗，由于风压作用所产生的计算冷风渗透量是不相等的，需要考虑渗透空气量的朝向修正系数（见附表 2-5 的 $n$ 值）

如式（2-39）的 $L_h$ 值是表示主导风向（$n=1$）下，门、窗中心线标高为 $h$ 时的单位缝长的渗透空气量，则同一标高其他朝向（$n<1$）门、窗单位缝长渗透空气量 $L_h$（$n<1$）为

$$L_{h(n<1)} = nL_h \qquad (2\text{-}40)$$

在最不利朝向（$n=1$）下，设单独在风压作用下的渗透量为 $L_h$，而风压与热压共同作用的总渗透量 $L'_0$，则 $L'_0$ 与 $L_h$ 的差值，亦即由于热压的存在而产生的附加风量 $\Delta L_r$：

$$\Delta L_r = L'_0 - L_h \qquad (2\text{-}41)$$

对于其他朝向（$n<1$）的门、窗，由于风压所产生的渗透风量应进行朝向修正，但热压产生的风量 $\Delta L_r$ 在各朝向均相等，不必进行朝向修正。因此，任意朝向门、窗由于风压与热压共同作用产生的渗透风量 $L_0$，可用下式表示：

$$L_0 = nL_h + \Delta L_r = nL_h + L'_0 - L_h = L_h(n - 1 + \frac{L'_0}{L_h}) \qquad (2\text{-}42)$$

确定 $\dfrac{L'_0}{L_h}$，据 $L = \alpha \Delta P^b$，可得

$$\frac{L'_0}{L_h} = \frac{\alpha(\Delta P_f + \Delta P_r)^b}{\alpha \Delta P_f^b} = \left(1 + \frac{\Delta P_r}{\Delta P_f}\right)^b \qquad (2\text{-}43)$$

设　$c = \dfrac{\Delta P_r}{\Delta P_f}$，$c$ 为作用在同一高度的门、窗上的有效热压差与有效风压差之比，简称压差比。

将 $L_h = c_h L$ 和 $\dfrac{L'_0}{L_h} = \left(1 + \dfrac{\Delta P_r}{\Delta P_f}\right)^b$ 代入 $L_0 = L_h(n - 1 + \dfrac{L'_0}{L_h})$ 中，则可改写为

$$L_0 = c_h L[n + (1 + c)^b - 1] \qquad (2\text{-}44)$$

设　$m = c_h[n + (1 + c)^b - 1]$，则

$$L_0 = mL \qquad (2\text{-}45)$$

式中：$L_0$ 为位于高度 $h$ 和任一朝向的门、窗，在风压与热压共同作用下产生的单位缝长渗透风量，$m^3/$（$m\cdot h$）；$L$ 为基准风速 $V_0$ 作用下的单位缝长空气渗透量，$m^3/$（$m\cdot h$），可按表 2-7 数据计算；$m$ 为考虑计算门、窗所处的高度、朝向和热压差的存在而引入的风量综合修正系数，按式 $m = c_h[n + (1 + c)^b - 1]$ 确定；$c_h$ 为计算门、窗中心线标高为 $h$ 时的渗透空气量对于基准渗透量的高度修正系数（当 $h<10m$ 时，按基准高度 $h=10m$ 计算）。

（3）门、窗缝隙渗入室内的冷空气耗热量计算。

1）计算公式。由门、窗缝隙渗入室内的冷空气的耗热量 $Q'_2$，可用下式计算：

$$Q'_2 = 0.278 c_p L l (t_n - t'_w) \rho_w m \qquad (2\text{-}46)$$

2）压差比 $c$ 的确定。要计算高层建筑冷空气渗透耗热量 $Q'_2$，首先要计算门、窗风量综合修正系数 $m$ 值，按式 $m = c_h[n + (1 + c)^b - 1]$ 计算 $m$ 值时，需要先确定压差比 $C$ 的值。

根据压差比 $c$ 值的定义，同一高度处有效热压差与有效风压差之比：

$$c = \frac{\Delta P_r}{\Delta P_f} = \frac{c_r(h_2 - h)(\rho_w - \rho'_n)g}{c_f \rho_w V_h^2 / 2} \quad (2\text{-}47)$$

在定压条件下，空气密度与空气的绝对温度成反比关系，即

$$\rho_t = \frac{273}{273 + t}\rho_0 \quad (2\text{-}48)$$

式中：$\rho_t$ 为在空气温度 $t$ 时的空气密度，$kg/m^3$；$\rho_0$ 为在空气温度为零的空气密度，$kg/m^3$。

根据 $\rho_t = \frac{273}{273 + t}\rho_0$、式 $c = \frac{c_r(h_2 - h)(\rho_w - \rho'_n)g}{c_f \rho_w V_h^2 / 2}$ 中的 $(\rho_w - \rho'_n)/\rho_w$ 项，可改为

$$\frac{\rho_w - \rho'_n}{\rho_w} = 1 - \frac{\rho'_n}{\rho_w} = \frac{t'_n - t'_w}{273 + t'_n} \quad (2\text{-}49)$$

式中：$t'_n$ 为建筑物内形成热压的空气柱温度，简称竖井温度，℃；$t'_w$ 为供暖室外计算温度，℃。

又根据 $V_h = 0.631h^{0.2}V_0$、$\frac{\rho_w - \rho'_n}{\rho_w} = \frac{t'_n - t'_w}{273 + t'_n}$ 和 $c = \frac{c_r(h_2 - h)(\rho_w - \rho'_n)g}{c_f \rho_w V_h^2 / 2}$ 的压差比值 $c$ 值，

最后可用下式表示：

$$c = 50\frac{c_r(h_2 - h)}{c_f h^{0.2}V_h^2} \cdot \frac{t'_n - t'_w}{273 + t'_n} \quad (2\text{-}50)$$

式中：$h$ 为计算门、窗的中心线标高（注：由于分母表示风压差，故当 $h<10m$ 时，仍按基准高度 $h=10m$ 时计算），m。

3）计算 $m$ 值和 $c$ 值时，应注意：①若计算得出 $c \le -1$ 时，即（$1+c$）$\le 0$，则表示计算楼层处，即使处于主导风向朝向（$n=1$）的门、窗也无冷风渗入，或已有室内空气渗出。此时，同一楼层所有朝向门、窗冷风渗透量均取零值。②若计算得出 $c > -1$，即（$1+c$）$>0$ 的条件下，根据式 $m = c_h[n + (1+c)^b - 1]$ 计算出 $m \le 0$ 时，则表示所计算的给定朝向的门、窗已无冷空气侵入，或已有室内空气渗出。此时，处于该朝向的门、窗冷风渗透量取为零值。③计算得出 $m > 0$ 时，该朝向的门、窗冷风渗透耗热量，可按

$$Q'_2 = 0.278c_p Ll(t_n - t'_w)\rho_w m \quad (2\text{-}51)$$

# 第十节 建筑节能及措施

## 一、建筑总能耗

我国建筑规模巨大，发展迅速，近年来，全国每年新建建筑竣工面积约 131.4 亿 $m^2$，根据相关资料，到 2020 年我国还要建造约 300 亿 $m^2$ 的建筑。

国际通行的建筑物总能耗，可以用以下公式表示：

$$T = A + B + C + D - E \quad (2\text{-}52)$$

式中：$A$ 为建筑物生产用能；$B$ 为施工用能；$C$ 为日常用能；$D$ 为拆除用能；$E$ 为拆除后，

再利用能；$T$ 为建筑物总能耗。

建筑物日常用能所占份额最大，据有关资料显示约为 27.5%，日常用能主要包括供暖、空调及通风（65%）；热水供应（15%），家用电器、电梯及照明（14%），炊事（6%）等方面的能耗。

根据资料，目前全世界建筑能耗约占能源总消费量的 30%，我国建筑物总能耗占全国总能耗 37%，建筑日常用能占的比例已达 27.5%，并将稳步增长，为相同技术条件下发达国家的 2～3 倍，住宅日常用能占全国总能耗 20% 左右。建筑用能是消耗大、增长快、能源浪费最严重的部门。

## 二、建筑节能相关节能指标

### 1. 供暖能耗

供暖能耗是指在供暖期内用于建筑物供暖的能量，包括锅炉及锅炉附属设备（热源）、热媒输送（热网）过程中所消耗的热能与电能。

### 2. 建筑物的耗热指标和供暖的耗煤指标

在民用建筑节能设计标准中规定：判断建筑物是否节能的指标是建筑物的耗热指标和供暖的耗煤指标，不同的建筑气候分区，其供暖住宅建筑物耗热指标和供暖的耗煤指标不应该超过节能标准规定的数值。

（1）建筑物耗热指标。建筑物耗热指标是指在供暖期室外平均温度 $t_p$ 下，为了达到要求的室内温度 $t_n$，单位建筑面积在单位时间内消耗的、需要由室内供暖设备供给的热量 $Q$（W/m$^2$），是评价建筑物能耗水平的一个重要指标。

建筑物耗热量指标的计算应包含围护结构的传热耗热量、空气渗透耗热量和建筑物内部得热量三个部分，计算所得的建筑物耗热量指标不应超过耗热量指标限值的规定。

单位建筑面积传热耗热量用以下公式计算：

$$q_{H \cdot T} = \frac{(t_1 - t_e)(\sum \varepsilon_i K_i F_i)}{A_0} \qquad (2\text{-}53)$$

单位建筑面积空气渗透耗热量用以下公式计算：

$$q_{INF} = \frac{(t_1 - t_e)(C_\rho \rho N V)}{A_0} \qquad (2\text{-}54)$$

建筑物耗热量指标用以下公式计算：

$$q_H = q_{H \cdot T} + q_{INF} - q_{I \cdot H} \qquad (2\text{-}55)$$

式中：$t_1$ 为全部房间平均室内计算温度，取 16℃；$A_0$ 为建筑面积，m$^2$；$t_e$ 为供暖期室外平均温度；$K_i$ 为围护结构传热系数（建议外墙热桥部位面积不大时，按主体部位传热系数即可）；$F_i$ 为围护结构面积，m$^2$，对于外墙窗按不同朝向分别计算窗户和有无阳台分别计算；$\varepsilon_i$ 为围护结构传热系数的修正系数（按朝向与 $\varepsilon_i$ 不同查表分别计算）。

（2）供暖设计热负荷指标。供暖设计热负荷指标是指在供暖设计室外温度 $t_w'$ 下，为了达到要求的室内温度 $t_n$，单位建筑面积在单位时间内消耗的、需要由锅炉或其他供热设施供给的热量 $Q$（W/m$^2$）。

（3）供暖耗煤量指标。供暖耗煤量指标是指在供暖期室外平均温度 $t_p$ 下，为了达到要求的室内温度 $t_n$，单位建筑面积在一个供暖期消耗的标准煤量，单位为 kg/m$^2$，是评价建筑物和供暖系统组成的综合体能耗水平的一个重要指标。

供暖耗煤量指标用以下公式计算：

$$q_c = \frac{24zq_H}{H_c\mu_1\mu_2} \tag{2-56}$$

### 三、建筑节能的方法及设计步骤

1．建筑节能设计方法

（1）建筑节能。建筑节能是一门综合学科，是一项庞大复杂的系统工程，涉及建筑、施工、供暖、通风、空调、照明、电器、建材、热工、能源、环境、检测、计算机应用等许多专业内容，建筑节能技术是一门综合性技术，包含了许多领域。

（2）建筑节能的方法。建筑节能方法包括建筑热工节能和建筑设备节能两方面。

1）建筑热工节能。建筑热工节能是以热物理学、传热学和传质学为其理论基础，应用已经揭示的传热、传质规律来解决建筑设计中围护结构的保温、隔热等方面的建筑热工设计问题。涉及的参数主要有热阻、传热系数、热惰性指标、保温及隔热层厚度、屋顶及外墙隔热指标等。

建筑热工设计一般规定包括建筑朝向、体形系数、自然通风、遮阳、楼梯间、外廊、出入口等内容。

建筑朝向，宜采用南北或接近南北朝向、主要房间宜避开冬季主导风向。

体形系数，是指建筑物与室外大气接触的外表面积与其所包围的体积的比值。

自然通风，总体规划、平立剖面设计有利于自然通风。

提高围护结构的保温隔热性能包括传热系数和热惰性指标 $D$ 值、窗墙面积比、窗的气密性、热桥保温隔热、室内地坪以下外墙保温、周边直接接触土壤的地面保温、材料和构造选择等内容。围护结构的保温隔热构造措施包括：①屋面，屋面能耗占有相当的比例，采用高效保温隔热屋面。②外墙，墙体节能技术分为单一墙体节能与复合墙体节能。计算围护结构传热耗热量时，外墙因受到主体及结构柱、过梁和圈梁等热桥的影响，其传热系数应采用按面积加权平均法求得的平均传热系数。③外门窗，外门、窗是建筑物热交换、热传导最活跃、最敏感的部位。窗户节能主要从减少渗透量、减少传热量、减少太阳辐射能三个方面进行。④地面，与室内（外）空气相邻的边缘地下温度变化相当大，冬季将有较多热量由此散失；而夏季高温、高湿的空气与低温地面接触易产生结露。⑤热惰性指标，表征围护结构对温度波衰减快慢程度的无量纲指标。单一材料 $D=RS$，多层材料 $D=\sum RS$，$D$ 值越大，温度波在其中的衰减越快，围护结构的热稳定性越好。因此，沿着首层外墙周边直接接触土壤的地面需要采取保温及隔热措施。

2）建筑设备节能设计需要注意：

a. 建筑设备系统功率大小的选择应适当。如果功率选择过大，设备常部分负荷而非满负荷运行，导致设备工作效率低下或闲置，造成不必要的浪费。如果功率选择过小，达不到满意的舒适度，势必要改造、改建，也是一种浪费。同时，还应考虑随着社会经济的发展，新电气产品不断涌现，应注意在使用周期内所留容量能够满足发展的需求。

b. 建筑设备之间的热量有时起到节能作用，但是有时候则是冷热抵消。如夏季照明设备所散发的能量将直接转化为房间热扰，消耗更多冷量。而冬天的照明设备所散发的热量将增加室内温度，减少供热量。所以，在满足合理的照度下，宜采用光通量高的节能灯，并能达到冬夏季节能要求的照明灯具。

c. 建筑设备的选择，应根据当地资源情况，充分考虑节能、环保、合理等因素，通过经济技术性分析后确定。

2. 建筑节能设计指标

建筑节能设计主要校核建筑物围护结构传热系数、体形系数、窗墙面积比、供暖系统形式、建筑物耗热量指标、供暖耗煤量等指标。

# 第三章 室内供暖系统的末端装置

末端装置是室内供暖系统的主要组成部分，热媒（热水、蒸汽）通过末端装置向室内散热，补充室内热损失，以维持室内温度。

## 第一节 散热器

### 一、对散热器的要求

在选择散热器的类型、评价散热器的优劣以及研制新型散热器时，需要全面了解对散热器的各种要求，主要有以下几个方面：

（1）热工性能的要求（评价散热设备性能的主要指标）。散热器传热系数 $K$ 值越高，散热性能越好。$K$ 值是评价不同材质、不同结构、不同品牌散热器优劣的主要指标。

（2）经济方面的要求（评价散热器设备性能的重要指标）。散热器传给房间的单位有效热量的价格越低（元/W），单位热量所需金属耗量越少，制造散热器的材料来源越广，散热器使用寿命越长，成本越低，其经济性越好。

1）散热器金属热强度。散热器金属热强度是衡量散热器经济性的一个标志，是指散热器内热媒平均温度与室内空气温度差为 1℃时，每单位质量散热器在单位时间散出的热量：

$$q = \frac{K}{G} \tag{3-1}$$

式中：$q$ 为散热器的金属热强度，W/(kg·℃)；$K$ 为散热器的传热系数，W/(m²·℃)；$G$ 为每平方米散热器散热面积的质量，kg/m²。

式（3-1）中，$q$ 值越大，说明放出同样的有效热量所耗的金属量越小。

2）不同材质散热器经济性能评价。对各种不同材质的散热器，除考虑金属热强度外，还要考虑到造价。其经济评价标准宜以散热器单位散热量的成本（元/W）来衡量。

（3）安装使用和工艺方面的要求。散热器安装使用时，一定要安全可靠，包括热工性能和制造质量两方面内容。

工艺方面，散热器的结构形式应便于组合成所需的散热面积，结构尺寸要小，少占房间面积和空间；散热器的生产工艺应满足大批量生产的要求。

（4）卫生和美观方面的要求。散热器外表光滑，不易积灰和易于清扫，外形美观，散热器的型式、色泽、装潢应与房间的内部装饰相协调，散热器的装设不应影响房间观感。

（5）使用寿命的要求。散热器应耐腐蚀，不易损坏和使用年限长。

（6）节能环保要求。制造过程中和使用过程中均要求节能，不污染环境。

（7）热舒适性要求。使供暖空间的不同部位冷热均匀，感觉舒适。

## 二、散热器的种类及选择

（一）散热器的种类

散热器根据材质的不同可分为铸铁、钢制、铝及铝合金、不锈钢、铜、复合型及其他材质散热器。从其构造型式的不同分为管型、翼型、柱型、平板型、柱翼型、串片型、翅片管型及装饰型散热器等。

1. 铸铁散热器

铸铁散热器具有结构简单、耐腐蚀、使用寿命长，金属热强度比钢制散热器低，热稳定性好，使用无条件限制，价格低廉等优点。

铸铁散热器具有生产工艺落后、金属耗量大（笨重），制造、安装和运输劳动繁重；产品陈旧落后、生产技术落后、内腔含黏砂，能源消耗太大且生产铸造过程中对周围污染环境严重等缺点。

国内应用较多的铸铁散热器有铸铁柱型散热器和灰铸铁精品散热器两大类。

（1）铸铁柱型散热器。

1）铸铁柱型散热器结构形式。其结构呈柱状的单片连通体，每片各有几个中空的立柱相互连通。根据散热面积的需要，可用对丝把各个单片组装在一起形成一组散热器。我国常用铸铁柱型散热器有四柱、二柱（M132 型）和五柱，有些散热器带柱脚，可以与不带柱脚的组对成一组落地安装，也可以全部选用不带柱脚的在墙上挂式安装。如图 3-1 所示。

2）铸铁柱型散热器的特点。柱型散热器与翼型散热器相比，其金属热强度及传热系数大，外形比较美观，表面光滑易清除积灰，单片散热面积小，容易组合成所需的散热面积，因而曾经在我国得到较广泛应用。但柱型散热器相对接口多，安装较费力，承压能力不高。

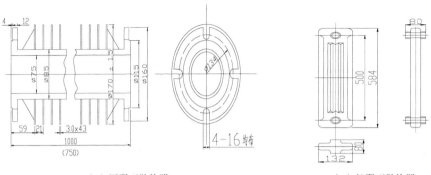

（a）圆翼型散热器　　　　　　　　　　（b）长翼型散热器

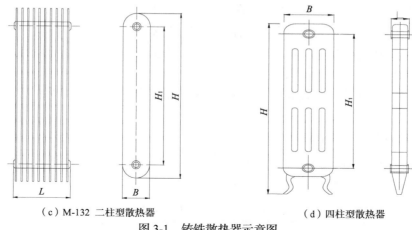

（c）M-132 二柱型散热器　　　　　　　　　（d）四柱型散热器

图 3-1　铸铁散热器示意图

我国常用的几种铸铁散热器的规格见附表 3-1。

（2）灰铸铁精品散热器。灰铸铁精品散热器的类型有柱型、柱翼型、板翼型、艺术型、定向对流等。均适合任何水质，适合分户热计量系统，工作压力低。

1）灰铸铁精品柱型散热器结构形式常用的有四柱、二柱型，柱的截面形状多为圆柱形；上下联箱有进出水口；单片间用对丝联接成组。该类型散热器具有如下特点：耐腐蚀，使用寿命长；内腔洁净；外形美观、装饰性强；外表光洁，便于清扫；单片组合灵活方便；体型较宽，占地面积较大等。

热媒可为热水或蒸汽；适用于任何水质；适用于各种建筑物；适用于分户热计量；一般材质的工作压力较低（0.5MPa），不能用于高层建筑；工作压力高的（0.8MPa）可用于高层建筑。

2）灰铸铁精品柱翼型散热器。灰铸铁精品柱翼型散热器在灰铸铁柱型散热器的基础上增加一些翼片；两片间翼片近似封闭；有单柱、双柱或三柱。该类型散热器具有以下特点：耐腐蚀，使用寿命长；热工性能比柱型好；外形美观，装饰性好；体型较紧凑；组装后外表面呈大平面，便于清扫；组装片灵活多变，易于设计，便于安装等。

3）灰铸铁精品板翼型。灰铸铁精品板翼型结构形式为主体及翼片在正面形成平面，其他翼片在后面或侧面，组装后前面形成大平面。该类型散热器具有以下特点：体型紧凑；装饰性强；组装灵活；便于清扫；安全可靠；热工性好；耐腐蚀，使用寿命长；适用于各种水质等。

热媒可为热水或蒸汽；适用于任何水质，适用于各种建筑物，内腔洁净的可用于分户热计量；工作压力为 0.6 ~ 0.8MPa。

4）灰铸铁精品艺术型。灰铸铁精品艺术型在柱型散热器表面铸有许多花纹图案。该类型散热器具有以下特点：美观高雅；装饰性强；组装灵活；易于设计；耐腐蚀，使用寿命长；适用于各种水质等。

5）灰铸铁精品定向对流散热器。其结构形式为单柱立式扁柱体，中部较大上下部缩小，两侧有许多斜向翼片。该类型散热器具有以下特点：结构新颖；体型不紧凑；散热量大；节材节能；供暖效果好；不易清扫；耐腐蚀，使用寿命长；适用于各种水质等。

2. 钢制散热器

钢制散热器有柱式、闭式钢串片、板式、扁管式、柱翼型、钢制翅片管、钢制组合等类型。

具有金属耗量少，其金属热强度可达 $0.8 \sim 1.0 W/(kg \cdot ℃)$；耐压强度高，最高可达 $0.8 \sim 1.2 MPa$；外形美观整洁，占地少，便于布置等优点。缺点是容易受到腐蚀，使用寿命短。

国内散热器标准规格尺寸见表 3-1 和表 3-2。

表 3-1　钢制板型散热器尺寸表

| 项　目 | 单位 | 参数值 | | | | |
|---|---|---|---|---|---|---|
| 高度 | mm | 380 | 480 | 580 | 680 | 980 |
| 同侧进出口中心距 | mm | 300 | 400 | 500 | 600 | 900 |
| 对流片高度 | mm | 130 | 230 | 330 | 430 | 730 |
| 宽度 | mm | 50 | 50 | 50 | 50 | 50 |
| 长度 | mm | 600，800，1000，1200，1400，1600，1800 | | | | |

表 3-2　钢制柱型散热器尺寸

| 项目 | 单位 | 参数值 | | | | | | | | | | |
|---|---|---|---|---|---|---|---|---|---|---|---|---|
| 高度 | mm | 400 | | | 600 | | | 700 | | | 1000 | | |
| 同侧进出口中心距 | mm | 300 | | | 500 | | | 600 | | | 900 | | |
| 宽度 | mm | 120 | 140 | 160 | 120 | 140 | 160 | 120 | 140 | 160 | 120 | 140 | 160 |

（1）**钢制柱式散热器**，如图 3-2 所示。

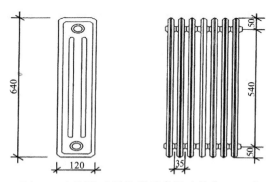

图 3-2　钢制柱式散热器示意图（单位：mm）

整体冲压成柱型是用 1.25～1.5mm 薄钢板整体冲压成半片柱状型，再对合焊接而成单片，许多单片焊接成一组，每组有 4 个进出口。

管柱对接型上下头部用薄钢板冲压成半形、两半形对合焊接而成片头、片头再与薄壁钢管对合焊接成柱形单片，许多单片可焊接成一组，每组有 4 个进出水口。

管柱搭接型上下两根横管是主水道，在横管一侧或两侧搭接焊上竖管，有单排柱和双排柱两种，每组最多有 4 个进出水口。

（2）闭式钢串片对流散热器。闭式钢串片对流散热器结构形式由钢管、带折边的钢片和联箱等组成，如图 3-3 所示。0.5mm 厚碳素冷轧钢板串在 2 根（或 4 根）$\phi$20mm（或 $\phi$25mm）钢管上。

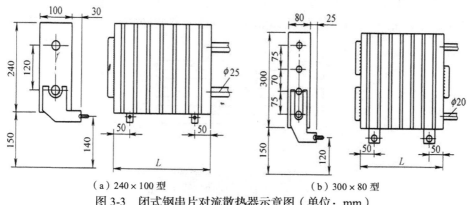

（a）240×100 型　　　　　　　　（b）300×80 型

图 3-3　闭式钢串片对流散热器示意图（单位：mm）

闭式钢串片对流散热器具有以下特点：体型紧凑、使用寿命长、承压能力高（1.0 MPa）、工艺简单；质量轻、金属热强度高；安装方便；外表易清扫；但串片间易积尘，水容量小等。

（3）板式散热器。钢制板型散热器结构主要由面板、背板、进出口接头等组成，用 1.2～1.5mm 薄钢板冲压成半形（圆弧形或梯形），两半形再对合焊接而成矩形，有单面水道槽和双面水道槽，上下有横水道，其间连接竖直水道，上下横水道两端有 4（2）个进出水口。为了增大散热面积，在背板后面点焊上对流片（多采用 0.5mm 的冷轧钢板冲压成型）焊在背板后面，如图 3-4 所示。高度为 480mm、600mm 等，长度有 400mm、600mm、…、1800mm 等不同规格。

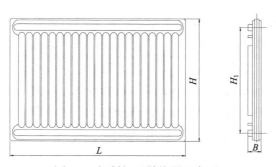

图 3-4　钢制板型散热器示意图

钢制板型散热器具有以下特点：体型紧凑、便于清扫、热工性能好、热辐射大、密封焊缝少、内腔洁净、生产工艺简单、生产成本低、外形流畅美观大方、重量轻、环保好、怕氧化腐蚀等。

（4）扁管式散热器。钢制扁管式散热器结构由数根规格 52mm×11mm×1.5mm（宽×高×厚）矩形扁管窄面相靠横向叠加焊制成排管，两端用竖管（断面 35mm×40mm）焊接成的联箱，形成水流通路，表面形成大平面板型，板型有单板、双板、单板带对流片和双板带对流片四种结构形式，单、双板扁管型散热器两面均为光板，板面温度高，有较大辐射热。如图 3-5 所示，扁管型散热器的高度是以 52mm 为基数，可叠加成 416mm（8 根）、520mm（10 根）、624mm（12 根）三种。长度有 600mm、800mm、……、2000mm 等不同规格。

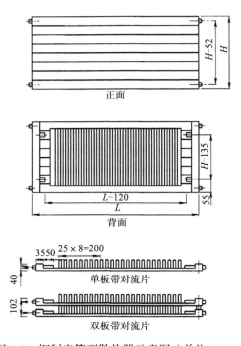

图 3-5　钢制扁管型散热器示意图（单位：mm）

（5）钢制柱翼型散热器。钢制柱翼型散热器结构用薄钢带辊压成半形，两半形再对合滚焊成形，按一定长度切断即为一柱片，断面水道为枣核形，两尖端钢带外延，形成凹形翼片，称柱翼型，上下矩形水道连接，多片柱翼片成为一组，每组有 4 个进出水口。

（6）钢制翅片管对流散热器。钢制翅片管对流散热器结构是用薄钢带紧固在钢管上，做成螺旋翅片管元件；用多根翅片管元件横排组合用联箱串联。

（7）钢制组合散热器。钢制组合散热器结构是将散热面积大的钢串片或钢绕翅片与美观漂亮的钢管柱片组合在一起。

（8）光排管散热器，如图 3-6 所示。

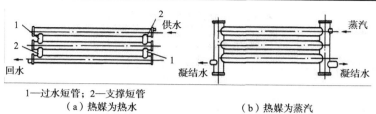

1—过水短管；2—支撑短管

（a）热媒为热水 　　　　　　　　　（b）热媒为蒸汽

图 3-6　光排管散热器示意图

光排管散热器是用钢管现场焊接成型的散热器，多用于工业厂房。该散热器根据其结构形式的不同分为热水供暖系统和蒸汽供暖系统光排管散热器。其特点为金属热强度低、传热系数小，耗刚量大，外形不美观。

我国常用的几种钢制散热器的规格见附表 3-2。

3. 铝制散热器

铝制散热器有铝制柱翼型、压铸铝（铝合金）等类型。

铝制散热器特点为重量轻，承压能力高，热工性能好，外表美观，易于加工成型等；其缺点有：耐腐蚀性能差，材质软，运输、施工易碰损，价格高。近年来，其防腐技术（如防腐材料内衬及涂料）取得了很大进展，使其发展较快。

（1）铝制柱翼型散热器。其主体是挤压成型的铝型材，管柱外有许多翼片，各柱上下用管道连接焊成，上下横管两端共有 4 个螺纹接口。根据散热翼片的不同可划分为：

1）柱翼型：在水道管柱外分布许多翼片。

2）管翼型：柱翼的变行，散热翼片为封闭形。

3）板翼型：在管柱的一侧或两侧的翼片为平面或近似平面，各柱组合时便形成大平板或波纹面。如图 3-7 和图 3-8 所示，规格尺寸见表 3-3。

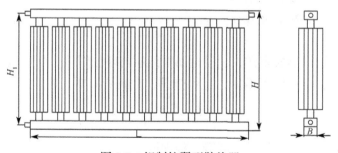

图 3-7　铝制柱翼型散热器

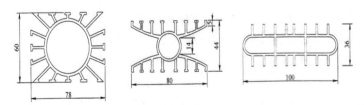

图 3-8　铝制柱翼型散热器的翼片（单位：mm）

表 3-3　铝制柱翼型散热器尺寸表

| 项　目 | 单位 | 参数值 | | | | |
|---|---|---|---|---|---|---|
| 同侧进出口中心距 | mm | 300 | 400 | 500 | 600 | 700 |
| 高度 | mm | 340 | 440 | 540 | 640 | 740 |
| 宽度 | mm | 50/60 | | | | |
| 组合长度 | mm | 400~2000 | | | | |
| 散热量 | mm | 800/850 | 1070/1140 | 1280/1140 | 1450/1520 | 1600/1680 |

铝制柱翼型散热器具有以下特点：体型紧凑，板翼型便于清扫、柱翼型较难清扫，轻型高效，节材节能、重量轻、承压高、外形美观、环保性好、不怕氧化腐蚀、怕碱性水腐蚀等。

（2）压铸铝散热器（铝合金）。压铸铝散热器是将熔化的铝合金高压注入金属模具内成型的散热器，一般成板柱翼型立柱，水道有一个或两个；单水道一般是全铝制；双水道常用钢管芯（称钢铝复合）。

4. 铜制散热器

全铜制散热器结构是一排铜管两端与联箱焊接而成；排管有横的，也有竖的；联箱端头可设 2~4 个进出水口内螺纹接头。

5. 不锈钢散热器

不锈钢面板散热器能以最小能耗高效供热，耗水量亦降至最低。这样，当设备与温控阀配套使用时，可以大大节省供暖费用。其入水口和出水口都被设计在底部，不便于落地安装。

6. 复合散热器

复合散热器有铜铝复合、钢铝复合柱翼型、不锈钢铝复合柱翼型、铝塑复合柱翼型、铜管铝串片强制对流散热器等类型。

7. 装饰型散热器

装饰型散热器结构形式多样，一排金属管两端与联箱焊接；联箱端头可开设 2~4 个进出水内螺纹接口；金属管可横排，也可竖排；金属管有圆、扁管或异形管；材质有钢、铝和铜。

8. 非金属散热器

非金属散热器如陶瓷散热器、混凝土板内嵌钢管的散热器、塑料散热器等。

（二）散热器的选择

选择散热器时应该注意热工、经济、卫生和美观等基本方面的要求，同时应该根据建筑物具体情况（用途），有所侧重。设计选择散热器时应符合现行 GB 50736—2012 的规定：

（1）应根据供暖系统的压力要求，确定散热器的工作压力，并符合国家现行有关产品标准的规定。

当高层建筑使用热水供暖时，首先要求保证承压能力。当采用蒸汽为热媒时，在系统启动和停止运行时，散热器的温度变化剧烈，易使接口等处渗漏，因此，铸铁柱型散热器的工作压力不应高于 0.2MPa。

（2）相对湿度较大的房间应采用耐腐蚀的散热器。

（3）采用钢制散热器时，应满足产品对水质的要求，在非供暖季节供暖系统应充水保养。

（4）采用铝制散热器时，应选用内防腐型，并满足产品对水质的要求。

（5）安装热量表和恒温阀的热水供暖系统不宜采用水流通道内含有黏砂的铸铁散热器。

（6）高大空间供暖不宜单独采用对流型散热器。

（7）民用建筑宜采用外形美观，易于清扫的散热器。

（8）放散粉尘或防尘要求较高的工业建筑，应采用易于清扫的散热器。

## 三、散热器的布置与安装

1. 散热器的布置

（1）布置散热器时，应符合下列规定：

1）散热器宜安装在外墙窗台下，当安装或布置管道有困难时，也可靠内墙安装。

2）两道外门之间的门斗内，不应设置散热器。

3）楼梯间的散热器，应分配在底层或按一定比例分配在下部各层，多层建筑各层分配比例见表 3-4。

表 3-4 多层建筑楼梯间热负荷分配

| 层 数 | 计 算 层 数 | | | | | |
|---|---|---|---|---|---|---|
| | 1 | 2 | 3 | 4 | 5 | 6 |
| 2 | 65% | 35% | | | | |
| 3 | 50% | 30% | 20% | | | |
| 4 | 50% | 30% | 20% | | | |
| 5 | 50% | 25% | 15% | 10% | | |
| 6 | 50% | 20% | 15% | 15% | | |
| 7 | 45% | 20% | 15% | 10% | 10% | |
| 8 | 40% | 20% | 15% | 10% | 10% | 5% |

4）铸铁散热器的组装片数，宜符合下列规定：粗柱型（包括柱翼型）不宜超过 20 片；细柱型不宜超过 25 片。垂直单管和双管供暖系统，同一房间的两组散热器可采用异侧连接的水平单管串联的连接方式，也可采用上下接口同侧连接方式。当采用同侧连接时，散热器之间的上、下连接管应与散热器接口同直径。

2. 散热器的安装

（1）除幼儿园、老年人和特殊功能要求的建筑外，散热器应明装。必须暗装时，装饰罩应有合理的气流通道、足够的通道面积，并方便维修。散热器的外表面应刷非金属性涂料。

（2）幼儿园、老年人和特殊功能要求的建筑的散热器必须暗装或加防护罩。

（3）散热器安装方式：铸铁散热器有立地安装（有足）和壁挂式安装两种安装形式。

（4）安装尺寸：散热器安装尺寸，随散热器品种而异，可按照产品样本及施工验收规范或国家、地区的供暖设备安装标准图进行。其主要安装尺寸要求为：散热器背面距墙皮的距离一般为 40 ~ 50mm，特殊要求者除外；钢制串片型散热器为 20 ~ 30mm。

# 第二节　散热器的计算

## 一、计算目的和依据

1. 计算目的

散热器计算目的是确定供暖房间所需散热器的面积和片数或长度。

2. 计算依据

进行散热器计算，需要确定供暖房间设计热负荷、供暖系统的形式、散热器的类型、热煤的类型及参数等。

## 二、散热器面积的计算

1. 散热器面积计算公式

散热器面积的计算可以用以下公式：

$$F = \frac{Q}{K(t_{pj} - t_n)} \beta_1 \beta_2 \beta_3 \beta_4 \qquad （3-2）$$

式中：$F$ 为散热器散热面积，$m^2$；$Q$ 为散热器的散热量，W；$t_{pj}$ 为散热器内热媒平均温度，℃；$t_n$ 为供暖室内计算温度，℃；$K$ 为散热器的传热系数，W/(m²·℃)；$\beta_1$ 为柱（柱翼）型散热器组装片数修正系数及扁管型、板型散热器长度修正系数；$\beta_2$ 为散热器支管连接形式修正系数；$\beta_3$ 为散热器安装形式修正系数；$\beta_4$ 为进入散热器的流量修正系数。

2. 散热器内热媒平均温度确定

散热器内热媒平均温度与供暖系统的形式、热煤的类型及其参数有关。

（1）热水供暖系统。热水供暖系统散热器内热媒平均温度为散热器进出口水温的算术平均值，即

$$t_{pj} = \frac{t_{sg} + t_{sh}}{2} \qquad （3-3）$$

对双管系统由于流进、流出每组散热器的热媒温度相同，其值为系统设计参数的平均值，而单管系统，由于流进、流出每组散热器的热媒温度不同，其计算值有所区别。

（2）蒸汽供暖系统：当蒸汽压力不大于 0.03MPa 时，$t_{pj}$ 取 100℃；当蒸汽压力大于

0.03MPa 时，$t_{pj}$ 取与散热器进口蒸汽压力相对应的饱和温度。

3. 散热器传热系数 $K$ 值

（1）物理意义。散热器传热系数表示当散热器内热媒平均温度 $t_{pj}$ 与室内温度 $t_n$ 相差 1 ℃时，每平方米散热器面积所散出的热量。它是散热器散热能力强弱的主要标志。

（2）影响因素。①散热器本身特点（制造情况）：自身材质及制造质量；散热器结构、几何形状及尺寸、表面处理（涂层）等。②使用条件：运行条件（热媒参数、散热器进出口水温、流量）、散热器安装方式、安装环境（室内空气温度及其流速）、组合片数（长度）及（支管）连接方式。

（3）$K$ 值的确定。

1）测试要求。ISO 及我国标准《采暖散热器散热量测定方法》（GBT 13754—2008）规定：散热器 $K$ 值实验，应在一个长×宽×高为(4±0.2)m×(4±0.2)m×(4±0.2)m 的封闭小室内，保持室温恒定下进行。散热器安装方式：无遮挡、敞开设置。哈工大、清华大学等单位，利用 ISO 标准实验台对我国常用的散热器进行大量实验，其实验数据见附表 3-1 和附表 3-2。

2）实验方法。已知供暖系统流量，改变系统设计供、回水温度 $t_g$、$t_h$，采用 $t_{pj}$=50±5℃、65±5℃、80±3℃、100±10℃、140±15℃，分别求出散热器的散热量 $Q$。将实验结果整理成以下公式：

$$Q = KF(t_{pj} - t_n) = a(t_{pj} - t_n)^{1+bF} \tag{3-4}$$

$$Q = cG(t_g - t_h) \tag{3-5}$$

$$K = a(t_{pj} - t_n)^b \tag{3-6}$$

式中：$K$ 为在实验条件下散热器的传热系数，W/（m²·℃）；$a$、$b$ 为由实验确定的系数；$Q$ 为在散热面积 $F$ 条件下的散热量，W；($t_{pj}$–$t_n$) 为散热器热媒与室内空气的平均温差，℃。

由此可求出 $K$ 值，由最小二乘法求出系数 $a$、$b$。

（4）对 $K$ 值的修正。散热器的传热系数 $K$ 和散热量 $Q$ 是在一定条件下通过实验测定的。实际使用情况与实验条件不同，应根据其连接方式、安装形式、组装片数、热水流量以及表面涂料等影响，对散热器数量进行修正。

1）散热器组装片数（长度）修正系数 $\beta_1$。在传热过程中，柱形散热器中间各相邻片之间相互吸收辐射热，减少了向房间的辐射热量，只有两端散热器的外侧表面才能把绝大部分辐射热量传给室内。随着柱形散热器片数的增加，其外侧表面占总散热面积的比例减少，散热器单位散热面积的平均散热量也就减少，因而实际传热系数 $K$ 减少，在热负荷一定的情况下所需散热面积增大。可按附表 3-3 选用。

2）散热器连接形式修正系数 $\beta_2$。散热器传热系数是在散热器支管与散热器同侧连接，上进下出的实验状况下得出的，故当散热器支管与散热器的连接方式不同时，由于散热器外表面温度场变化的影响，使散热器的传热系数发生变化，对 $K$ 值进行修正。可按附表

3-4 选用。

3）散热器安装形式修正系数 $\beta_3$。实验条件为散热器敞露明装，当散热器安装有遮挡时，就会影响散热器的散热效果，从理论上降低了散热器的传热系数。因此，当安装方式与实验条件不符合时，可按附表 3-5 选用。

4. 散热器片数或长度的确定

确定了所需散热器面积后，按下式计算所需散热器的总片数或总长度：

$$n = \frac{F}{f} \qquad (3\text{-}7)$$

式中：$f$ 为每片或每 1m 长的散热器的散热面积，$m^2$/片或 $m^2$/m（详见产品说明书、手册）。$n$ 取整数，取舍原则：上层舍去尾数，下层进入尾数。最后选定的散热器面积可比计算值略有增减，但减少量柱型散热器面积可比计算值小 0.1 $m^2$；翼型散热器面积可比计算值小 5%。最后进行片数或长度修正。

5. 考虑供暖管道散热量时，散热器散热面积的计算

供暖管道的敷设方式有暗装和明装两种方式。

（1）暗装的供暖管道应用于美观要求高的建筑物，其散热量大部分没有进入房间内，同时进入散热器的水温降低。对暗装未保温的供暖管道系统，在设计中要考虑热水在管道中流动时的冷却，计算散热器面积时，要用修正系数 $\beta_5$（$\beta_5 > 1$）予以修正。

（2）对明装于供暖房间内的管道，考虑到全部或部分管道的散热量进入到了室内，抵消了水冷却的影响。因此，在计算散热器面积时，通常不考虑这个修正系数。

（3）在精确计算散热器散热量的情况下（民用建筑的标准设计或室内温度要求严格的房间），应考虑明装供暖管道散入供暖房间的散热量。供暖管道散入房间的热量可用以下公式计算：

$$Q_g = f K_g l \Delta t \eta \qquad (3\text{-}8)$$

式中：$Q_g$ 为供暖管道散热量，W；$f$ 为每米长管道的表面积，$m^2$；$K_g$ 为管道的传热系数，W/($m^2 \cdot$℃)；$\Delta t$ 为管道内热媒温度与室内温度差，℃；$\eta$ 为管道安装位置修正系数，沿顶棚下面的水平管道 $\eta = 0.5$，沿地面上的水平管道 $\eta = 1.0$，立管 $\eta = 0.75$，连接散热器的支管 $\eta = 1.0$。

与此同时，在计算散热器散热面积时，应扣除供暖管道散入房间的热量。同时，需要计算热媒在管道中的温降，求出进入散热器的实际水温。

例 3-1　某房间采暖设计热负荷为 1200W，室内安装四柱 760 型散热器，散热器明装，上部有窗台板覆盖，散热器距窗台板高度 80mm（$\beta_3=1.03$），供暖系统为双管上供式，设计供、回水温度为 75℃/50℃，支管与散热器连接方式为同侧上进下出（$\beta_2=1.0$），不考虑管道向室内散热的影响，求散热器的面积及片数。

解：已知：$Q$=1200W，$t_{gj} = \dfrac{75+50}{2} = 62.5℃$，$t_n = 18℃$，

$$\Delta t = t_{pj} - t_n = 62.5 - 18 = 44.5(^{\circ}\text{C})$$

查附表 3-1，对四柱 760 型散热器：

$$K = 2.503\Delta t^{0.293} = 2.503 \times 44.5^{0.293} = 7.61[\text{W}/(\text{m}^2 \cdot {}^{\circ}\text{C})]$$

假设 $\beta_1$=1.0，则

$$F = \frac{Q}{k\Delta t}\beta_1\beta_2\beta_3 = \frac{1200}{7.61 \times (62.5 - 18)} \times 1.0 \times 1.0 \times 1.03 = 3.650(\text{m}^2)$$

需要片数：$n = F/f = 3.650/0.235 = 15.5$（片），取 16 片，查附表 3-3，当散热器的片数在 11～20 片时，$\beta_1$=1.05，故需修正。因此，需要的散热器面积为

$$F' = F \cdot \beta_1 = 3.650 \times 1.05 = 3.833\,(\text{m}^2)$$

实际采用的片数 $n$ 为：$n$ =3.833/0.235=16.3（片），取 16 片。

检验：因为 $0.3f$ = 0.3×0.235=0.07 m$^2$ < 0.1 m$^2$，所以取 16 片。

实际需要的散热器面积为

$$F = 16 \times 0.235 = 3.76\,(\text{m}^2)$$

实际需要片数 $n$=16 片。

# 第三节　低温辐射供暖的计算

辐射供暖与对流供暖的主要区别不是以哪种换热方式占主要地位来加以区分，而是以供暖房间的温度环境来表征的。辐射供暖供暖房间围护结构内表面或其供热部件表面即供暖辐射板表面平均温度高于室内空气温度（$\tau_n > t_n$），而对流供暖为 $\tau_n < t_n$。

低温辐射供暖，其供暖辐射板表面平均温度 $\tau_n \leqslant 60^{\circ}\text{C}$，一般将低温管线埋设于建筑物的构件与围护结构内，如顶棚、地板或墙体中。散热设备多为塑料盘管，也可采用电热膜、发热电缆等。常见的形式是低温热水地板辐射供暖。

## 一、低温热水地板辐射供暖

热水地面辐射供暖系统供水温度宜采用 35～45℃，不应大于 60℃；供回水温差不宜大于 10℃，且不宜小于 5℃。

低温热水地板辐射供暖有以下三种形式：

（1）混凝土或水泥砂浆填充式地面辐射供暖。加热部件敷设在绝热层之上，需填充混凝土或水泥砂浆后再铺设地面面层的地面辐射供暖形式，简称混凝土填充式地面辐射供暖。

（2）预制沟槽保温板地面辐射供暖。将加热管或加热电缆敷设在预制沟槽保温板的沟槽中，加热管或加热电缆与保温板沟槽尺寸吻合且上皮持平，不需要填充混凝土即可直接铺设面层的地面辐射供暖形式。

（3）供暖板地面辐射供暖。以热水为热媒，采用预制轻薄供暖板加热地面的辐射供暖形式。预制轻薄供暖板由保温基板、支撑木龙骨、塑料加热管、黏结胶、铝箔、配水和集水等装置组成，并在工厂制作的一种一体化地面供暖部件，简称供暖板。

本节重点介绍混凝土或水泥砂浆填充式地面辐射供暖系统的计算。

## 二、混凝土填充式地面辐射热水供暖系统设计

### 1. 加热管选择

加热管是混凝土填充式地面辐射热水供暖系统重要组成部分，也是主要的散热设备。户内系统普遍采用塑料管材以便于水平暗装敷设，布置在地面下垫层（填充层）内的管道，不论采用何种配管方式都要求管道有较长的使用寿命，较小的垫层厚度和较为方便的安装方法，并避免在垫层内有连接管件，因此不宜选用钢管。

低温热水地板辐射供暖加热管种类主要有交联聚乙烯（PE-X）管、耐热聚乙烯（PE-RTⅠ、PE-RTⅡ）管、聚丁烯（PB）管、无规共聚聚丁烯（PB-R）管、无规共聚聚丙烯（PP-R）管、铝塑复合（PAP）管、交联铝塑复合（XPAP）管。这几种塑料管材均具有抗老化、耐腐蚀、不结垢、承压高、无污染等优点。

### 2. 加热管布置

（1）加热管布置形式，如图3-11所示。

现场敷设的加热管应根据房间的热工特性和保证地面温度均匀的原则，并考虑管材允许的最小弯曲半径，采用平行式、双平行式和回折式等布管方式。热负荷或冷负荷明显不均匀的房间，宜将高温管段或低温管段优先布置于房间热负荷或冷负荷较大的外窗或外墙侧。

1）平行（直列）式：构造简单，但地板温度随管道温度降低而降低，地板受热不均匀。

2）双平行（往复）式：铺设复杂，地面温度场较均匀。

3）旋转（回折）式：经过其板面中心的任意剖面，都可以保证高低温管间隔布置，温度分布均匀。

上述三种形式的管路均为连续弯管，系统阻力适中，特别适用于较长塑料管弯曲敷设。在工程实际中，根据房间的具体情况，三种类型的布置形式也可混用。

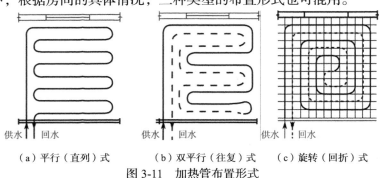

　（a）平行（直列）式　　　（b）双平行（往复）式　　　（c）旋转（回折）式

图3-11　加热管布置形式

地面上的固定设备或卫生器具下方，不应布置加热部件。

（2）加热管布置要求。加热盘管敷设时一般采用由远及近逐个环路分圈敷设，加热盘管若穿越膨胀缝处，需用膨胀条将地面分隔开，并在此处加设伸缩节。

1）加热管敷设间距要求。加热供冷管的敷设间距和供暖板的铺设面积，应根据房间所需供热量或供冷量、室内计算温度、平均水温、地面传热热阻等确定。

2）分支环路的设置要求。加热盘管各分支环路的设置应符合下列规定：连接在同一分水器、集水器的相同管径的各环路长度宜接近；现场敷设加热供冷管时，各环路管长度不宜超过 120m；当各环路长度差距较大时，宜采用不同管径的加热供冷管，或在每个分支环路上设置平衡装置。

为了保证室内温度分布的均匀，使每个分支环路的阻力损失宜于平衡，每个分支环路长度一般控制为 60~80m，不超过 100 m。

3）加热管安装要求。每环路加热管的进、出水口，应分别与用户入口处的分、集水器相连接。分、集水器常组装在一个分、集水器箱体中，分、集水器设置在用户的入口处（户内系统），宜布置在厨房、盥洗间、走廊两端等既不占用主要使用面积，又便于操作的部位，并留有一定的检修空间，且每层安装位置相同。建筑设计时应该给于考虑。分、集水器结构样式如图 3-12 所示。

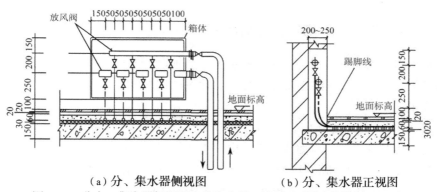

（a）分、集水器侧视图　　　　（b）分、集水器正视图

图 3-12　分水、集水器侧视图和分集水器正视图（暗装）（单位：mm）

分水器前应设置过滤器。分水器的总进水管与集水器的总出水管之间宜设置清洗供暖系统时使用的旁通管，旁通管上应设置阀门。设置混水泵的混水系统，当外网为定流量时，应设置平衡管并兼做旁通管使用，平衡管上不应设置阀门。旁通管和平衡管的管径不应小于连接分水器和集水器的进出口总管管径。

在集水器之后的回水连接管上，不安装过滤器，应安装平衡阀或其他可关断调节阀。对有热计量要求的系统应设置热计量装置。每个分支环路埋设部分不应设置连接件。

旁通管、平衡管及阀门等设置，如图 3-13 所示。分水器、集水器上下位置，热计量装置设置在供水管或回水管，均可根据工程情况确定。

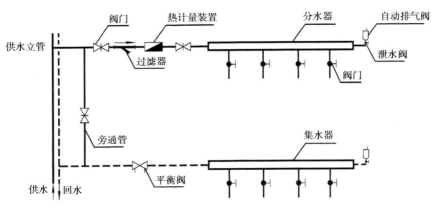

图 3-13　直接供暖系统

分水器、集水器上均应设置手动或自动排气阀。

4）其他要求。采用集中热源的住宅建筑，楼内供暖系统设计应符合下列规定：应采用共用立管的分户独立系统形式，同一对立管宜连接负荷相近的户内系统。一对共用立管在每层连接的户数不宜超过 3 户。共用立管接向户内系统的供、回水管应分别设置关断阀，其中一个关断阀应具有调节功能。共用立管和分户关断调节阀门，应设置在户外公共空间的管道井或小室内。

### 三、低温热水地板辐射供暖地面散热量的计算

当低温热水地板辐射供暖地板基本构造型式、地面层材料、加热管材选定时，其散热设备（辐射板面）选择计算的主要任务是在设计供回水温度下，确定满足散热量要求的管径和加热管间距。

**1. 辐射供暖单位地面散热量**

采用地板辐射供暖时，地面作为散热面，充当供暖系统的散热设备。辐射供暖地面与周围空气对流换热和与周围物体间辐射换热两种方式向房间供给热量。

辐射面传热量应满足房间所需供热量或供冷量的需求。辐射面传热量应按下列公式计算：

$$q_f = 5 \times \left[ \left( \frac{t_{pj} + 273}{100} \right)^4 - \left( \frac{t_{fj} + 273}{100} \right)^4 \right] \quad （3-9）$$

或

$$q_f = 5 \times 10^{-8} [(t_{pj} + 273)^4 - (t_{fj} + 273)^4]$$

对地面供暖系统：

$$q_d = 2.13(t_{pj} + t_n)^{0.31}(t_{pj} - t_n) \quad （3-10）$$

$$q = q_f + q_d \quad （3-11）$$

式中：$q_f$ 为单位地板面积以辐射换热方式供给房间的热量，简称为辐射散热量，$W/m^2$；$q$ 为辐射面单位地板面积散热量，$W/m^2$；$q_d$ 为单位地板面积以对流换热方式供给房间的热

量，简称为对流散热量，W/m²；$t_{pj}$ 为地板表面平均温度，℃；$t_{fj}$ 为室内非加热表面的面积加权平均温度，℃；$t_n$ 为供暖室内计算温度，℃。

2. 室内非加热表面按面积加权平均温度的确定

地板辐射采暖过程是传热学中典型的多表面辐射传热问题。为了简化计算，将多表面房间简化为两个表面：一个为加热地板表面；另一个是虚构的表面，即所有的非加热表面。非加热表面的平均温度可按房间各个非加热面按面积加权平均的温度得到，即

$$t_{fj} = \frac{\sum F_i t_i}{\sum F_i} \qquad (3-12)$$

式中：$F_i$ 为房间内非加热表面面积，m²；$t_i$ 为房间内非加热表面温度，℃。

3. 单位地板面积所需散热量 $q_x$ 确定

房间所需单位地面面积向上供热量应按下列公式计算：

$$q_x = \beta \frac{Q_1}{F_t} \qquad (3-13)$$

$$Q_1 = Q - Q_2 \qquad (3-14)$$

式中：$q_x$ 为房间所需单位地面面积向上供热量，W/m²；$Q_1$ 为房间所需地面向上的供热量，W；$\beta$ 为考虑家具等遮挡的安全系数；$F_t$ 为房间内敷设供热部件的地面面积，m²；$Q$ 为房间热负荷，W；$Q_2$ 为自上层房间地面向下传热量，W。

由于热媒的供热量应等于敷设加热管的地板的总传热量，其中包括通过地面向房间向上的散热量和通过楼板（或基础层）向下层房间（或土壤）的传热损失。而房间所需的地板向上散热量，即所需地面负担的热负荷 $Q_1$ 应为房间供暖设计热负荷 $Q$ 扣除来自上层地板向下的传热损失 $Q_2$。

混凝土填充式热水辐射供暖地面向上供热量和向下传热量应通过计算确定。当辐射供暖地面与供暖房间相邻时，其单位地面面积向上供热量和向下传热量可按附表 3-6 至附表 3-9 确定。

4. 加热管间距的确定

加热管的敷设间距和供暖板的铺设面积，应根据房间所需供热量或供冷量、室内计算温度、平均水温、地面传热热阻等确定。

5. 地板表面平均温度的校核

选取了加热盘管的管间距后，可按照敷设面积计算出地热盘管的敷设长度。确定地面散热量时及地热盘管的敷设长度后，应校核地板表面平均温度，确保其不高于最高限值（表 2-12）。否则应改善建筑热工性能或其他辅助供暖设备，以满足房间所需散热量要求，并减少地面辐射供暖系统负担的热负荷。

（1）地表面平均温度计算。确定供暖地面向上供热量时，应校核地表面平均温度，确保其不高于《地面辐射供暖技术规程》（JGJ 142—2016）规定的限值。地表面平均温度宜按下式计算：

$$t_{pj} = t_n + 9.82\left(\frac{q_x}{100}\right)^{0.969} \tag{3-15}$$

式中：$q_x$ 为房间所需单位地面面积向上供热量，W/m$^2$；$t_{pj}$ 为地表面平均温度，℃；$t_n$ 为室内空气温度，℃。

地板表面平均温度 $t_{pj}$ 与单位地板面积散热量 $q$ 之间的关系，由《ASHRAE 手册》（2002版）提供的计算方法获得的计算数据，经回归得到近似计算式。

（2）地板表面平均温度最高限值。对于地板采暖的地面温度为了保证人体舒适感，敷设加热管的地板表面平均温度 $t_{pj}$ 应符合表 2-12 的规定。

6. 加热管内热水平均温度确定

低温热水地板辐射供暖加热管内热水平均温度应按下式计算：

$$t_{gp} = t_{pj} + \frac{q_x}{K_d} \tag{3-16}$$

式中：$t_{gp}$ 为加热管内热水平均温度；℃；$K_d$ 为辐射地板的传热系数，W/（m$^2$·℃）；$t_{pj}$ 为地板表面平均温度；$q_x$ 为单位地板面积所需散热量。其中，辐射地板的传热系数 $K_d$ 由下式计算：

$$K_d = \frac{2\lambda}{A+B} \tag{3-17}$$

式中：$A$ 为加热管间距，m；$B$ 为加热管上部覆盖层材料的厚度，m；$\lambda$ 为加热管上部覆盖层材料的导热系数，W/（m·℃）。

**四、辐射供暖系统水力计算**

辐射供暖系统供回水管路水力计算方法原则上与一般热水供暖系统基本相同。

1. 各层分集水器加热盘管水力计算

（1）沿程损失计算。沿程损失可采用以下公式计算：

$$\Delta P_y = Rl \tag{3-18}$$

式中：$R$ 为比摩阻，Pa/m；$l$ 为长度，m。

（2）铝塑复合管沿程比摩阻 $R$ 的确定：

$$R = \frac{\lambda \rho v^2}{2d} \tag{3-19}$$

式中：$\lambda$ 为沿程阻力系数。

塑管沿程阻力系数 $\lambda$ 可由下式计算：

$$\sqrt{\lambda} = \frac{0.5 \left[ \dfrac{b}{2} + \dfrac{1.312(2-b)\lg 3.7 \dfrac{d_i}{K}}{\lg Re_p - 1} \right]}{\lg \dfrac{3.7 d_i}{K}} \qquad (3\text{-}20)$$

式中：$b$ 为水的流动相似系数；$K$ 为管子的当量粗糙度，m，对铝塑管，$K=1\times10^{-5}$m；$Re$ 为实际的雷诺数；$d_i$ 为铝塑管或塑料管的内径，m。

塑料盘管水力工况在水力光滑区内，$\lambda$ 按布拉修斯公式计算：

$$\lambda = 0.3164/Re^{0.25} \qquad (3\text{-}21)$$

（3）水的流动相似系数 $b$ 的确定

$$b = 1 + \frac{\lg Re}{\lg Re_e} \qquad (3\text{-}22)$$

式中：$Re$ 为实际的雷诺数；$Re_e$ 为阻力平方区临界雷诺数。

（4）实际雷诺数的确定：

$$Re = \frac{d_i}{\upsilon_i} \qquad (3\text{-}23)$$

式中：$\upsilon_i$ 为水的运动黏性系数，m²/s。

（5）阻力平方区临界雷诺数的确定：

$$Re_e = \frac{500 d_i}{K} \qquad (3\text{-}24)$$

（6）管径确定。铝塑管的材质和制造工艺与钢管不同。在进行水力计算时应考虑管子的管径及壁厚的制造偏差。用下式来确定管子的计算直径（内径）：

$$d_i = 0.5(2d_e + \Delta d_e - 4s - 2\Delta s) \qquad (3\text{-}25)$$

式中：$d_e$ 为铝塑管外径，m；$\Delta d_e$ 为铝塑管外径的允许误差，m；$s$ 为铝塑管壁厚，m；$\Delta s$ 为铝塑管壁厚的允许误差，m。

当热媒平均温度为 55℃时，塑料管及铝塑复合管水力计算表见附表 3-10。当热媒平均温度不等于 55℃时，可由表 3-8 查出比摩阻修正系数，并按下式进行修正：

$$R_t = R\alpha \qquad (3\text{-}26)$$

表 3-8　比摩阻修正系数

| 热媒平均温度/℃ | 55 | 50 | 45 | 40 | 35 |
|---|---|---|---|---|---|
| 修正系数 $\alpha$ | 1 | 1.02 | 1.04 | 1.06 | 1.08 |

（7）局部阻力损失。管段的局部损失用压力来表示时，可用下式计算：

$$\Delta R_j = \sum \zeta \frac{\rho v^2}{2} \qquad (3\text{-}27)$$

实际工程中，一般局部水头损失按沿程水头损失的百分数进行计算，该百分数取 20% ~ 30%。

2. 与集水器及盘管连接的支管水头损失计算

该支管常采用铝塑管，其计算方法同加热盘管。

3. 立管与水平干管管路水力计算

立管与水平干管管路水力计算同热水供暖系统，采用等温降法。所谓等温降法是指在低温热水供暖系统中，每个循环环路的供水温度、回水温度分别相同，这样通过每个循环环路的温降都相等，以此算出各计算管段的流量，按管段的流量选择管径，计算出各循环环路的阻力，并使之平衡的方法。

水头损失计算方法采用当量局部阻力法。

# 第四节　暖风机

热风供暖适用于耗热量大的建筑物、间歇使用的房间和有防火防暴要求的车间，是一种比较经济的供暖方式之一，其对流散热量几乎占 100%，具有热惰性小、升温快、设备简单、投资省等优点。

热风供暖形式有集中送风、管道送风（中央空调）、悬挂式或落地式暖风机等。

## 一、暖风机概述

暖风机是由通风机、电动机及空气加热器组合而成的联合机组。暖风机可独立使用，一般用以补充散热器散热的不足部分或利用散热器作为值班供暖，其余热负荷由暖风机承担。其工作原理是在风机的作用下，空气由吸风口进入机组，经空气加热器加热后，从送风口送至室内，以维持室内要求的温度。

## 二、分类与应用

1. 分类

（1）根据其风机型号分为轴流式和离心式。轴流式常用于小型机组（图 3-14），常称为小型暖风机。离心式常用于大型机组（图 3-15），常称为大型暖风机。

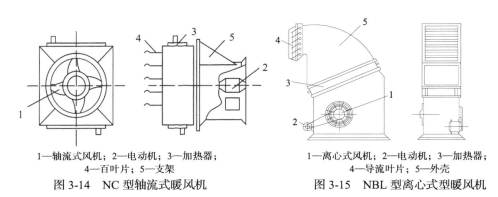

1—轴流式风机；2—电动机；3—加热器；
4—百叶片；5—支架
图 3-14　NC 型轴流式暖风机

1—离心式风机；2—电动机；3—加热器；
4—导流叶片；5—外壳
图 3-15　NBL 型离心式型暖风机

（2）根据其适合的热媒不同，可分为蒸汽暖风机、热水暖风机，蒸汽、热水两用暖风机以及冷热水两用暖风机等。

（3）根据其外形与结构特点可划分如下：

1）横吹式暖风机，如图 3-14 所示。室内空气从一侧吸入，经换热器加热后，水平方向送出。

2）顶吹式暖风机，如图 3-16 所示。轴流风机置于机组的下方，空气从暖风机的侧部进入，经立置的空气换热器加热后，向下送出。

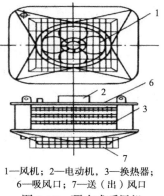

1—风机；2—电动机，3—换热器；
6—吸风口；7—送（出）风口
图 3-16　顶吹式暖风机

3）落地式暖风机，如图 3-15 所示。这类机组的风量大。送出热风的射程远，可负担较大区域的采暖。运行时，噪声大。适用于工厂厂房的采暖。

（4）还有一类与其他能源组合为一体的电暖机和燃气（油）暖风机。

电暖风机（D、DI 型）以电为能源，直接用电加热室内空气，将电能转换成热能，宜作为房间的辅助采暖或临时采暖用。电暖风机适用于车间、人防工程、野外作业及大型建筑物的热风采暖。

燃气（油）暖风机直接利用燃气（或燃油）燃烧加热空气。燃烧室分敞开式和封闭式两种。前者燃烧废气直接排入室内，卫生条件差；后者废气经烟管排到室外。

2. 特点及其应用

（1）轴流式风机。体积小，金属耗量小，结构简单，安装方便。但它送出的热风气流射程短，出口风速低。轴流式暖风机一般悬挂或支架在墙上或柱子上，热风经出风口处百叶调节板，直接吹向工作区。轴流式小型暖风机主要用于加热室内再循环空气。

（2）离心式风机。体积大，金属耗量多，结构复杂。由于它配用离心式通风机，有较大的作用压头和较高的出口速度，它比轴流式暖风机的气流射程长，送风量和产热量大，常用于集中送风供暖系统。

（3）适用范围。

1）使用场合。大空间，负荷大（耗热量大的建筑物），间歇工作，允许空气循环和有防火防爆要求的厂房或场馆。

2）不能使用场合。空气不能循环使用的场所，比如空气中含有剧毒性物质，工艺过程产生易燃易爆气体和纤维，粉尘未经处理的生产厂房。

对环境噪声有比较严格要求的房间，应注意：由于空气的热惰性小，车间内设置暖风机热风供暖时，一般还应适当设置一些散热器，以便在非工作时间，可关闭部分或全部暖风机，并由散热器散热维持生产车间工艺所需的最低室内温度（最低不得低于 5℃），称值班供暖。

3. 优缺点

具有单机供热量大，占地小，启动快，热惰性小，升温快，设备简单，投资省。但风机运行时有噪声，如全部采用室内循环空气时，不能改善室内空气质量。

4. 暖风机供暖方案

（1）暖风机供给全部供暖耗热量（可独立供暖），适用于气候比较温暖的地方。

（2）暖风机供给部分供暖耗热量，一般用以补充散热器散热的不足部分。

（3）用散热器供暖系统维持最低室内温度（一般不得低于 5℃，称为值班供暖），其余热量由暖风机供给。

5. 暖风机系统设计

暖风机系统设计内容主要包括确定型号、台数及布置方案（平面布置及安装高度）。

（1）型号及台数确定。

暖风机型号应该根据建筑物的具体条件，要求承担的供热量和在一定条件下单台暖风机的实际供热能力确定。

当空间较大时，为了使供暖场所室内温度和气流分布均匀，可选两台以上同型号的暖风机。暖风机台数可用下式计算：

$$n = \beta \frac{\hat{Q}}{\hat{q}} \qquad (3-28)$$

式中：$\hat{Q}$ 为要求暖风机提供的采暖热负荷，W 或 kW；$\beta$ 为暖风机的富裕系数，取 $\beta = 1.2 \sim 1.3$；$\hat{q}$ 为单台暖风机的实际散热量（设计条件下的供热量），W/台或 kW/台。

各种暖风机的性能，即热媒参数（压力、温度等）、散热量、送风量、出口风速和温度、射程等均可以从有关设计手册或产品样本中查出。

需要指出：产品样本中给出的暖风机空气进口温度都是等于 15℃时散热量，若空气进口温度不等于 15℃，散热量也随之改变，需进行修正。

1）对热水系统，可按下式进行修正：

$$q = \hat{Q}(t_m - t_i)/(t_{m0} - 15) \qquad (3-29)$$

式中：$q$ 为设计条件下热水暖风机供热量，W/台或 kW/台；$\hat{Q}$ 为产品样本中提供的热水暖风机供热量，W/台或 kW/台；$t_m$ 为设计条件下暖风机进、出口热媒平均温度，℃；$t_i$ 为设计条件下的机组进风温度，一般可取室内温度，℃；$t_{m0}$ 为产品样本中（额定工况）暖风机进、出口热媒平均温度，℃。

2）对蒸汽系统，进口饱和蒸汽压力与额定工况不同，可按下式进行修正：

$$q = \hat{Q}_0(t_v - t_i)/(t_{v0} - 15) \qquad (3-30)$$

式中：$q$ 为设计条件下蒸汽暖风机供热量，W/台或 kW/台；$\hat{Q}_0$ 为产品样本中提供的蒸汽暖风机供热量，W/台或 kW/台；$t_v$ 为设计条件下暖风机进口饱和蒸汽温度，℃；$t_i$ 为设计条件下的机组进风温度，一般可取室内温度，℃；$t_{v0}$ 为产品样本中（额定工况）暖风机进口饱和蒸汽温度，℃。

注意：①送风温度宜采用 35～50℃，不宜低于 35℃，以免有吹冷风感觉，不得高于 75℃，以免热射程自然上升的趋势，会使房间下部加热不好，不利于有效利用热量。②应验算车间的空气循环次数，室内空气循环次数每小时不宜小于 1.5 次（换气次数是风量与房间容积之比）。③每台暖风机进出口设阀门（蒸汽出口设疏水器）便于调节、维修和管理。

（2）布置。

1）布置原则。在生产厂房或场馆内布置暖风机时，应考虑建筑物平面形状、工作区域、工艺设备位置、货物位置以及暖风机气流作用范围等因素。

暖风机平面布置时尽可能使室内气流分布合理、温度均匀。为使车间温度场均匀，保持一定的断面速度，布置时宜使暖风机的射流互相衔接，使供暖房间形成一个总的空气环流。

2）小型暖风机布置方案。NC 型（横吹）小型机组可采用图 3-17 所示的布置方案，悬挂在墙上、柱上、梁下。

|（a）直吹|（b）斜吹|（c）顺吹|

图 3-17　轴流式暖风机布置方案

直吹如图 3-17（a）所示。用于小跨度厂房，暖风机挂于内墙，射出热风与房间短轴平行，吹向外墙或外窗方向，以减少冷空气渗透。

斜吹如图 3-17（b）所示。将暖风机挂在中间纵轴上，暖风机在房间中部沿纵轴方向布置，向两面外墙斜向送风。此种布置用在沿纵轴方向可以布置暖风机的场合。

顺吹如图 3-17（c）所示。暖风机无法在房间纵轴线上布置，可使暖风机挂在外墙柱上，气流串接，避免气流互相干扰，使室内空气温度较均匀。

其中斜吹、顺吹布置方案用于大跨度或多跨厂房。

3）大型暖风机布置方案。在高大厂房内，如内部隔墙和设备布置不影响气流组织，宜采用大型暖风机集中送风。在选用大型暖风机时，由于出口速度和风量都很大，一般沿车间长度方向布置。气流射程不应小于车间供暖区的长度。在射程区域内不应有高大设备或遮挡，避免造成整个平面上的温度梯度达不到要求。

（3）安装高度。

1）小型暖风机的安装高度是指其出风口离地面的高度，应符合下列要求：当出口风速 $v_0 \leq 5 m/s$ 时，取 3～3.5m；当出口风速 $v_0 > 5 m/s$ 时，取 4～4.5m。这样可保证生产厂房的工作区的风速不大于 0.3m/s。

2）大型暖风机的安装高度。当采用大型暖风机集中送风供暖时，暖风机的安装高度应根据房间的高度和回流区的分布位置等因素确定，不宜低于 3.5 m，但不得大于 7 m。直接固定在厂房、仓库等的地面或根据需要设置在平台上。当房间高度或集中送风温度较高时，送风口处宜设置向下倾斜的导流板。

房间的生活地带或作业地带应处于集中送风的回流区，生活地带或作业地带的风速，一般不宜大于 0.3m/s，送风口的出口风速，一般可采用 5～15m/s。

大型暖风机不应布置在车间大门附近，吸风口底部距地面的高度不宜大于 1m，也不应小于 0.3m。

（4）小型暖风机的射程。小型暖风机的射程，可按下式估算（布置时宜使暖风机的射流互相衔接，使供暖房间形成一个总的空气环流）：

$$S = 11.3V_0 D \qquad\qquad (3-31)$$

式中：$S$ 为气流射程，m；$V_0$ 为暖风机出口风速，m/s；$D$ 为暖风机出口的当量直径，m。

# 第四章　室内热水供暖系统

## 第一节　概述

### 一、供暖热媒的选择

以热水为热媒的供暖系统，称为热水供暖系统。热水供暖系统大量应用在民用建筑（居住和公共建筑）和生产厂房及其辅助建筑物中，是目前应用最为广泛的一种供暖系统。

GB 50736—2012 规定：散热器供暖系统应采用热水作为热媒；散热器集中供暖系统宜按热媒温度为 75℃/50℃连续供暖进行设计，且供水温度不宜大于 85℃，供回水温差不宜小于 20℃。

热水地面辐射供暖系统供水温度不应超过 60℃，供水温度宜采用 35～45℃，供回水温差不宜大于 10℃；毛细管网辐射供暖系统供水温度宜满足表 4-1 的规定，供回水温差宜采用 3～6℃。

表 4-1　毛细管网供水温度

| 设置位置 | 宜采用温度/℃ | 温度上限制/℃ |
| --- | --- | --- |
| 顶棚 | 25～35 | 40 |
| 墙面 | 25～35 | 40 |
| 地面 | 30～40 | 50 |

### 二、热水供暖系统的分类

热水供暖系统按不同方式分类如下：

（1）根据循环动力的不同可分为自然循环和机械循环热水供暖系统。

（2）按供、回水方式分为单管和双管系统热水供暖系统。单管系统中，热水经立管或水平干管，顺序流过每组散热器，并顺序地在各散热器中冷却；在双管系统中，热水经供水立管或水平供水管平行地分配给多组散热器，散热冷却后回水自每个散热器直接沿回水立管或水平回水管流回热源。

（3）按管道敷设方式分为垂直式和水平式系统热水供暖系统。

（4）按热媒温度分为低温水和高温水热水供暖系统。各个国家对于高温水、低温水的界限并不相同。国外一些国家的高温水、低温水的分类标准见表 4-2。

表 4-2　某些国家的热水分类标准

| 国别 | 地温水/℃ | 中温水/℃ | 高温水/℃ |
|---|---|---|---|
| 美国 | <120 | | >176 |
| 日本 | <110 | 120~176 | >150 |
| 德国 | ≤110 | 110~150 | >110 |
| 俄罗斯 | ≤115 | | >115 |

在我国，习惯认为水温低于或等于100℃的热水，为低温水。水温大于100℃的热水，为高温水。民用建筑室内热水供暖系统，大多采用低温水供暖系统。高温水供暖系统一般宜在生产厂房中使用，设计供、回水温度大多采用（120～130）℃/（70～80）℃。

（5）按管道连接及热媒流经路程不同分为异程式及同程式系统热水供暖系统。室外同程式系统是指各循环环路长度相同的系统。该系统阻力容易平衡，避免或减轻水力失调。异程式是指各循环环路长度不同的系统。其调节困难，阻力不容易平衡。

（6）近年来随着我国供热收费制度的改革，热水供暖系统按系统装置及功能的不同，又分为常规供暖系统和分户热计量供暖系统。

# 第二节　重力循环热水供暖系统

传统室内热水供暖系统是相对于分户热计量供暖系统而言，其优点是结构简单，节约管材。而缺点是不能独立调节，不能计量用热量，不利于节能与自主用热。

重力循环热水供暖系统是最早采用的一种热水供暖方式，已有二百多年历史，至今还在应用。

## 一、系统工作原理

重力循环热水供暖系统热媒是靠供回水的密度差进行循环的。

图4-1为自然循环热水供暖系统的工作原理图。图4-1中假设整个系统只有一个加热中心（锅炉）和一个冷却中心（散热器），用供、回水管路把散热器和锅炉连接起来。在系统的最高处连接一个膨胀水箱，作用之一用来容纳水受热膨胀而增加的休积。

## 二、系统工作过程

系统运行前，先将系统内充满水，水在锅炉中被加热后，密度减小，同时受从散热器流回的密度较大回水驱动，水向上浮升，使热水沿供水干管上升，流入散热器。在散热器内水被冷却，再沿回水干管流回锅炉，这样形成图4-1示箭头方向的循环流动。

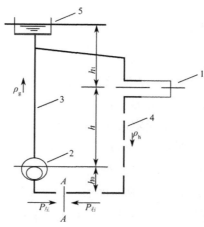

1—散热器；2—热水锅炉；3—供水管路；4—回水管路；5—膨胀水箱
图 4-1　自然循环热水供暖系统的工作原理图

## 三、系统的作用压力

假想回水管路的最低点断面 $A$—$A$ 处有一阀门，若阀门突然关闭，$A$—$A$ 断面两侧会受到不同的水柱压力，两侧的水柱压力差就是推动水在系统中循环流动的作用压力。

$A$—$A$ 断面两侧的水柱压力分别为

$$P_{左} = g(h_1\rho_h + h\rho_g + h_2\rho_g) \tag{4-1}$$

$$P_{右} = g(h_1\rho_h + h\rho_h + h_2\rho_g) \tag{4-2}$$

系统的循环作用压力为

$$\Delta p = P_{右} - P_{左} = gh(\rho_h - \rho_g) \tag{4-3}$$

式中：$\Delta p$ 为自然循环系统的作用压力，Pa；$g$ 为重力加速度，m/s$^2$；$h$ 为加热中心至冷却中心的垂直距离，m；$\rho_h$ 为回水密度，kg/m$^3$；$\rho_g$ 为供水密度，kg/m$^3$。

从式（4-3）中可以看出，自然循环作用压力的大小与供、回水的密度差和锅炉中心与散热器中心的垂直距离有关。如采用 95℃/70℃，则每米高度差可产生的作用压力为（水在各种温度下的密度见附表 4-1）：

$$(\rho_h - \rho_g)gh = (977.81 - 961.92) \times 9.81 \times 1 = 156(\text{Pa})$$

由此可见：自然循环系统动力很小，所能克服的管路阻力亦很小，为保证输送管路所需的流量，同时系统的管径不致过大，为了提高系统的循环作用压力，应尽量增大锅炉与散热设备之间的垂直距离。要求锅炉中心与最下层散热器中心的垂直距离一般不小于2.5～3.0m，一般只适宜单幢建筑，作用半径一般不宜超过 50m。

自然循环系统特点：不耗电，无噪声，维护管理简单，运行费用低；但作用动力小，作用范围不大；要求管径大，以减小流动阻力，流速小；系统启动困难。

## 四、自然循环热水供暖系统设计特点

自然循环热水供暖系统设计特点如下：

（1）在供水立管、系统最高处安装膨胀水箱。

（2）自然循环系统内水流速度较慢，流速小，所以水中的空气能够逆着水流方向向高处聚集。系统的供水干管必须有向膨胀水箱方向上升的坡向（低头走），其坡度值为0.5%～1.0%。立管与散热器支管连接的坡度值不得小于1.0%。

（3）回水干管有向锅炉方向向下的坡度及坡向（0.5%～1%），以保证顺利排除系统中的空气同时保证在系统停止运行、检修时能通过回水干管顺利将水排出。

（4）其他设计要点。作用半径尽可能的小（一般设置在单幢建筑物，服务半径不大于50m）；要有良好的排气设施，水平干管的坡度为0.5%；在适宜时适当提高散热器及水平干管的安装高度；合理选择炉具和散热设备；合理布置管线，尽量少影响室内的美观及家具的布置；尽量减少管道零部件及阀门的数量。

## 五、系统主要形式

自然循环系统形式有水平式系统和垂直式系统两类。此处重点介绍垂直式系统。

垂直式系统常采用单管上供下回式系统、双管上供下回式系统。

图4-2是自然循环热水供暖垂直式系统的两种主要形式。上供下回式系统的供水干管敷设在最高层散热器上部，回水干管敷设在最底层散热器下部。

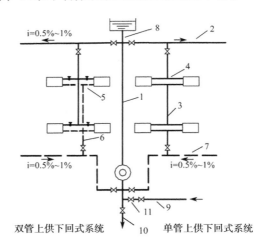

双管上供下回式系统　　　　单管上供下回式系统

1—总立管；2—供水干管；3—供水立管；4—散热器供水支管；5—散热器回水支管；6—回水立管；7—回水干管；8—膨胀水箱连接管；9—充水管（接上水）；10—泄水管（接下水道）；11—止回阀

图4-2　自然循环热水供暖垂直式系统

无论是自然循环还是机械循环热水供暖系统，都应考虑系统充水时，如果未能将空气完全排尽，随着水温的升高或水在流动中压力的降低，水中溶解的空气会逐渐析出，空气会在管道的某些高点处形成气塞，阻碍水的循环流动。空气如果积存于散热器中，散热器就会不热。另外，氧气还会加剧管路系统的腐蚀。所以，热水供暖系统应考虑如何排除空气。自然循环上供下回式热水供暖系统可通过设在供水总立管最上部的膨胀水箱排空气。

自然循环上供下回式热水供暖系统的供水干管应顺水流方向设下降坡度（0.5% ~ 1%）。散热器支管也应沿水流方向设下降坡度（≥1%），以便空气能逆着水流方向上升，聚集到供水干管最高处设置的膨胀水箱排除。

回水干管应该有向锅炉方向下降的坡度，以便于系统排气及系统停止运行或检修时能通过回水干管顺利泄水。

**六、重力循环热水供暖系统作用压力计算**

1. 重力循环双管热水供暖系统作用压力计算

重力循环双管系统如图 4-3 所示。

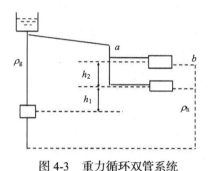

图 4-3 重力循环双管系统

假设条件：热水在管道内流动时的热损失很小，忽略不计；系统只有一个加热中心。由于供回水同时在上、下两层散热器内冷却，形成了两个并联环路和两个冷却中心，它们的作用压力分别为

上层：
$$\Delta P_2 = g(h_1 + h_2)(\rho_h - \rho_g) \qquad (4\text{-}4)$$

下层：
$$\Delta P_1 = gh_1(\rho_h - \rho_g) \qquad (4\text{-}5)$$

两层之间存在着作用压差：
$$\Delta P = \Delta P_2 - \Delta P_1 = gh_2(\rho_h - \rho_g) \qquad (4\text{-}6)$$

在自然循环双管系统中，虽然进入和流出各层散热器的供、回水温度相同（不考虑管路沿途冷却的影响），但由于各层散热器与锅炉的高差不同，也将形成上层作用压力大，下层作用压力小的现象。如选用不同管径仍不能使各层阻力损失达到平衡，由于流量分配不均，必然要出现"上热下冷"的现象。

在供暖建筑物内，同一竖向的各层房间的室温不符合设计要求的温度，而出现上下层冷热不均的现象，称为系统"垂直失调"。

双管系统垂直失调的原因是通过各楼层的循环作用压力不同，且楼层数越多，垂直失调越严重，所以传统双管系统不宜用在超过 4 层的系统中。

2．重力循环单管（上供下回顺流式）热水供暖系统

重力循环单管（上供下回顺流式）热水供暖系统，如图 4-4 所示。

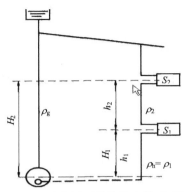

图 4-4　重力循环单管热水供暖系统

（1）作用压力计算。建筑物各层的散热器都是串联的，热水依次通过各层的散热器冷却放热，若循环环路中 N 组串联的散热器时，其循环作用压力可用一个通式来表示：

$$\Delta P = \sum_{i=1}^{n} gh_2(\rho_h - \rho_g) = \sum_{i=1}^{n} gH_i(\rho_i - \rho_{i+1}) \tag{4-7}$$

单管热水供暖系统的作用压力与水温变化，加热中心与冷却中心的高度差以及冷却中心的个数等因素有关。每一根立管只有一个重力循环作用压力，而且即使最低层散热器低于锅炉中心，也可能使水循环流动。

（2）热水供暖系统水流量确定。水吸收热量，温度升高，水的质量比热为 4.19kJ/(kg·℃)，说明 1kg 的水，温度升高 1℃，需要吸收 4.19kJ 热量，反之亦然。

在热水供暖系统中，水流过锅炉吸收热量，温度升高到 $t_g$，水流经建筑物所有的散热器时，放出热量温度降低到 $t_h$。在热水管道中，每流过 1kg 的水就能输送 4.19（$t_g$-$t_h$）kJ 的热量，所以，如果供暖地点需要的热量 $Q$(W)，因为：1W=1J/s=3600/1000kJ/h=3.6kJ/h，则该采暖地点管道里的水流量为

$$G = \frac{3.6Q}{4.19(t_g - t_h)} = 0.86 \frac{Q}{t_g - t_h} \tag{4-8}$$

（3）单管系统回水温度的确定，如图 4-5 所示。为了计算单管系统的重力循环作用压力，需要求出各个冷却中心之间管路中的水的密度，为此，需要确定各散热器之间管路的水温。

计算依据：在整根立管中，流过每一管段和每组散热器的流量都相等。

设供回水温度分别为 $t_g$、$t_h$。建筑物为 N 层，每层散热器的散热量分别为 $Q_1$，$Q_2$，…，$Q_n$，即立管的热负荷为

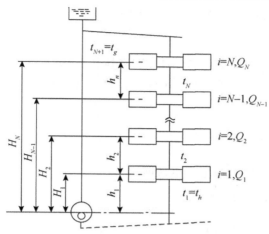

图 4-5　计算单管系统中层立管水温示意图

$$\sum Q = Q_1 + Q_2 + \cdots + Q_n \qquad (4-9)$$

通过立管的流量，按其所担负的全部热负荷计算，可用下式确定：

$$GL = \frac{A\sum Q}{c(t_g - t_n)} = \frac{3.6\sum Q}{4.187(t_g - t_n)} = \frac{0.86\sum Q}{(t_g - t_n)} \qquad (4-10)$$

流出某一层（如第二层）散热器的水温 $t_2$，根据上述热平衡方式，同理，可按下式计算：

$$GL = \frac{0.86(Q_2 + Q_3 + \cdots + Q_n)}{(t_g - t_2)} \qquad (4-11)$$

$$t_2 = t_g - \frac{(t_g - t_h)(Q_2 + Q_3 + \cdots + Q_n)}{\sum Q} \qquad (4-12)$$

根据上述方法，串联 N 组散热器的系统，流出第 $i$ 组散热器的水温 $t_i$，可按下式计算：

$$t_i = t_g - \frac{(t_g - t_h)(Q_i + \cdots + Q_N)}{\sum Q} = t_g - \frac{(t_g - t_h)\sum Q_i}{\sum Q} \qquad (4-13)$$

（4）特点：①在单管系统中，各层散热器的进出口水温是不相等的。越到下层进水温度越低，因而各层散热器的传热系数值也不相等，越到下层越小，所以单管系统散热器总面积一般比双管系统的稍大些。②单管系统运行期间，也会出现垂直失调，其原因是由于各层散热器的传热系数随各层散热器平均计算温度差的变化幅度不同。

3. 实际作用压力

在工程计算中，首先按式（4-3）和式（4-7）的方法，确定只考虑水在散热器中冷却时所产生的作用压力；然后再根据不同的情况，增加一个考虑水在循环环路中冷却的附加作用压力。它的大小与系统供水管路布置状况、楼层高度、所计算的散热器与锅炉之间的水平距离有关。其数值选用，可参考附表 4-2。

$$P = \Delta P + \Delta P_f \qquad (4-14)$$

式中：$P$ 为考虑管道散热的自然循环热水供暖系统的作用压力，Pa；$\Delta P$ 为自然循环热水供暖系统中，水在散热器内冷却所产生的作用压力，Pa；$\Delta P_f$ 为水在循环环路中冷却所产生的作用压力，Pa。

例 4-1　计算如图 4-6 所示自然循环单管系统作用压力。已知底层散热器中心至锅炉中心的垂直距离为 3.2m，层高为 3m，设计供、回水温度为 95℃/70℃。

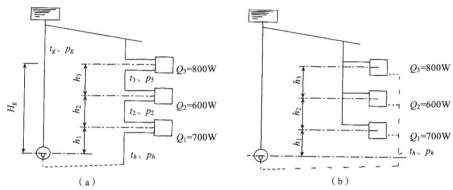

图 4-6　例 4-1 图

求：1）双管系统的循环作用压力；2）单管系统各层之间立管的水温；3）单管系统的重力循环作用压力（计算作用压力时，不考虑水在管路中冷却因数）。

解：1）求双管系统的循环作用压力：

系统的供、回水温度，$t_g = 95℃$，$t_h = 70℃$，查附表 4-1 得

$$\rho_g = 961.29\,\text{kg/m}^3, \quad \rho_h = 977.81\,\text{kg/m}^3$$

根据式（4-4）、式（4-5）的计算方法，通过各层散热器循环环路的作用压力，分别如下：

第一层：

$$\Delta P_1 = gh_1(\rho_h - \rho_g) = 9.81 \times 3.2(977.81 - 961.29) = 498.8(\text{Pa})$$

第二层：

$$\Delta P_2 = g(h_1 + h_2)(\rho_h - \rho_g) = 9.81 \times (3.2 + 3.0)(977.81 - 961.29) = 966.5(\text{Pa})$$

第三层：

$$\Delta P_3 = g(h_1 + h_2 + h_3)(\rho_h - \rho_g) = 9.81 \times (3.2 + 3.0 + 3.0) \times (977.81 - 961.92) = 1434.1(\text{Pa})$$

第三层与底层循环环路的作用压力之差为

$$\Delta P = \Delta P_3 - \Delta P_1 = 1434.1 - 498.8 = 935.3(\text{Pa})$$

由此可见，楼层数越多，顶层与底层循环环路的作用压力之差越大。

2）求单管系统各层之间立管的水温：

根据式 $t_i = t_g - \dfrac{\sum\limits_{i}^{n} Q_i}{\sum Q}(t_g - t_h)$ 求出流出第三层散热器管路上的水温。

$$t_3 = t_g - \frac{Q_3}{\sum Q}(t_g - t_h) = 95 - \frac{800}{1000}(95 - 70) = 85.5\,(℃)$$

相应水的密度：$\rho_3 = 968.88\text{kg/m}^3$。

3）单管系统的重力循环作用压力：

流出第二层散热器管路上的水温为

$$t_2 = t_g - \frac{Q_3 + Q_2}{\sum Q}(t_g - t_h) = 95 - \frac{(800 + 600)}{2100}(95 - 70) = 78.3\,(℃)$$

$$\Delta P = \sum_{i=1}^{n} gh_i(\rho_i - \rho_h) = g[h_1(\rho_h - \rho_g) + h_2(\rho_2 - \rho_g) + h_3(\rho_3 - \rho_g)]$$
$$= 9.81[3.2(977.81 - 961.92) + 3.0(972.88 - 961.92) + 3.0(968.32 - 961.92)]$$
$$= 1009.7(\text{Pa})$$

或

$$\Delta P = \sum_{i=1}^{n} gH_I(\rho_i - \rho_{I+1}) = 1009.7\,(\text{Pa})$$

# 第三节　机械循环热水供暖系统

机械循环热水供暖系统由于设置了循环水泵，系统作用压力加大，供暖范围相应扩大。但由于系统设置了循环水泵，增加了系统的运行费用和维修工作量。

机械循环可用于单幢、多幢建筑，甚至区域热水供暖系统。系统的形式有垂直式及水平式系统。

## 一、机械循环热水供暖系统

由于系统中设置了循环水泵，靠水泵的机械能使水在系统中强制循环。

1. 工作原理

工作原理如图 4-7 所示。

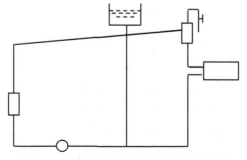

图 4-7　机械循环热水供暖系统工作原理

2. 工作过程

在系统工作之前，先将系统中充满冷水。系统中空气从集气罐排出，充满冷水后，水在锅炉中被加热后，热水在循环水泵作用下，沿着供水管路流入散热器，从散热器流出的低温回水沿回水管路流入循环水泵加压，然后在水泵压力作用下流回锅炉再进行加热。

3. 特点

（1）膨胀水箱：装于循环水泵入口处，作用是用来储存热水供暖系统加热的膨胀水量和恒定供暖系统的压力，防止水气化。

（2）循环水泵：为系统提供循环动力，耗电，增加维修工作量，运行费用增加。作用半径增大、流速增大、管径较小、升温快、启动容易。

（3）排气方法：在机械循环系统中，水流速度往往超过自水中分离出来的空气气泡的浮升速度。为了使气泡不致被带入立管，供水干管应按水流方向设上升坡度（抬头走），使气泡随水流方向汇集到系统的最高点，通过在最高点设置排气装置，将空气排出系统外。回水干管应有向锅炉方向的向下坡度（低头走）。供、回水干管的坡度宜采用 0.3%，不得小于 0.2%。

## 二、系统主要形式

1. 垂直式系统

（1）双管式系统，如图 4-8 中 Ⅰ 、Ⅱ 立管所示。

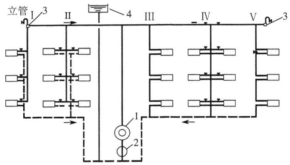

1—热水锅炉；2—循环水泵；3—集气装置；4—膨胀水箱；Ⅰ、Ⅱ、Ⅲ、Ⅳ、Ⅴ—立管

图 4-8　机械循环上供下回式热水采暖系统

双管式在管路与散热器连接方式上与重力循环双管式系统没有差别。由于重力循环作用压力的影响，一般仅用于 4 层及其以下的建筑。

该系统具有双管系统便于调节和检修的优点，散热器上进下出，$K$ 值大。系统中的空气采用集中自动排气，当顶层有屋架或吊顶时，适用这种系统，若顶层没有屋架或吊顶时，上部的干管就比较难处理，且影响室内美观。下部的管沟不能省掉，而且，随着建筑层数的增加，重力作用的影响也越来越大，容易形成上部偏热，下部偏冷的现象，耗材多，相对于单管系统不太经济。

（2）单管式系统包括多层或高层单管顺流式、单管跨越式及单管顺流与跨越混合式系统三种形式。

单管顺流式系统如图 4-8 中Ⅲ立管所示。该系统立管中全部水量顺次流过各层散热器，并顺次地在各散热器中冷却，各层散热器的水温不同的系统形式。

单管跨越式如图 4-8 中Ⅳ立管。该系统立管中的水部分流入本层散热器，另一部分通过跨越管与从散热器流出的回水混合流入下层散热器系统形式。可在散热器支管（最好）或跨越管上装调节阀。

单管混合式系统如图 4-8 中Ⅴ立管所示。单管混合式系统是建筑物上部几层采用跨越式，下部几层采用顺流式的系统形式。

（3）机械循环下供下回式双管系统，如图 4-9 所示。

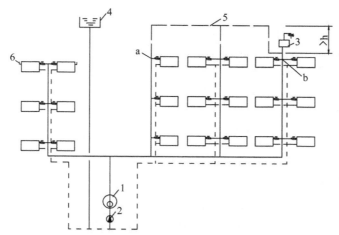

1—热水锅炉；2—循环水泵；3—集气罐；4—膨胀水箱；5—空气管；6—冷风阀

图 4-9　机械循环下供下回式双管系统

机械循环下供下回式双管系统的供水和回水干管都敷设在最底层散热器下面。该系统常用于设有地下室建筑物中或在平屋顶棚下难以布置供水干管的场合。适用 4 层以下的民用集中，超过 4 层，易形成下部热、上部冷的垂直失调，用于独立的小型使领馆或公寓，最为相宜。

该系统与上供下回式系统比较，具有以下特点：

1）在地下室布置供水干管，管路直接散热给地下室，无效热损失小；顶棚下无干管，比较美观。

2）在施工中，每安装好一层散热器即可开始供暖，给冬季施工带来方便。

3）排除系统中的空气很困难。

4）排空气比较困难，可以采用以下三种方式排气：①通过顶层散热器的冷风阀手动分散排气。②通过专设的空气管手动或自动集中排气（作用半径小或压降小的系统）。从散热器和立管排出的空气，沿空气管送到集气装置，定期排出系统外。集气装置的连接位置，应比水平空气管低 hm 以上，即应大于图 4-10 中 a 和 b 两点在系统运行时的压差值，否则位于上部空气管内的空气不能起到隔断作用，立管水会通过空气管串流。因此，通过专设空气管集中排气的方法，通常只用在作用半径小或压降小的系统中。③每根立管顶端设放气阀放气。

（4）中供式（单、双管），如图4-10所示。该系统从总立管引出的水平供水干管敷设在系统中部的系统形式，包括中供下回式、中供中回式系统。

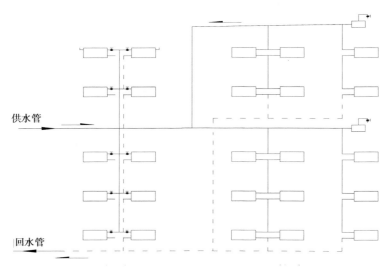

（a）上部系统-下供下回式双管系统　　（b）下部系统-上供下回式单管系统

图4-10　机械循环中供式系统

系统分为上、下两部分，下部系统呈上供下回式；上部系统采用下供下回式（双管），也可采用上供下回式（单管）。

（5）机械循环下供上回式（倒流式）供暖系统（单、双管），如图4-11所示。该系统供水干管设在下部，回水干管设在上部，顶部还设置有顺流式膨胀水箱。

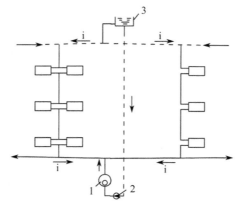

1—热水锅炉；2—循环水泵；3—膨胀水箱

图4-11　机械循环下供上回式（倒流式）供暖系统

（6）机械循环混合式系统，如图 4-12 所示。该系统由下供上回式（倒流式）和上供下回式两组串联组成的系统形式。由于两组系统串联，系统的压力损失大些。

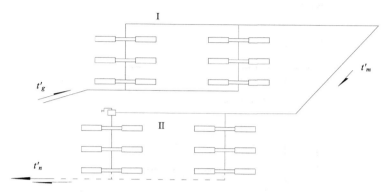

I、II—两组供暖系统；$t'_g$—第 I 组系统供水温度；$t'_m$—第 II 组系统供水温度；$t'_h$—回水温度

图 4-12　机械循环混合式系统

（7）上供上回式系统，如图 4-13 所示。该系统的供水和回水干管都敷设在顶层散热器上部。某些建筑，若无地下室，又不允许在底层设地沟，可把供、回水干管布置在顶层屋顶之下或顶层吊顶内。

上供上回式系统具有以下特点：①供、回水干管必设坡度；②必设集气罐排气；③垂直失调现象较上供下回式双管系统严重，不适合层数较多的建筑物。

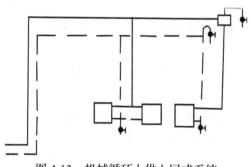

图 4-13　机械循环上供上回式系统

（8）异程式系统与同程式系统。

1）异程式系统。异程式系统是通过各个立管的循环环路的总长度并不相等的系统形式。前述所有系统均为异程式系统。

异程式系统供、回水干管的总长度短，但在机械循环系统中，由于作用半径较大，连接立管较多，因而通过各个立管环路的压力损失较难平衡。有时靠近总立管最近的立管，即使选用了最小的管径 15mm，仍有很多的剩余压力。初调节不当时，就会出现近处立管流量超过要求，而远处立管流量不足。在远近立管处出现流量失调而引起在水平方向冷热不均的现象，称为系统的"水平失调"。

水平失调：在热水供暖系统中，在远、近立管处，由于流量失调或 $K$ 变化幅度不同而引起的在水平方向上近主立管热，远主立管冷的现象。

2）同程式系统，如图 4-14 所示。

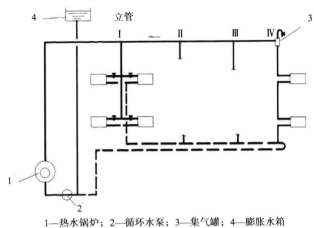

1—热水锅炉；2—循环水泵；3—集气罐；4—膨胀水箱

图 4-14  同程式系统

同程式系统是通过各个立管的循环环路的总长度相等的系统形式。

同程式系统各环路压力损失易平衡，可消除或减轻系统的水平失调。同程式系统的管径较异程式稍大、长度长，金属消耗量大。主要用于建筑规模较大的建筑。

2. 水平式系统

水平式系统适合允许温度波动稍大建筑或特别宽敞的大房间以及对各层有不同温度要求的建筑，便于分层管理和调节。

该系统除供、回水立管外，不设其他立管，各层散热器用水平干管串联起来。穿墙管道多。

根据供干水管与散热器连接方式不同水平式系统分为顺流式、跨越式系统两类。

（1）单管水平串联系统（顺流式），如图 4-15 所示。

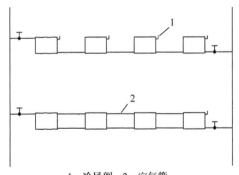

1—冷风阀；2—空气管

图 4-15  单管水平串联（顺流式）系统

（2）单管水平跨越式系统，如图 4-16 所示。

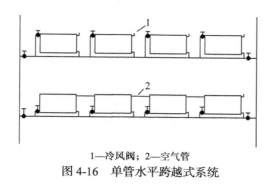

1—冷风阀；2—空气管

图 4-16　单管水平跨越式系统

# 第四节　高层建筑热水供暖系统

## 一、高层建筑热水供暖系统设计存在的问题

随着城市发展，新建了许多高层建筑。相应对高层建筑供暖系统的设计，提出了一些新的问题。

（1）高层建筑供暖设计热负荷的计算问题（冷风渗透耗热量）。

（2）高层建筑供暖系统的形式和与室外热水网路的连接方式问题。

（3）建筑物层数多，加重系统的垂直失调的问题。

## 二、分层式供暖系统

分层式供暖系统是在垂直方向分成若干个系统，亦称垂直分区。这是高层供暖常用的一种供暖形式，因为散热器的承压能力相对较小，当建筑高度超过散热器承压能力时必须垂直分区。

（1）管路布置。在高层建筑供暖系统中，垂直方向上分为两个或两个以上的独立系统。

（2）特点：下层系统采用与外网直接连接，其高度取决于室外网路压力工况和散热器的承压能力及建筑物总层数。上层系统与外网采用隔绝式连接，利用水加热器使其压力与外网隔绝。

（3）双水箱分层式热水供暖系统，如图 4-17 所示。外网供水温度较低，使用热交换器所需面积过大而不经济时，可考虑采用双水箱分层式供暖系统。

该系统具有以下特点：

1）上层系统与外网直接连接。当外网供水压力低于系统静水压力时，在供水管上加设加压泵。利用进、回水箱两个水位高差 $h$ 进行上层系统的水循环。

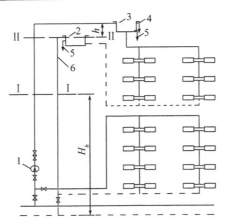

1—加压水泵；2—回水箱；3—进水箱；4—进水箱溢流管；5—信号管；6—回水箱溢流管

图 4-17　双水箱分层式热水供暖系统

2）供、回水都不与上层系统直接作用。上层系统回水利用溢流管的非满管流动流回外网回水管，利用非满管流动的溢流管与外网回水管压力隔绝，溢流管下部的满管高度 $H$ 取决于外网回水管压力。

3）采用了开式水箱，易使空气进入系统，造成系统管道与设备的腐蚀。

（4）单水箱分层式热水供暖系统，如图 4-18 所示。单水箱连接方式利用系统最高点的压力，使高层系统循环流动。

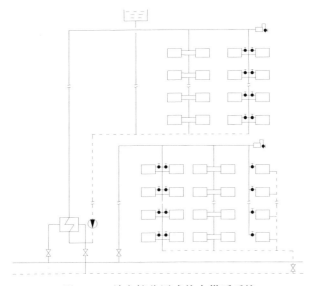

图 4-18　单水箱分层式热水供暖系统

图 4-18 为上层系统设水加热器，下层系统与外网直接连接的分区式。当外网为高温水时，根据用户使用要求与散热器承压能力，下层系统可采用与外网直接连接，即外网高温水直接进入散热器，然后返回外网的回水管。或者采用混水器连接，或为低温热水采暖。

上层系统可采用通过水加热器的间接连接方式，用户与外网隔绝，互不影响。

### 三、双线式系统

双线式系统有垂直双线式、水平双线式两种形式。

1. 垂直双线式单管热水供暖系统

垂直双线式单管热水供暖系统如图 4-19 所示。

（1）结构特点。由竖向的"∩"形单管式立管组成。其散热器采用蛇形管或埋入墙内的辐射板。每个房间的散热器立管是由上升管和下降管组成，因此各层散热器的平均温度近似地认为相同。这一特点有利于避免系统垂直失调。

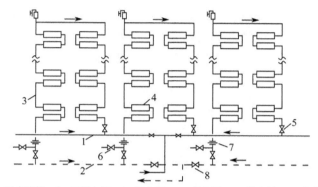

1—供水干管；2—回水干管；3—双线立管；4—散热器；5—截止阀；6—排水阀；7—节流孔板；8—调节阀

图 4-19　垂直双线式单管热水供暖系统

（2）排气方式。垂直双线式单管热水供暖系统每组"∩"形单管式立管最高点处应设置排气装置。

（3）缺点。该系统立管阻力小，易引起水平失调。可考虑在每根立管的回水立管上设置孔板，增加立管阻力，或采用同程式系统来消除水平失调。

2. 水平双线式热水供暖系统

水平双线式热水供暖系统如图 4-20 所示。

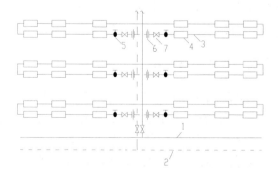

1—供水干管；2—回水干管；3—双线水平管；4—散热器；5—截止阀；6—节流孔板；7—调节阀

图 4-20　水平双线式热水供暖系统

（1）结构特点：水平双线式热水供暖系统在水平方向的各组散热器的平均温度近似地认为相同。这一特点有利于避免系统水平失调。

（2）优点：该系统可以在每层设置调节阀，进行分层调节。

（3）缺点：为了避免垂直失调，可考虑在每层水平分支线上设置节流孔板，增加各水平环路的阻力损失，减轻垂直失调；每层设置调节阀，进行分层调节。

3. 单双管混合式系统

单双管混合式系统如图 4-21 所示。

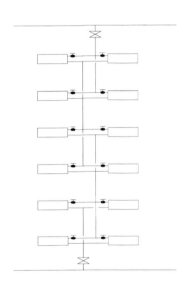

图 4-21　单、双管混合式供暖系统

单双管混合式系统是在垂直方向上分为若干组，每组若干层（2～3 层），每一组均为双管系统，各组之间用单管相连。

系统中的每一组双管系统，只对 2～3 层房屋供暖，形成的自然压头仅在 2～3 层中起作用，避免了纯双管系统造成的严重的垂直失调现象；纯垂直单管系统通过支管流量为立管流量（单侧连接）或约一半立管流量（双侧连接），而混合式系统通过支管流量仅约为垂直单管系统的 1/2～1/3，因此支管管径较小，便于施工。

## 四、高层建筑直连（静压隔断）式供暖系统

对于建筑小区出现个别高层建筑情况，如果为其单独设置热源，可保持高、低区热媒供、回水参数一致，但投资相对较高，同时高区面积相对较小，运行、管理费用必然高。如果设置热交换器与低区隔断，由于通常低区热媒参数不高（小于 100℃），换热后高区散热器的表面温度更低，导致散热器面积增大，散热器布置困难。

传统的双水箱方法可以直接接入热网，但需在高层建筑上放置两个有高差的几立方或

十几立方的保温大水箱，不仅需要占用不同楼层的两个独立房间，还要对建筑增加几吨或十几吨重的荷载。

开式的水箱，一方面浪费热量；另一方面，吸氧的机会大大增加，腐蚀管道，运行管理均很不方便。而采取减压阀、电磁阀、自动调节阀等配以必要自控手段的方法也不十分可靠，常造成散热器的爆裂，因为供暖热媒的压力按其产生的机理不同可分为动压与静压，各种阀门通过截面积改变的方法可改变动压，而对静压无效。

相关技术人员一直没有放弃将高区直接连入低区，且高、低区均能够正常工作的简单可行的供暖系统研究工作。工程上应用较多，较有效的方法原理如图 4-22 所示。

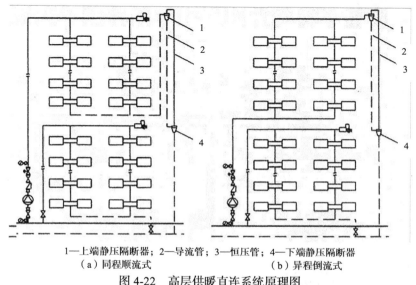

1—上端静压隔断器；2—导流管；3—恒压管；4—下端静压隔断器

（a）同程顺流式　　　　　　　　　　（b）异程倒流式

图 4-22　高层供暖直连系统原理图

高层建筑直接连接供暖系统不管形式如何，热媒都必须经历低区管网供水经泵加压（并止回）送至高区，在散热器散热后，回水减压并回到低区回水管网的过程。关键在于如何将系统热媒静压力消耗到合理的范围，重点在减压。

前提是高区与低区采暖系统必须分开，控制的过程为回水流回低区管网这一过程。图 4-22 中的上端静压隔断器 1 具有隔断、排气的作用，更重要的是热媒利用余压由隔断器的切向流入，隔断器直径较大，缓冲减压，使流体发生离心旋转，在下端静压隔断器 4 与上端静压隔断器 1 间的导流管 2 内，流体流动状态为非满管流，完全依靠重力旋转流动，静压转化为动压，势能转化为动能，动能在快速的旋转流动中被消耗掉。

下端静压隔断器 4 隔断了导流管 2 内的静压向下传递，恒压管 3 使上、下端静压隔断器上端的压力保持一致。此时被消化掉静压势能的热媒在下端静压隔断器 4 内对系统已没有"危害"了，依靠重力流入回水管道。这样，在供水上有泵后的止回阀，回水上有上、下隔断器保证系统无论是否运行直连高区均与低区相互隔绝。

　　此种系统对于分户供暖系统也是适用的，并且多栋高层建筑可以共用一套供水系统如图 4-23 所示。

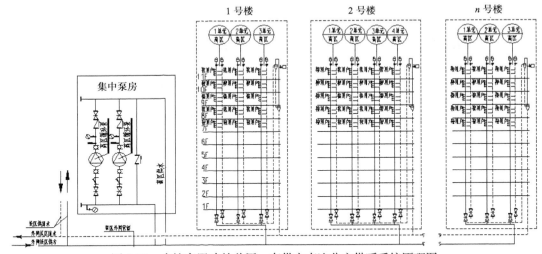

图 4-23　多栋高层建筑共用一套供水直连分户供暖系统原理图

# 第五节　室内热水供暖系统的管路布置和主要设备及附件

## 一、室内热水供暖系统的管路布置

　　1. 管路布置敷设基本原则

　　基本原则为：系统构造简单；在满足管道走向合理布置的条件下，管路尽可能短且各分支环路长度大致相同；便于系统运行调节、维护管理；应尽可能做到各个分支环路热负荷分配合理；便于系统安装和检修、不影响房间使用功能和美观，管道布置尽可能少占有效空间。

　　2. 平面布置及敷设

　　供暖管网的安装有明装和暗装两种。一般民用建筑、公共建筑以及工业厂房都采用明装，装饰要求较高的建筑物及某些特殊要求的建筑物则采用暗装。

　　（1）热力入口位置。应该根据热源和室外管道的位置确定，宜设置在建筑物热负荷对称分布的位置，并且还应该考虑有利于系统环路的划分。

　　（2）环路划分。

　　1）合理分支。应该根据建筑规模将整个系统划分为几个并联的、相对独立的小系统。

　　2）合理划分环路。在合理分支的基础上，将各小系统划分为并联环路。划分环路时，使热负荷分配均衡，各并联环路阻力易于平衡，同时便于对系统进行控制和调节。

3）常见的环路划分方法。

a. 无分支环路的同程式系统，如图 4-24 所示，适用于小型系统，其干管可不设分支环路，热力入口位置不易平分成对称热负荷的系统中。

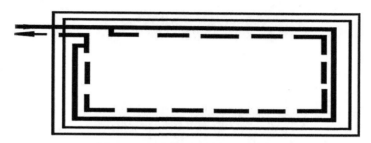

图 4-24　无分支环路的同程式系统

为了缩短供暖半径，减小阻力损失，可以设置 2 个或 2 个以上分支环路。

b. 两个分支环路的同程式系统，如图 4-25 所示，一般宜将供水干管的始端放置在朝北向一侧，而末端设在朝南向一侧。

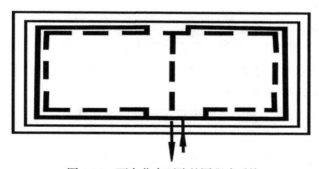

图 4-25　两个分支环路的同程式系统

c. 两个分支环路的异程式系统，如图 4-26 所示。

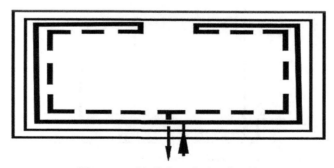

图 4-26　两个分支环路异程式系统

异程式系统比同程式系统减少了干管长度，但每个立管构成的环路不易平衡。同程式中间增设了一条回水管和地沟，同程式两大环路的阻力容易平衡。

d. 多分支环路的异程式系统，如图 4-27 所示。

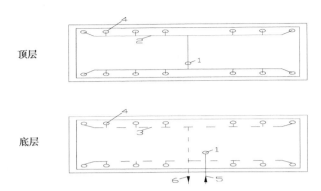

顶层

底层

1—供水总立管；2—供水干管；3—回水干管；4—立管；5—供水进口管；6—回水出口管

图 4-27　四个分支环路的异程式系统

**3．干管布置**

干管应尽量直线布置，如果转角高于或低于管道的水平走向，其最高点或最低点应分别安装排气和泄水装置。

干管有明装和暗装两种敷设方式。

（1）明装时，上部的干管敷设在靠近屋顶下表面的位置，但一般不应穿梁，不应遮挡门窗影响使用。下部的干管常设置在地面以上，散热器以下的位置，明装管道过门时可局部设地沟，其做法如图 4-28 所示。

（2）暗装时，应根据干管的具体位置，可设置在顶棚里、技术夹层中，或利用地下室或设在地沟内。

1）上供下回式系统。供水干管敷设在顶棚（屋顶）下、吊顶内、屋面上。回水干管敷设在底层地下管沟、地下室顶板下或底层地面上。回水干管过门时，如果下部过门地沟和上部设空气管，应设置泄水和排空装置，如图 4-28 所示。

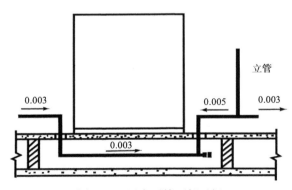

图 4-28　回水干管下部过门

两种做法均设置了一段反坡向的管道，目的是为了顺利排除系统中空气。

2）下供下回式。供回水干管敷设在底层地沟、地下室顶板下；放空气管于最高层顶棚下。供暖系统水平管道的敷设应有一定的坡度，坡向应有利于排气和泄水。供回水支、干管的坡度宜采用0.003，不得小于0.002；立管与散热器连接的支管，坡度不得小于0.01。

4. 立管布置敷设

（1）明装立管：①立管一般为明装，距墙表面净距离为50mm；②立管尽可能设在房间的墙角尤其是外墙角，以减小占用空间；③也可以布置在窗间墙处，有利于向两侧连接散热器；④有冻结危险的楼梯间或其他有冻结危险的场所，应单独设置立管，且散热器前不得装设调节阀。

（2）暗装立管：暗装时可以敷设在预留的墙槽内，也可以敷设在专用的管道井中。

（3）立管应通过弯管与干管相接，以解决管道胀缩问题，如图4-29所示。

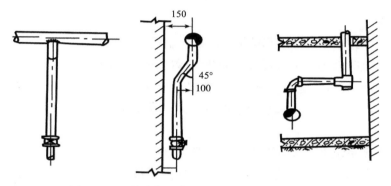

图4-29　立管应与干管相接方式（单位：mm）

（4）立管可设管卡固定，层高不大于5m，每层须安装1个；层高大于5m，每层不得少于2个。管卡的安装高度，距地面为1.5～1.8m，两个以上的管卡可匀称安装。单立管管卡参照给水立管作法，双立管管卡详见图4-30。

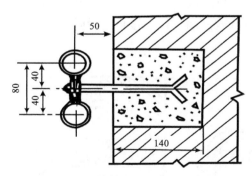

图4-30　双立管管卡（单位：mm）

5. 支管

支管应尽量设置在散热器的同侧与立管相接，支管上根据需要可设乙字弯。进出口支管一般应沿按水流方向下降的坡度（1%）敷设（下分下回式系统，利用最高层散热器放气的进水支管除外），如坡度相反，会造成散热器上部存气，下部积水放不净，如图 4-31 所示。

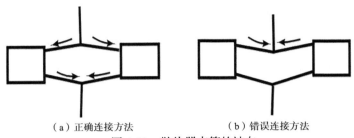

（a）正确连接方法　　　　　　　　（b）错误连接方法

图 4-31　散热器支管的坡向

6. 其他要求

（1）管道穿过基础、墙壁和楼板，应配合土建预留孔洞。

（2）热水供暖系统中集气罐或自动放气阀应每一环路设置一个，集气罐或自动放气阀宜设在卫生间、厨房、走廊、楼梯间。集气罐的排气管应引至有下水道的地方。

（3）热水供暖系统的膨胀水箱常设在顶棚内或屋顶水箱间内，为防止冻结，水箱间应供暖。

（4）在供暖系统中，应按下列规定设置阀门：

1）供暖干管和立管等管道（不含建筑物的供暖系统热力入口）上阀门的设置应遵循下列规定：①供暖系统各并联环路，应设置关闭和调节装置；②当有冻结危险时，立管或支管上的阀门至干管的距离不应大于 120mm；③供水立管的始端和回水立管的末端均应设置阀门，回水立管上还应设置排污、泄水装置；④共用立管分户独立循环供暖系统，在共用立管与进户供回水管的连接处应设置关闭阀。

2）供暖系统热力引入口的供、回水管上，应按规定设阀门。

（5）供暖管道在管沟或沿墙、柱、楼板敷设时，应每隔一定间距设置管卡或支、吊架，如图 4-32 所示。

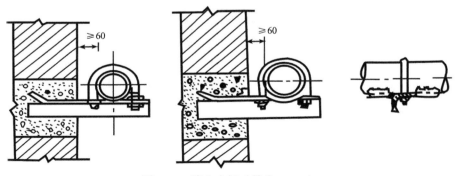

图 4-32　墙上支架（单位：mm）

（6）集中供暖系统的建筑物热力入口，应符合下列规定：①供水、回水管道上应分别设置关断阀、温度计、压力表；②应设置过滤器及旁通管；③应根据水力平衡要求和建筑物内供暖系统的调节方式，选择水力平衡装置；④除多个热力入口设置一块共用热量表的情况外，每个热力入口处均应设置热量表，且热量表宜设在回水管上。

（7）穿越建筑物基础、伸缩缝、沉降缝、防震缝的供暖管道，以及埋设在建筑结构里的立管，应采取预防由于建筑物下沉而损坏管道的措施。

（8）当供暖管道必须穿越防火墙时，应预埋钢套管，并在穿墙处设置固定支架（使管道可向墙的两侧伸缩），管道与套管之间的空隙应采用耐火材料严密封堵。

（9）供暖系统的供水、供汽干管的末端和回水干管始端的管径，不应小于 20mm，低压蒸汽的供汽干管可适当放大。

（10）符合下列情况之一时，供暖管道应保温：①管道内输送的热媒必须保持一定参数；②管道敷设在管沟、技术夹层、阁楼及顶棚内等导致无益热损失较大的空间或易被冻结的地方；③管道通过的房间或地点要求保温。

（11）管道敷设时应该尽量避免出现局部向上凹凸现象，以免形成气塞。在局部高处，应该考虑设置排气装置。局部最底点处，应该考虑设置排水阀。

（12）管道热胀冷缩问题。管道材料热胀冷缩会产生热应力，热应力的影响有管道弯曲破裂或管架垮塌。其解决措施包括自然补偿——利用自然拐弯（转角）、变形、补偿管道热伸长和利用补偿器——直线管道热伸缩补偿。

1）自然补偿。最简单的方法是合理利用管道的自然弯曲来解决热胀冷缩问题。但当伸缩量很大时，管道的弯曲部分不能很好起补偿作用，或管段上没有弯曲部分时，要用伸缩器来补偿管道的伸缩量。

2）补偿器。当供暖管道利用自然补偿不能满足要求时应设置补偿器。补偿器的主要作用是补偿管道因受热而产生的热伸长量。供热管道中常用的补偿器有方形补偿器、套管补偿器，另外还有波纹管补偿器、球形补偿器等。

方形补偿器是用管子煨制或用弯头焊制而成，这种补偿器的优点是制造安装方便，不需要经常维修，补偿能力大，作用在固定点上的推力较小，可用于各种压力和温度条件。缺点是补偿器外形尺寸大，占地面积多，由于方形补偿器具有工作压力和工作温度高，适用范围大的突出优点，使得它在管道热补偿方面得到广泛应用。

套管补偿器有单向和双向两种。单向套管补偿器的芯管（又称导管）直径与连接管道的直径相同。芯管在套管内移动，吸收管道的热伸长量。芯管和套管之间用填料密封，用压盖将填料压紧。套管补偿器的补偿能力大，尺寸紧缩，流动阻力较小。缺点是轴向推力较大，需要经常更换填料，否则容易泄漏，如管道变形有横向位移时，易造成芯管卡住，不能自由活动。

波纹管补偿器是利用波纹形管壁的弹性变形来吸收管道的热膨胀，故又称其为波形补偿器。这种补偿器体积小，质量轻，占地面积和占用空间小，易于布置，安装方便。与套管补偿器相比，它不需要进行维修，承压能力和工作温度都比较高。因此，在供热管道补偿设计中经常采用。但它的补偿能力较小，安装质量要求严格，价格较高。

球形补偿器需要两个为一组，安装在 Z 字形管路中，利用角屈折（一般可达 30°）来吸收管道的热膨胀量。球形补偿器的补偿能力大，但它的制作要求严格。

（13）供暖管道不得与输送蒸汽燃点低于或等于 120℃的可燃液体或可燃、腐蚀性气体的管道在同一条管沟内平行或交叉敷设。

**二、室内热水供暖系统主要设备和附件**

1. 膨胀水箱

（1）膨胀水箱的型式。一般用薄钢板制成，通常是圆形或矩形，图 4-33 为圆形膨胀水箱。

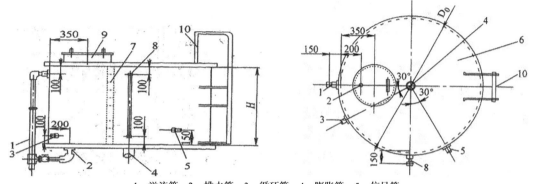

1—溢流管；2—排水管；3—循环管；4—膨胀管；5—信号管；
6—箱体；7—内人梯；8—玻璃管水位计；9—人孔；10—外人梯

图 4-33　圆形膨胀水箱（单位：mm）

（2）膨胀水箱的作用。膨胀水箱具有贮存热水供暖系统加热的膨胀水量、恒定供暖系统的压力、重力循环上供下回式及机械循环下供上回式（倒流式）系统中，排除空气作用。

（3）膨胀水箱的结构。膨胀水箱的结构包括膨胀管、溢流管、信号管（检查管）、排水管（泄水管）及循环管等管路。

1）膨胀管与系统的连接点：在重力循环系统中，应在供水总立管的顶端；在机械循环系统中，一般接至回水管路上的循环水泵入口处。

膨胀管与系统的连接点的压力是恒定的，因而称为定压点。系统的膨胀水通过它进入膨胀水箱，其上不允许设阀门，以免偶然关断，使系统内压力升高，发生事故。

2）溢流管。控制系统最高水位，当系统水位超过溢流管口时，通过溢流管自动溢流，溢流管一般接到附近下水道。其上不允许设阀门，以免偶然关断。

3）信号管（检查管）。用来检查膨胀水箱是否充水，决定系统是否补水，控制系统最低水位。一般应接到易于观察到的地方，如建筑物底层卫生间内、锅炉房。信号管的末端设阀门。

4）排水管（泄水管）。清洗、检修水箱时，将水箱内的水及污垢放掉，可以与溢流管一起，接至附近下水道。其上装阀门。

5）循环管。当膨胀水箱设在不供暖房间时，为了防止膨胀水箱内的水冻结，需要设置循环管，使水在膨胀管与循环管组成的小环路内流动。

在自然循环系统中，循环管应接到系统供水水干管上，与膨胀管有一定的距离，以维持水的缓慢流动。在机械循环系统中，循环管应接到系统定压点前 1.5～3m 的水平回水干管上，使水箱内的水可以循环流动，如图 4-34 所示。

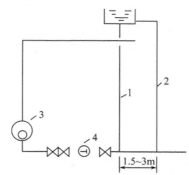

1—膨胀管；2—循环管；3—热水锅炉；4—循环水泵
图 4-34　膨胀水箱与机械循环系统的连接方式

特别需要注意的是膨胀管、溢流管、循环管上严禁装阀门，防止系统超压、水箱水的冻结和水从水箱溢出。

（4）膨胀水箱的容积计算：

$$V_p = \alpha \Delta t_{\max} V_c \qquad\qquad （4-15）$$

式中：$V_p$ 为膨胀水箱的有效容积（即由信号管到溢流管之间的容积），L；$\alpha$ 为水的体积膨胀系数，$\alpha=0.0006$，1/℃；$V_c$ 为系统内的水容量，L；$\Delta t_{\max}$ 为考虑系统内水受热和冷却时水温的最大波动值，一般以 20℃水温算起。

为简化计算，$V_c$ 值可按供给 1kW 热量所需设备的水容量计算，其值可按附表 4-3 选取。求出所需的膨胀水箱有效容积后，可按《全国通用建筑标准设计图集》（CN 501-1）选用所需的型号。

2. 热水供暖系统排除空气的设备

热水供暖系统的排气设备，可以是手动的，也可以是自动的。目前国内常见的排气设备，主要有手动集气罐、弯管排气、自动排气阀和冷风阀等几种。

（1）手动集气罐，如图 4-35 所示。

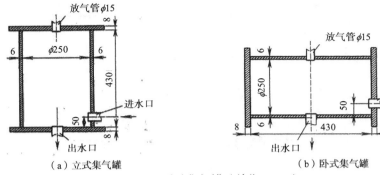

图 4-35　手动集气罐（单位：mm）

一般是用直径 100～250mm 的短管制成，分为立式和卧式两种。立式集气罐比卧式集气罐能够容纳更多空气，卧式集气罐多用于干管距顶棚距离太小地方；顶部连接直径 15mm 的排气管，另一端装阀门，排气阀应设在便于操作的地方。集气罐的安装如图 4-36 所示。

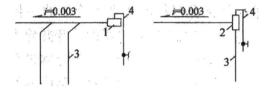

1—卧式集气罐；2—立式集气罐；3—末端立管；4—DN15 放气管

图 4-36　集气罐安装位置示意图

在机械循环上供下回式系统中，集气罐应设在系统各分环环路供水干管的最末端的最高处，在系统运行时，应定期打开阀门将空气排除。

（2）弯管排气，如图 4-37 所示。利用 DN15 钢管现场制作而成，主要用于小型系统。

（3）自动排气阀（罐）。自动排气阀是靠阀体内的启闭机构自动排除空气的装置。它安装简便，体积小巧，且避免了人工操作管理的麻烦，在热水供暖系统中被广泛应用。

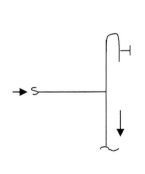

图 4-37　弯管排气

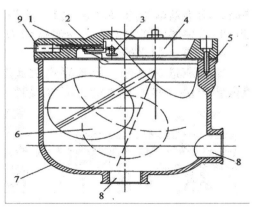

1—杠杆机构；2—垫片；3—排气阀；4—阀盖；5—垫片；
6—浮子；7—阀体；8—接管；9—排气孔

图 4-38　立式自动排气阀

　　自动排气阀的种类很多，如图 4-38 所示的自动排气阀，当阀内无空气时，阀体中的水将浮子 6 浮起，通过杠杆机构 1 将排气阀 3 关闭，阻止水流通过。当空气从管道进入，积聚在阀体内时，空气将水面压下，浮子的浮力减小，浮子依靠自重下落，排气孔 9 打开，使空气自动排除。空气排除后，水再将浮子浮起，排气阀重新关闭。

　　（4）冷风阀（放气门），如图 4-39 所示。

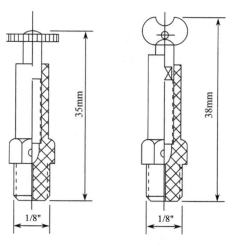

图 4-39　冷风阀

　　冷风阀适用于工作压力不大于 600kPa，工作温度不大于 130℃的热水及蒸汽供暖散热器或管道上。

　　**3. 散热器温控阀**

　　散热器温控阀是一种自动控制散热器散热量的设备，是分户热计量系统的主要温控装置，如图 4-40 所示。

　　（1）组成。散热器温控阀是由两部分组成：一部分为恒温控制器；另一部分为阀体（流量调节阀）。

　　（2）恒温控制器。恒温控制器的核心部件是传感器单元，即温包（感温元件控制部分）。恒温阀根据设定温度自动控制和调节散热器的热水供应。当室温升高时，感温介质吸热膨胀，关小阀门开度，减少了流入散热器的水量，降低散热量以控制室温；当室温降低时，感温介质放热收缩，阀芯被弹簧推回而使阀门开度变大，增加流入散热器的水量，恢复室温。

　　（3）流量调节阀。

　　1）工作原理。流量调节阀应具有较佳的流量调节性能，调节阀阀杆采用密封活塞形式，在恒温控制器的作用下直线运动，带动阀芯运动以改变阀门开度。

　　2）流量调节阀类型。温控调节阀按照连接方式分为两通型（即直通型、角型）和三通型（图 4-41）。其中两通型调节阀根据是否具备流通能力预设，还可分为预设定型和非预设定型两种。

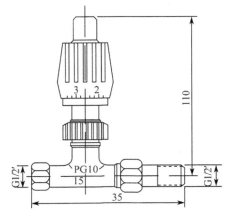

图 4-40　散热器温控阀外形图（单位：mm）

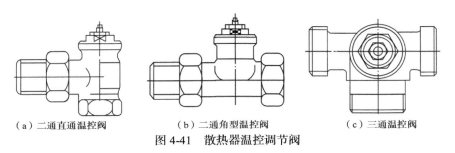

（a）二通直通温控阀　　　　　　（b）二通角型温控阀　　　　　　（c）三通温控阀
图 4-41　散热器温控调节阀

　　散热器温控阀具有恒定室温、节约热能的主要优点，在欧美国家得到广泛应用。主要用在双管热水供暖系统上，也可用在跨越式系统中。近年来，我国已有定型产品并已使用。至于用在单管跨越式系统上，从工作原理（感温元件作用）来看，是可行的。但散热器温控阀的阻力过大（阀门全开时，阻力系数达 18.0 左右），使得通过跨越管的流量过大，而通过散热器的流量过小，设计时散热器面积需增大。研制低阻力散热器温控阀的工作，在国内仍有待进一步开展。

　　4. 分、集水器

　　这里所涉及的分、集水器是在低温热水辐射供暖室内系统中使用的，用于连接各路加热盘管的供、回水管的配、回水装置。

　　分水器的作用是将低温热水平稳的分开，并导入每一环路的地面辐射供暖所铺设的盘管内，实现分室供暖和调节温度的目的；集水器是将散热后的每一环路内的低温水汇集到一起。一般的分、集水器由主体 1、接头 2、橡胶密封圈 3、丝堵 4、放气阀 5（可以是手动或自动）等构成，如图 4-42 所示。分、集水器接头 2 上应设置可关断阀门。有的分、集水器上安装有带有刻度的温控阀，具有一定的调节功能。

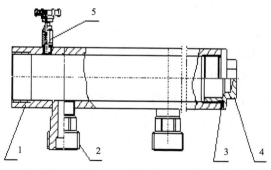

1—主体；2—接头；3—密封圈；4—丝堵；5—放气阀
图4-42　分、集水器的基本结构

5. 锁闭阀

（1）作用。锁闭阀主要作用是关闭功能，是必要时采取强制措施的一种手段：当用户欠费时，切断供热。

（2）类型。锁闭阀是随着建筑供暖系统分户改造工程与分户供暖工程的实施而出现的，分户改造工程通常采用三通型，分户供暖工程常采用两通型。

阀芯可采用闸阀、球阀、旋塞阀的阀芯，有单开型锁与互开型锁。

IC卡功能锁闭阀有过滤功能、调节流量功能。

# 第六节　分户热计量热水供暖系统

分户计量热水供暖系统于20世纪90年代末引入我国，根据住房与城市建设部2000年2月18日所颁发的《民用建筑节能管理规定》的要求，于2000年10月1日开始在新建住宅的集中供暖系统中强制推行。目前，集中供暖的新建住宅都必须采用分户计量热水供暖。

分户供暖是以经济手段促进节能。供暖系统节能的关键是改变热用户的现有"室温高，开窗放"的用热习惯，这就要求供暖系统在用户侧具有调节手段，先实现分户控制与调节，为下一步分户计量创造条件。

## 一、分户热计量供暖系统

1. 设置分户计量供暖系统的目的

供热部门及可以按用户实际耗热量收费，同时还可以满足用户对供暖系统多方面的功能要求，最终达到节约能源的目的。

2. 分户计量系统必须具有的功能

根据我国现行GB 50736—2012的规定：集中供热的新建建筑和既有建筑的节能改造必须安装热量计量装置，并具备室温调节功能。用于热量结算的热量计量装置必须采用热量表。因此，分户计量系统必须具有以下功能：

（1）可以分别计量系统中的每一个用户实际消耗热量。

（2）用户对房间的温度可以进行调节和控制。

3. 分户计量供暖系统的共同特点

（1）每户管道的起、止点安装关断阀，其中之一处安装调节阀。

（2）应设置热表和温控装置，热表一般安装在用户进口处。

（3）便于分户管理及分户分室控制、调节供热量。

（4）为实现分户计量供热，多采用共用立管的分户水平式独立系统。

## 二、室内分户热计量供暖系统的组成

鉴于我国现实情况，分户热计量供暖系统必然包含两个方面的内容：一是既有建筑供暖系统的分户改造，采用垂直双管或跨越式系统或单管水平跨越式系统；二是适用于新建住宅供热计量收费系统，采用分户水平式供暖系统。

通常，新建住宅供热计量收费系统采用共用供回水立管和分户独立系统相结合的形式，即每户是相对独立一个系统，每户的供回水管和共用的供回水立管相连，在每户入口的总供回水管处设一户用热量表来进行热计量。

根据分户热计量供暖系统特点以及我国民用住宅的结构形式，楼梯间、楼道等公用部分应设置独立供暖系统，室内的分户供暖主要由以下两个系统组成：

（1）户外系统。户外系统是指从建筑物供暖引入口到用户引入口之间的管道系统。

（2）户内系统。户内系统是指用户引入口之后，用户内部的管路系统。

## 三、户内水平供暖系统形式与特点

户内供暖系统形式有地板辐射供暖、散热器供暖等，其中散热器供暖形式主要有水平并联式（双管）和水平串连式（单管）两种。户内水平供暖系统主要以下几种形式。

1. 水平双管异程式系统

水平双管异程式系统包括章鱼式双管异程式系统及水平双管网程式系统两类，如图4-43 和图 4-44 所示。

（1）结构形式。在每户的供热管道入口设小型分、集水器，散热器之间相互并联，从分水器引出的连接散热器供水支管呈辐射状埋地敷设，至各个散热器，既可集中调节各个散热量的散热量，又可分散调节。

（2）系统特点。可分户计量、分室调节和集中调节，但户内管道数量多，阻力不容易平衡，容易产生水平失调，排气不易，造价高。

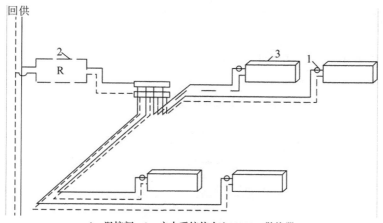

1—温控阀；2—户内系统热力入口；3—散热器

图 4-43　章鱼式（水平网程式）双管异程式系统

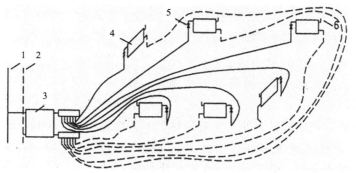

1—供水立管；2—回水立管；3—户内系统热力入口；4—散热器；5—温控阀或关断阀；6—冷风阀

图 4-44　水平双管网程式系统

## 2. 水平单管串联式系统

（1）结构形式，如图 4-45（a）所示。水平支路长度仅限于一个住户之内，热媒依次通过各组散热器，热媒温度逐渐降低；管路简单，各组散热器不具有独立调节能力，任何一组散热器出现故障，影响其他散热器；散热器组数不宜过多，否则容易产生水平失调。

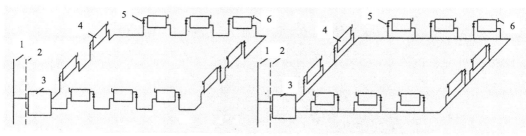

1—供水立管；2—回水立管；3—户内系统热力入口；4—散热器；5—温控阀或关断阀；6—冷风阀

（a）水平单管串联式　　　　　　（b）水平单管跨越式

图 4-45　水平并联式（双管）供暖系统

（2）系统特点。可分户计量，分户调节，但不能分室调节。

3．水平单管跨越式系统

水平单管跨越式系统，如图4-45（b）和图4-46所示。

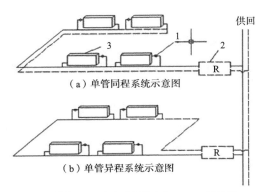

1—温控阀；2—户内系统热力入口；3—散热器

图4-46　单管跨越式系统示意图

（1）结构形式。系统的供回水水平支管均位于本层散热器下；管道可采取明装方式，亦可采取暗装方式；系统末端的散热器面积偏大，有时会造成安装困难。

（2）系统特点。可分户计量，分户及分室调节和集中调节；通过安装温控阀，实现房间温度自动调节；布置管道方便、节省管材、水力稳定性好，但排气不甚容易。

4．水平双管同程式系统

水平双管同程式系统，如图4-47（a）和图4-48（b）所示。

（1）结构形式。该系统热媒经水平管道流入各个散热器，每组散热器的进出口水温差相同；水平管道为同程式，对阻力平衡及解决水平失调有利；与户内单管跨越式系统相比，多一根水平管道，给管道布置带来困难，施工更复杂。

（2）系统特点。可分户计量，分户及分室调节和集中调节；与单管系统相比，耗费管材多；散热器散热面积少，系统设计计算更简单；与水平单管跨越式系统相比，热负荷调节能力强。

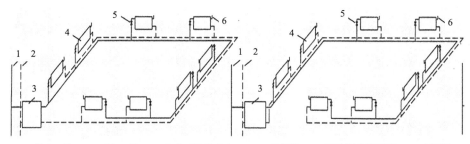

1—供水立管；2—回水立管；3—户内系统热力入口；4—散热器；5—温控阀或关断阀；6—冷风阀
　　（a）水平双管同程式　　　　　　　　（b）水平双管异程式

图4-47　水平双管同程式、异程式供暖系统

5. 水平双管异程式系统

水平双管异程式系统，如图 4-47（b）和图 4-48（a）所示。该系统特点基本同双管同程系统，但水平管道为异程式，即进出每组散热器的管道长度不相同，对阻力平衡不利，容易产生水平失调。

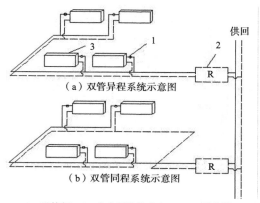

（a）双管异程系统示意图

（b）双管同程系统示意图

1—温控阀；2—户内系统热力入口；3—散热器

图 4-48　双管系统示意图

6. 上分式双管系统

上分式双管系统，如图 4-49 所示。管路明设时设在天花板下沿墙布置，暗设可设置在天花板下吊顶内。

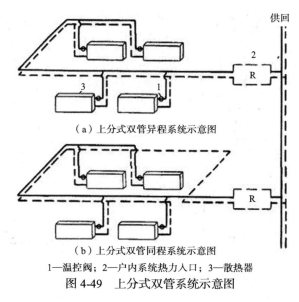

（a）上分式双管异程系统示意图

（b）上分式双管同程系统示意图

1—温控阀；2—户内系统热力入口；3—散热器

图 4-49　上分式双管系统示意图

7. 上分式单管跨越式系统

上分式单管跨越式系统，如图 4-50 所示。

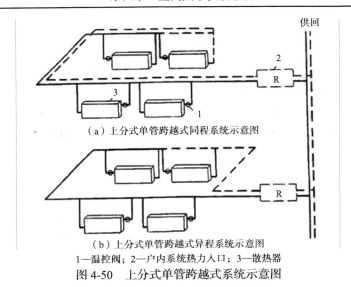

（a）上分式单管跨越式同程系统示意图

（b）上分式单管跨越式异程系统示意图

1—温控阀；2—户内系统热力入口；3—散热器

图 4-50　上分式单管跨越式系统示意图

### 三、单元立管供暖系统形式与特点

户外共用立管的形式如图 4-51 所示。设置单元立管的目的在于向户内供暖系统提供热媒，是以住宅单元的用户为服务对象，一般放置于楼梯间内单独设置的供暖管井中。

为了满足调节的需要，单元立管供暖系统应采用异程系统。

双管系统最大的问题是垂直失调问题，楼层越高重力作用的附加压力就越大，在不额外设置阻力平衡元件的情况下，应尽量减少垂直失调问题，实现较好的阻力平衡。

下供下回异程式系统，上层循环环路长、阻力大，刚好可以抵消上层较大的重力作用压力，而下层循环环路短、阻力小，下层的重力作用压力也较小。因此对于住宅分户热计量系统，在同等条件下，应首选下供下回异程式双管系统。

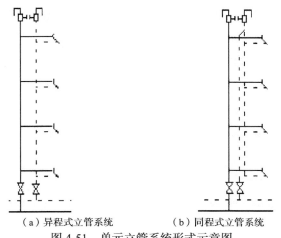

（a）异程式立管系统　　　　（b）同程式立管系统

图 4-51　单元立管系统形式示意图

## 四、水平干管供暖系统形式与特点

设置水平干管的目的是向单元立管系统提供热媒，是以民用建筑的单元立管为服务对象，一般设置于建筑的供暖地沟中或地下室的顶棚下。

如果各环路较小（服务半径小），水平干管可采用异程式，但一般多采用同程式，如图 4-52 所示。

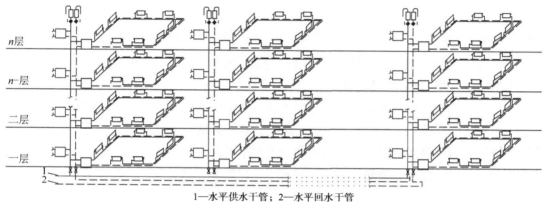

1—水平供水干管；2—水平回水干管

图 4-52　分户供暖管线系统示意图

由于水平干管在同一平面上，没有高差，无重力循环附加压头的影响，同程式水平干管可以保证到各个单元供、回水立管的管道长度相等，使阻力状况基本一致，热媒分配均衡，减少水平失调带来的不利影响。

如图 4-53 和图 4-55 所示，是上供下回垂直单管顺流式供暖系统简图，图 4-53 和图 4-54 为异程式系统，供水干管为 MA，回水干管为 BN；图 4-55 和图 4-56 同程式系统，水平供水干管为 MA，水平回水干管为 NB；MN、KL、…、AB 为立管，热媒由上至下流经各层热用户。

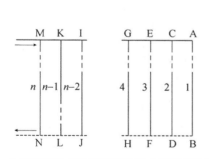

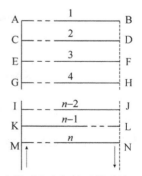

图 4-53　上供下回垂直单管顺流异程式供暖系统简图　　图 4-54　分户供暖户内与单元供暖异程式系统简图

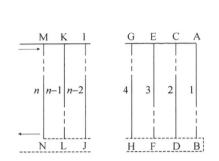
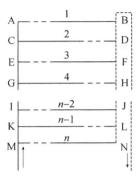

图4-55　上供下回垂直单管顺流同程式供暖系统简图　　图4-56　分户供暖户内与单元供暖同程式系统简图

对图 4-53、图 4-55 所示供暖系统逆时针旋转 90° 就成了分户供暖系统的一部分，即户内水平供暖系统与单元立管供暖系统。图 4-54 中，AB 间的热用户 1，就是图 4-53 中的立管 AB，供水立管 MA 就是以前的水平干管 MA……系统规模简化，即原有的整个建筑的上供下回单管顺流式（大供暖）系统，缩小、旋转为适合于分户供暖单个单元系统的小系统。热用户内散热器的连接形式由垂直变为水平式，水平干管变为单元立管，再用水平干管将各个经过"缩小、旋转"的小系统水平连接起来，就是分户供暖系统。

### 五、分户供暖系统的入户装置

分户供暖的入户装置据其安装位置不同可分为户内供暖系统入户装置与建筑供暖入口热力装置。

1. 户内供暖系统入户装置

分户供暖户内系统的入户装置，如图 4-57 所示。

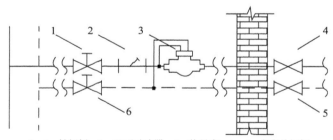

1、6—锁闭阀；2—Y 型过滤器；3—热量表；4、5—户内关闭阀
图 4-57　户内供暖系统入户装置

（1）位置。对于新建建筑户内供暖系统入户装置一般设于供暖管井内或墙上（明装或暗装），改造工程应设置于楼梯间专用供暖表箱内或墙上，同时保证具有对热表进行安装、检查、维修的空间。

（2）组成及功能。

1）锁闭阀：供回水管道均应设置锁闭阀。

2）Y 型过滤器：供水热量表前设置 Y 型过滤器，滤网规格宜为 60 目。

3）热表包括机械式、超声波式、电磁式或压差式流量计热表。机械式价格较低，但对水质的要求高；超声波式的价格较前者高，可根据工程实际情况自主选用。

4）户内关闭阀。供回水管道均应设置户内关闭阀。

2. 建筑热力入口装置

（1）组成及功能。建筑热力入口装置如图 4-58 所示。

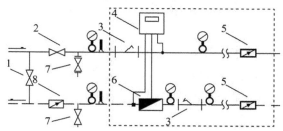

1—旁通阀；2—调节阀；3—Y 型过滤器；4—积分仪；5、8—蝶阀；6—流量计；7—泄水阀
图 4-58　建筑热力入口装置

1）旁通管。旁通阀（闸阀）1 位于入口最外侧供、回水管道间，作用是当调试与维修需关闭入口的调节阀 2 与蝶阀 8 时，维持阀门前端管段热媒的循环防冻。

2）调节阀。供水管安装手动调节阀，使流量可调，工程上常有将调节阀安在回水管道上的情况，从改变截面形状，改变流量的调节原理上二者没有本质区别，但将调节阀放置在供水上经节流作用压力降低，供暖系统工作压力降低，运行上更加安全。

3）蝶阀。回水管安装蝶阀（或可以可靠关闭的其他阀门）。阀门 8 的类型应由设计人员根据设计方案经分析后选定，它可以是截止阀，也可以是压差控制阀，还可以是定流量阀。

4）压力表、温度计。压力表、温度计的安装有利于"监视"即监控供暖系统，了解系统与相关设备的工作状态。压力表应该在供、回水管，过滤器前、后均设置。

5）Y 型过滤器。安装主要目的是为使水质得到过滤，为流量仪表 6 服务。但水质的提高不应仅仅通过简单的过滤加以解决。应根据各地的实际水质情况制定合理的水处理方案，同时管道与散热器的材质与生产工艺，施工后系统冲洗等方面都应综合考虑。

6）热量表。热量表由流量计 6、温度传感器（供回水温度测量仪表）与积算仪（积分计算仪 4）组成。对于非分户供暖计量系统，图 4-58 虚线内设备可去掉，但位置应保留，为下一步的计量做准备。

（2）热力入口装置的位置：①新建住宅建筑应设置于住宅内部，无地下室住宅宜设在供暖管道竖井下部，首层楼梯间下部设热力小室或热力箱。有地下室的住宅建筑，热力入口宜设置在地下室专用的房间。②对于既有建筑的新建与改造供暖工程，热力入口位置可参照新建住宅设置，若无位置，可设于单建筑外，但要做好防雨、防冻与防盗等保护措施。

# 第五章　室内热水供暖系统的水力计算

## 第一节　管路水力计算的基本原理

热水供暖系统进行管路水力计算的目的，是确定系统中各管段的管径（$DN$），保证系统中各管段水流量（$G$）符合设计要求，以保证流进各散热器的水流量（$G$）符合需要，进而确定出各管路系统及整个系统的阻力损失（$\Delta P$）。

### 一、基本公式

当流体沿管道流动时，由于流体分子间黏滞性及其与管壁间的摩擦，在管段上（边壁沿程不变的管段上）产生的损失能量，称为沿程损失；当流体流过管道的一些附件（如阀门、弯头、三通、散热器等）时，由于流动方向或速度的改变，产生局部旋涡和撞击，也要损失能量，称为局部损失。管段的压力损失，可用下式计算：

$$\Delta P = \Delta P_y + \Delta P_j = RL + \Delta P_j \tag{5-1}$$

式中：$\Delta P$ 为计算管段的压力损失，Pa；$\Delta P_y$ 为计算管段的沿程损失，Pa；$\Delta P_j$ 为计算管段的局部损失，Pa；$R$ 为每米管长的沿程损失，Pa/m；$L$ 为管段长度，m。

1. 沿程水头损失

（1）比摩阻的确定。每米管长的沿程损失称为比摩阻，其值可用流体力学的达西·维斯巴赫公式进行计算：

$$R = \frac{d}{\lambda} \frac{\rho v^2}{2} \tag{5-2}$$

式中：$R$ 为每米管长的沿程损失（比摩阻），Pa/m；$\lambda$ 为管段的摩擦阻力系数；$d$ 为管子内径，m；$v$ 为热媒在管道内的流速，m/s；$\rho$ 为热媒的密度，kg/m³。

（2）摩擦阻力系数 $\lambda$ 的确定。热媒在管道内流动的摩擦阻力系数 $\lambda$ 取决于管内热媒的流动状态（$Re$）和管壁的粗糙程度（$\varepsilon$），即

$$Re = \frac{vd}{\upsilon}, \quad \varepsilon = K/d \tag{5-3}$$

式中：$Re$ 为雷诺数，判断流体流动状态的准则数（当 $Re<2320$ 时，流体为层流流动，当 $Re>2320$ 时，流体为紊流流动）；$v$ 为热媒在管道内的流速，m/s；$d$ 为管子内径，m；$\upsilon$ 为热媒的运动黏滞系数，m²/s；$K$ 为管壁的当量绝对粗糙度，m；$\varepsilon$ 为管壁的相对粗糙度。

摩擦阻力系数 $\lambda$ 值是用实验方法确定的，按照流体的不同流动状态，在热水供暖系统

中推荐使用的一些摩擦阻力系数 $\lambda$ 的计算公式。

1）层流流动。当 $Re<2320$ 时，流动呈层流状态。在此区域内，摩擦阻力系数 $\lambda$ 值仅取决于雷诺数 $Re$ 值，其 $\lambda$ 值与管壁的粗糙度无关，可按下式计算：

$$\lambda=64/Re \tag{5-4}$$

2）紊流流动。当 $Re>2320$ 时，流动呈紊流状态，在整个紊流区中，还可分为三个区域：

a. 水力光滑管区。摩擦阻力系数 $\lambda$ 值，与管壁的粗糙度无关，用布拉修斯公式计算，即

$$R=\frac{0.3164}{Re^{0.25}} \tag{5-5}$$

$Re$ 在 4000 ~ 100000 范围内，布拉修斯公式能给出相当准确的数值。

b. 过渡区。流动状态从水力光滑管区过渡到粗糙区（阻力平方区）的一个区域称为过渡区。过渡区的摩擦阻力系数 $\lambda$ 值与 $Re$ 和 $\varepsilon$（管壁的相对粗糙度）有关，可用洛巴耶夫公式来计算，即

$$\lambda=\frac{1.42}{\left(\lg Re\cdot\frac{d}{K}\right)^2} \tag{5-6}$$

过渡区的范围，可用下式确定：

水力光滑管区—过渡区 $$v_1=11\frac{\upsilon}{K} \tag{5-7}$$

过渡区—阻力平方区 $$v_2=445\frac{\upsilon}{K} \tag{5-8}$$

式中：$v_1$、$Re_1$ 为流动从水力光滑管区转到过渡区的临界速度和相应雷诺数值；$v_2$、$Re_2$ 为流动从过渡区转到粗糙区的临界速度和相应的雷诺数值。

c. 粗糙管区（阻力平方区）。在此区域内，摩擦阻力系数 $\lambda$ 值仅取决于管壁相对粗糙度 $\varepsilon$。

粗糙管区的摩擦阻力系数 $\lambda$ 值，可用尼古拉兹公式计算，即

$$\lambda=\frac{1}{(1.14+2\lg\frac{d}{K})^2} \tag{5-9}$$

对于管径 $d\geqslant40mm$ 的管子，用希弗林松推荐的更为简单的计算式（5-10）也可以得出很接近的数值：

$$\lambda=0.11(\frac{K}{d})^{0.25} \tag{5-10}$$

紊流区的摩擦阻力系数 $\lambda$ 值的统一公式。下面介绍两个统一公式——柯列勃洛克公式和阿里特苏里公式：

柯列勃洛克公式： $$\frac{1}{\sqrt{\lambda}}=-2\lg\left(\frac{2.51}{Re\sqrt{\lambda}}+\frac{K/d}{3.72}\right) \tag{5-11}$$

阿里特苏里公式：

$$\lambda = 0.11\left(\frac{K}{d} + \frac{68}{Re}\right)^{0.25} \tag{5-12}$$

（3）管壁的当量绝对粗糙度 $K$ 值的确定。管壁的当量绝对粗糙度 $K$ 值与管子的使用状况（流体对管壁腐蚀程度和沉积水垢等状况）和管子的使用时间等因素有关。对于热水供暖系统，根据多年采暖系统运行实践积累的资料，目前推荐采用下面的数值：对室内热水供暖系统管路，$K=0.2$mm；对室外热水网路，$K=0.5$mm。

（4）热水供暖热媒流态的确定。根据过渡区范围的判别式和推荐使用的当量绝对粗糙度 $K$，表 5-1 列出水温为 60℃、90℃时相应 $K=0.2$mm 和 $K=0.5$mm 条件下的过渡区临界速度 $v_1$ 和 $v_2$ 值。

表 5-1　过渡区临界温度

| 流速 $v$/（m/s） | 水温 $t=60$℃ | | 水温 $t=90$℃ | |
|---|---|---|---|---|
| | $K=0.2$mm | $K=0.5$mm | $K=0.2$mm | $K=0.5$mm |
| $v_1$ | 0.026 | 0.01 | 0.018 | 0.007 |
| $v_2$ | 1.066 | 0.426 | 0.725 | 0.29 |

从表 5-1 可知，当 $K=0.2$mm 时，过渡区的临界速度为 $v_1 = 0.026$m/s，$v_2 = 1.066$m/s。在设计热水供暖系统时，管段内的流速通常都不会超过 $v_2$ 值，也不大可能低于 $v_1$ 值。因此，热水在室内热水供暖系统管路内的流动状态几乎都是处于过渡区内。

室外热水网路（$K=0.5$mm），设计都采用较高的流速（流速常大于 0.5m/s），因此，水在热水网路中的流动状态，大多处于阻力平方区内。

（5）流量、管径及比摩阻之间关系。室内热水供暖系统的水流量 $G$，通常以 kg/h 或 kg/s 表示。热媒流速与流量的关系式为

$$Q = \frac{G}{\rho} = v\varpi, \quad v = \frac{G}{\rho\varpi} = \frac{G}{3600\frac{\pi d^2}{4}\rho}$$

$$\therefore v = \frac{G}{900\pi d^2 \rho} \tag{5-13}$$

式中：$G$ 为管段的水流量，kg/h。

将式（5-13）代入 $R = \frac{\lambda}{d} \cdot \frac{\rho v^2}{2}$ 得到更方便的计算公式：

$$R = 6.25 \times 10^{-8} \frac{\lambda}{\rho} \cdot \frac{G^2}{d^5} \tag{5-14}$$

在给定某一水温和流动状态条件下，式（5-14）中 $\lambda$ 值和 $\rho$ 值是已知值，管路水力计算基本公式（5-2）可以表示为 $R = f(d, G)$ 的函数式。只要已知 $R$、$G$、$d$ 中的任意两数，就可确定第三个数值。附表 5-1 给出室内热水供暖系统的管路水力计算表。利用水力计算

表或线算图进行水力计算，可大大减轻计算工作量。

根据水力计算表查出的比摩阻 $R$ 值，再根据管段的长度 $L$，则可求出沿程损失。

2. 局部损失的计算

管段的局部损失，可按下式计算：

$$\Delta P_j = \sum \xi \frac{\rho v^2}{2} \tag{5-15}$$

式中：$\sum \xi$ 为管段中总的局部阻力系数。

水流过热水供暖系统管路附件（如三通、弯头、阀门等）的局部阻力系数 $\xi$ 值，可查附表 5-2。附表 5-3 给出了热水供暖系统局部阻力系数 $\xi = 1$ 时的局部阻力 $\Delta P$。

3. 管段压力损失计算

分别求出系统中各管段的沿程损失和局部损失后，两者之和就是该管段的总压力损失。

## 二、当量长度法

在实际工程设计中，为了简化计算，常采用所谓"当量局部阻力法"或"当量长度法"进行管路的水力计算。

1. 当量局部阻力法（动压头法）

（1）概念。当量局部阻力法是将管段的沿程损失转变为局部损失来计算。

（2）原理：

$$\Delta P_j = \xi_d \frac{\rho v^2}{2} = \frac{\lambda}{d} l \frac{\rho v^2}{2} \tag{5-16}$$

$$\xi_d = \frac{\lambda}{d} l \tag{5-17}$$

式中：$\xi_d$ 为当量局部阻力系数。

（3）水力计算基本公式。如已知管段的水流量 $G$（kg/h）时，根据流量和流速的关系式，管段的总压力损失 $P$ 可改写为

$$\Delta P = Rl + \Delta P_j = \left(\frac{\lambda}{d} l + \sum \xi\right) \frac{\rho v^2}{2} = \frac{1}{900^2 \pi^2 d^4 \cdot 2\rho} \left(\frac{\lambda}{d} l + \sum \xi\right) G^2$$

$$= A(\xi_d + \sum \xi) G^2 = A\xi_{zh} G^2 \tag{5-18}$$

式中：$\xi_{zh}$ 为管段的折算局部阻力系数；其他符号同前所示。

$$A = \frac{1}{900^2 \pi^2 d^4 \cdot 2\rho} \tag{5-19}$$

当水温已知，水的密度 $\rho$ 是一个定值，不同管径 $d$ 对应的 $A$ 值也是一个定值。附表 5-4 列出了各种不同管径的 $A$ 值和 $\lambda/d$。附表 5-5 给出按式（5-17）编制的水力计算表。

管段的总压力损失 $P$ 还可改写为

$$\Delta P = A\xi_{zh} G^2 = sG^2 \tag{5-20}$$

式中：$s$ 为管段的阻力特性数（简称阻力数），Pa/（kg/h）$^2$，它的数值表示当管段通过 1kg/h

水流量时的压力损失值。

2. 当量长度法

（1）概念。当量长度法是将管段的局部损失折合为管段的沿程损失来计算。

（2）原理。如某一计算管段的总局部阻力系数为$\sum\xi$，设它的压力损失相当于流经 $L$ 管段长度的沿程损失，则

$$\sum\xi\frac{\rho v^2}{2} = Rl_d = \frac{\lambda}{d}l_d\frac{\rho v^2}{2} \tag{5-21}$$

$$l_d = \sum\xi\frac{d}{\lambda} \tag{5-22}$$

式中：$l_d$ 为管段中局部阻力的当量长度，m。

（3）水力计算基本公式。当量长度法水力计算基本公式可表示为

$$\Delta P = Rl + \Delta P_j = R(l + l_d)Rl_{zh} \tag{5-23}$$

式中：$l_{zh}$ 为管段的折算长度，m。

当量长度法一般多用在室外热力网路的水力计算上。

### 三、室内热水供暖系统水力计算中应注意的几点

1. 供暖系统的环路与环路的压头损失

（1）串联管路，如图 5-1 所示。

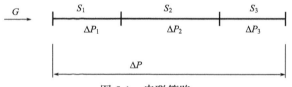

图 5-1　串联管路

一个供暖系统，是由许多管段组成的，管段与管段之间首尾相连，称为串联管路，串联管段组成供暖系统的环路。某一环路的总阻力即总压力损失 $P$ 为各管段阻力之和，即

$$P = \sum_{i=1}^{n}(RL + P_j) \tag{5-24}$$

（2）并联环路，如图 5-2 所示。

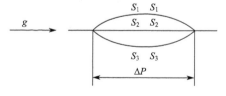

图 5-2　并联环路

凡是与某管段两端连接的管路，称为并联环路，其流量等于各支路流量之和。

$$G = \sum_{i=1}^{n} G_i \qquad (5\text{-}25)$$

作用在并联环路两端的压力差，即是作用在各并联管路的压力，也称为并联环路的资用压力，是相等（并联环路节点压力平衡）的，即

$$R_1 L_1 + Z_1 = R_2 L_2 + Z_2 = \cdots = R_n L_n + Z_n \qquad (5\text{-}26)$$

2. 热水供暖系统的循环作用压力

（1）机械循环热水供暖系统循环动力主要由水泵的扬程提供。热水垂直双管供暖系统和垂直分层布置的水平单管串联供暖系统，应对热水在散热器和管道中冷却而产生自然作用压力的影响采取相应的技术措施。

（2）自然循环热水供暖系统循环动力由供回水密度差提供。

（3）系统作用压力应消耗在克服系统管路阻力并留有一定的储备压力。室内供暖系统总压力应符合下列原则：①不大于室外热力网给定的资用压力降；②满足室内供暖系统水力平衡的要求；③供暖系统总压力损失的附加值宜取 10%。

3. 并联环路的压力损失不平衡率控制

（1）不平衡率控制范围。从压力损失计算公式 $\Delta P = A \xi_{zh} G^2$ 可知，当流量 $G$ 与管段的压力损失 $\Delta P$ 一定时，只有选择适宜的管径（控制沿程阻力）与系统形式（控制局部阻力）才能既符合基尔霍夫定律（流体的连续性定律，在三通、四通等处，热媒的流入与流出量代数和为零，没有热媒产生和消失），又能使实际流量满足设计流量。

在计算并联环路之间的阻力时，要尽量调整各个环路的管径，使并联环路之间阻力等于并联环路两点间的压力差。

（2）压降偏差与室内温度偏差的关系，如图 5-3 所示。

图 5-3　压降偏差与室内温度偏差的关系图

从图 5-3 可以看出，由于各并联环路之间的压降差别，带来的流量重新分配，造成运行温度与室内设计温度的偏差。

4. 热水供暖系统水力计算应从最不利环路开始

（1）最不利环路的确定。热水供暖系统的最不利环路是指比摩阻最小的环路，一般为离入口最远立管环路。

（2）最不利环路比摩阻的计算与取值。最不利循环环路每米管长的沿程阻力可由下式计算：

$$R_{p,j} = \frac{\alpha \Delta P}{\sum l} \qquad (5\text{-}27)$$

式中：$\Delta P$ 为最不利循环环路循环压力，Pa；$\sum l$ 为最不利循环环路的总长度，m；$\alpha$ 为沿

程压力损失约占总压力损失的估计百分数，见附表 5-6。

机械循环热水供暖系统选择适当的比摩阻 $R_{pj}$ 值是一个技术经济问题，全面考虑 $R_{pj}$ 值的选取具有一定的经济意义和技术意义，为了各循环环路易于平衡，对传统的供暖方式，机械循环最不利环路的比摩阻 $R_{pj}$，一般取 60 ~ 120Pa/m。对分户供暖方式，$R_{pj}$ 主要从水力工况平衡的角度考虑。

5. 并联环路流速限制

GB 50736—2012 规定：室内热水供暖系统管道的流速应根据系统的水力平衡要求和防噪声要求等因素确定，最大流速不宜超过表 5-2 的限值。

表 5-2　室内热水供暖系统管道的最大流速

| 管径 $DN$/mm | 15 | 20 | 25 | 32 | 40 | ≥50 |
|---|---|---|---|---|---|---|
| 有特殊要求安静的场所/（m/s） | 0.5 | 0.65 | 0.8 | 1.0 | 1.0 | 1.0 |
| 一般场所/（m/s） | 0.8 | 1.0 | 12 | 1.4 | 1.8 | 2.0 |

6. 管径的规定

供暖系统供水、供汽干管的末端，回水干管的始端的管径不应该小于 $DN20$。

## 四、室内热水供暖系统管路水力计算的数学模型

基尔霍夫第一定律（电流定律）与第二定律（电压定律）是电学中的两个基本定律，同样适用于供暖系统的水力计算。在进行供暖系统的水力计算时应遵循。

1. 基尔霍夫流量定律

基尔霍夫流量定律即流体连续性规律，对于供暖系统，流入节点与流出节点流量的代数和为零。若将流入节点的流量定义为负，流出节点的流量为正，对于图 5-4 节点 1 可表示为

$$G_1+G_2-G = 0 \tag{5-28}$$

式中：$G$ 为流入节点 1 的流量，kg/h；$G_1$ 为流入节点 1、立管 1~6 的流量，kg/h；$G_2$ 为流入节点 1、立管 2~5 的流量，kg/h。

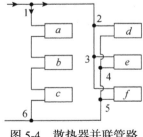

图 5-4　散热器并联管路

基尔霍夫流量定律实际上是流体的连续性规律，即在三通、四通等处，热媒的流入与

流出量的代数和为零，没有热媒的产生与消失。

2. 基尔霍夫压降定律

对于供暖系统中的任意一个回路，各管段的压降代数和为零。在回路中，与回路流量同方向为正，反方向为负。实际是并联环路压力损失相等规律。即凡是有共同分流点与汇流点的压降相等。

如图 5-4 所示两并联立管管路图，立管 1~6 为三组散热器串联，立管 2~5 为三组散热器并联。节点 1、2、3 为分流点，4、5、6 为汇流点。忽略管道压降，将散热器等效为"电阻"，等效电路图为图 5-5，环路中 1-a-b-c-6、1-2-d-4-5-6、1-2-3-e-4-5-6 与 1-2-3-f-5-6 为并联环路；2-d-4-5、2-3-e-5 与 2-3-f-5 亦为并联环路。系统在实际运行时，构成并联环路的各支路的压降相等。

并联环路压降$\Delta P_{1\text{-}a\text{-}b\text{-}c\text{-}6} = \Delta P_{1\text{-}2\text{-}d\text{-}4\text{-}5\text{-}6} = \Delta P_{1\text{-}2\text{-}3\text{-}f\text{-}5\text{-}6} = \cdots = \Delta P_{1\text{-}6} = P_1 - P_6$；同理，环路压降 $\Delta P_{2\text{-}d\text{-}4\text{-}5} = \Delta P_{2\text{-}3\text{-}e\text{-}5} = \Delta P_{2\text{-}3\text{-}f\text{-}5}$。将立管 1~6 串联的三个串联的三个阻力数 $S_a$、$S_b$、$S_c$ 等效为 $S_1$，立管 2~5 并联的三个阻力数 $S_d$、$S_e$、$S_f$ 等效为 $S_2$，如图 5-6 所示。则基尔霍夫压降定律可表示为

$$\Delta P_{1\text{-}2\text{-}5\text{-}6} = \Delta P_{1\text{-}6} = 0$$

$$S_2 \cdot G_2^2 - S_1 \cdot G_1^2 = 0 \tag{5-29}$$

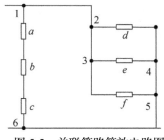

图 5-5　并联管路等效电路图

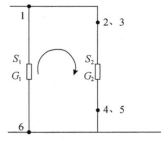

图 5-6　并联管路等效电路图

3. 数学模型的建立

根据式（5-22）与式（5-23）建立联立方程：

$$\begin{cases} G_1 + G_2 - G = 0 & \text{(5-30a)} \\ S_2 \cdot G_2^2 - S_1 \cdot G_1^2 = 0 & \text{(5-30b)} \end{cases}$$

对于某一供暖管路 $S_1$ 与 $S_2$ 为已知，并根据 $S_1$ 与 $S_2$ 的并联关系，并联总的阻力数为：

$$\frac{1}{\sqrt{S}} = \frac{1}{\sqrt{S_1}} + \frac{1}{\sqrt{S_2}} \tag{5-31}$$

并联的压降与立管 1~6 的压降相等：

$$S_2 \cdot G_2^2 = S_1 \cdot G_1^2 \tag{5-32}$$

则将式（5-25）带入式（5-26）消去 $S$，可将 $G$ 表示为 $G = f(S_1, S_2, G_1)$ 带入式（5-30a），独立的变量有两个，分别为 $G_1$ 与 $G_2$，独立的方程也有两个，方程有唯一解。

### 五、室内热水供暖系统水力计算的主要任务和内容

（一）主要任务

室内热水供暖系统水力计算的主要任务确定各管段计算流量、管径、压降；平衡并联环路压力损失；选择水泵和电动机的型号。有以下三种情况：

（1）已知系统各管段的流量（$G$）和系统的循环作用压力（$\Delta P$），确定管段的管径（$DN$）。这种情况的水力计算最常见，一般用于已知各管段的流量和选定的比摩阻值或流速值计算环路的压力损失。

（2）已知系统各管段的流量（$G$）和各管段的管径（$DN$），确定系统所必需的循环作用压力（$\Delta P$）。这种情况的水力计算，常用于校核计算，检查循环水泵扬程是否满足要求。

（3）已知系统各管段的管径（$DN$）和该管段的允许压降（$\Delta P$），确定通过该管段的水流量（$G$）。这种情况的水力计算，就是对已有的热水供暖系统，在管段作用压头已知时，校核各管段通过的水流量及不等温降法。

（二）主要内容

1. 水力计算第一种情况

（1）确定管段计算流量。

例 5-1　图 5-7 为某热水供暖系统中的一根立管系统的局部，已知立管的供水温度为 95℃，回水温度为 70℃，试求通过立管及支管的水流量。

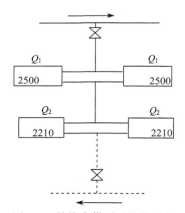

图 5-7　某热水供暖系统的局部

**解：**立管的热负荷为

$$Q = 2Q_1 + 2Q_2 = (2500 + 2210) \times 2 = 9420\text{(W)}$$

$$G = 0.86 \frac{Q}{t_g - t_h} = 0.86 \times \frac{9420}{95 - 70} = 324.04\text{(kg/h)}$$

则支管的水流量为

$$G_1 = G_2 = 324.04/2 = 162.02(\text{kg/h})$$

（2）管径选择。管径确定的方法有等温降法（阻力平衡法）和不等温降法（流量分配法）两种。

1）等温降法（阻力平衡法）。在低温热水对流供暖系统中（不考虑水在管路中流动时的散热），每个循环环路的供水温度都是系统的供水温度，回水温度都是系统的回水温度，通过每个循环环路的温降均相等，以此算出各计算管段的流量，按管段的流量选择管径，计算出各循环环路的阻力，并使之平衡的方法称为等温降法。

例 5-2 试根据前述例 5-1 的计算结果和推荐的平均参考比摩阻，选择立管与支管的管径。

解：①立管：$G = 324.04$ kg/h 和 $R_{pj} = 60 \sim 120$ Pa/m，查水力计算表得：$DN = 20$mm，实际比摩阻 $R = 60$ Pa/m，实际流速 $v = 0.25$m/s。

②支管：$G = 162.02$ kg/h 和 $R_{pj} = 60 \sim 120$ Pa/m，查水力计算表得：$DN = 15$mm，实际比摩阻 $R = 80$ Pa/m，实际流速 $v = 0.24$m/s。

2）不等温降法（流量分配法）在本章第四节介绍。

2. 水力计算的第二种情况

进行系统校核计算，根据各管段流量（$G$）及管径（$DN$），确定该循环环路所必须的循环作用压力（$\Delta P$）。

例 5-3 已知图 5-8 中二柱散热器热负荷为 2326W，连接散热器的立支管 $DN$ 均为 15mm，由 $A$ 点到 $B$ 点的管路长度为 3.7m，立管的供水温度 $t_g = 95℃$，回水温度 $t_n = 70℃$，试计算立管和支管的总压力损失。

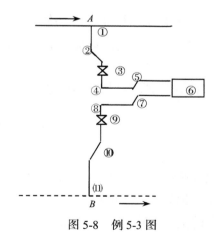

图 5-8 例 5-3 图

解：$Q = 2326$W，计算通过立、支管的流量

$$G = 0.86 \frac{2326}{95 - 70} = 80.01(\text{kg/h})$$

由 $DN$、$G$ 查附表 5-1，得： $R = 21.68$Pa/m，$v = 0.12$ m/s

立管和支管的沿程压力损失为：　　$\Delta P_y = RL = 21.68 \times 3.7 = 80.22 (Pa)$

查附表 5-2：确定立、支管中各个管件、阀门和散热器的局部阻力系数。

旁流三通（①⑪）2 个：$\xi = 1.5 \times 2 = 3.0$；乙字管 $DN15$（②⑤⑦⑩）4 个：$\xi = 1.5 \times 4 = 6.0$；闸阀 DN15（③⑨）2 个：$\xi = 1.5 \times 2 = 3.0$；弯头 $DN15$（④⑧）2 个：$\xi = 2.0 \times 2 = 4.0$；散热器（⑥）1 个：$\xi = 2.0 \times 1 = 2.0$；$\sum \xi = 18$。

据 $v = 0.12 \text{m/s}$，查附表 5-3，$\dfrac{\rho v^2}{2} = 7.08 \ (Pa)$

立、支管局部压力损失为：　　$z = \sum \xi \cdot \dfrac{\rho v^2}{2} = 18 \times 7.08 = 127.44 \ (Pa)$

总压力损失为：　　$RL + Z = 80.22 + 127.44 = 207.66 (Pa)$

3. 水力计算的第三种情况

已知各管段的管径和该管段的允许压降，确定通过该管段的水流量。这种情况的水力计算，就是校核各管段通过的水流量以及按不等温降水力计算方法计算。

# 第二节　重力循环双管系统管路的水力计算

## 一、重力循环双管系统循环作用压力

如前所述，重力循环双管系统通过散热器环路的循环作用压力的计算公式为

$$\Delta P_{zh} = \Delta P + \Delta P_f = gh(\rho_h - \rho_g) + \Delta P_f \qquad （5-33）$$

注意：

（1）双管系统通过不同立管和楼层的循环环路的附加作用压力值 $\Delta P_f$ 是不同的（与所计算散热器与锅炉之间水平距离、楼层高度及系统供水管路布置状况有关），应该按附表 5-2 选定。

（2）重力循环异程式双管系统的最不利循环环路是通过最远立管底层散热器的循环环路，计算应由此开始。

## 二、例题

例 5-4　确定重力循环双管热水供暖系统管路的管径（见图 5-9）。热媒参数：供水温度为 95℃，回水温度为 70℃。锅炉中心距供暖系统管路的底层散热器中心的垂直距离为 3m，层高为 3m，每组散热器的供水支管上有一截止阀。

解：图 5-9 为该系统两个支路中的一个支路，图上小圆圈内的数字表示管段号。圆圈旁的数字，上行表示管段热负荷（W）、下行表示管段的长度（m）。散热器内的数字表示其热负荷（W）。罗马数字表示立管编号。

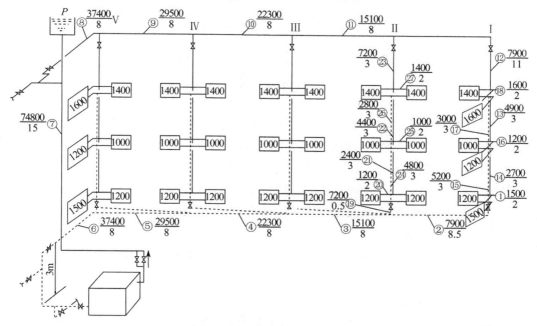

图 5-9　例 5-4 的管路计算图

计算步骤：

1．选择最不利环路

由图 5-9 可知，最不利环路是通过立管 I 的最底层散热器 $I_1$（1500W）的环路。该环路从散热器 $I_1$ 经过管段①、②、③、④、⑤、⑥，进入锅炉，再经过管段⑦、⑧、⑨、⑩、⑪、⑫、⑬、⑭进入散热器 $I_1$。

2．计算最不利环路

（1）计算通过最不利环路散热器 $I_1$ 的作用压力 $\Delta P'_{II}$ 的作用压力。根据式（5-33）

$$\Delta P'_{II} = gH(\rho_h - \rho_g) + \Delta P_f$$

根据图 5-9 中已知条件：立管 I 距锅炉的水平距离在 30 ~ 50 m 范围内，下层散热器中心距锅炉中心的垂直距离小于 15 m。因此，查附表 5-2，得 $\Delta P_f = 350$ Pa。根据供、回水温度，查附表 5-1，得 $\rho_h = 977.81$kg/ m$^3$，$\rho_h = 961.92$kg/ m$^3$。将已知数据带入上式，得

$$\Delta P'_{I1} = 9.81 \times 3(977.81 - 961.92) + 350 = 818(Pa)$$

（2）求单位长度平均比摩阻

根据公式（5-27）$R_{p \cdot j} = \dfrac{\alpha \Delta P_{I1}}{\Sigma l_{I1}}$

式中：$\Sigma l_{I1}$ 为最不利环路的长度,m；$\Sigma l_{I1}$ =2+8.5+8+8+8+8+15+8+8+8+8+11+3+3=106.5m；$\alpha$ 为沿程损失占总水头损失的估计百分数；查附表 5-6，得 $\alpha$=50%。

将各数字代入上式，得

$$R_{p \cdot j} = \frac{0.5 \times 818}{106.5} = 3.84 \, (\text{Pa/m})$$

（3）根据各管段的热负荷，求出各管段的流量，计算公式如下：

$$G = 0.86 \frac{Q}{t_g - t_h}$$

式中：$Q$ 为管段热负荷，W；$t_g$ 为系统的设计供水温度，℃；$t_h$ 为系统的设计回水温度，℃。

（4）确定最不利环路各管段的管径。根据 $G$、$R_{pj}$，查附表 5-1，选择最接近 $R_{pj}$ 的管径。将查出的 $d$、$R$、$v$ 和 $G$ 值列入表 5-3 的第 5～第 7 栏和第 3 栏中。

例如，对管段②，$Q$=7900W，当 $\Delta t$=25℃时，$G$=0.86×7900/(95-70)=272 kg/h。查附表表 5-1，选择接近 $R_{pj}$ 的管径。如取 DN32，用补插法计算，可求出 $v = 0.08\text{m/s}$，$R = 3.39\text{Pa/m}$。将这些数值分别列入表 5-3 中。

（5）确定各管段的沿程损失。$\Delta P_y = RL$，将每一管段 $R$ 与 $L$ 相乘，列入水力计算表 5-3 的第 8 栏中。

（6）确定局部阻力损失 $Z$。

1）确定局部阻力系数 $\xi$。根据图 5-9 中管路的实际情况，列出各管段局部阻力管件名称(表 5-4)。利用附表 5-2，将其阻力系数 $\xi$ 值记于表 5-4 中，最后将各管段总阻力系数 $\Sigma \xi$ 列入表 5-3 的第 9 栏。

应注意：对于直流三通和四通管件的局部阻力系数，应列在流量较小的管段上。

2）利用附表 5-3，根据管段流速 $v$，可查出动压头 $\Delta P_d$ 值，列入表 5-3 的第 10 栏中。根据 $\Delta P_j = \Sigma \xi \dfrac{\rho v^2}{2}$，将求出的局部损失 $\Delta P_j$ 列入表 5-3 的第 11 栏中。

（7）求各管段的压力损失 $\Delta P = \Delta P_y + \Delta P_j$。将表 5-2 中第 8 栏与第 11 栏相加，列入表 5-3 第 12 栏中。

（8）求环路总压力损失，即 $\Sigma \Delta P = \Sigma (\Delta P_y + \Delta P_j)_{1\sim14}$=712 Pa。

（9）计算富裕压力值。考虑由于施工的具体情况，可能增加一些在设计计算中未计入的压力损失。因此，要求系统应有 10% 以上的富裕度。

$$\Delta\% = \frac{\Delta P'_{I1} - \Sigma (\Delta P_y - \Delta P_j)_{1\sim14}}{\Delta P'_{I1}} \times 100\%$$

式中：$\Delta\%$ 为系统作用压力的富裕率；$\Delta P'_{I1}$ 为通过最不利环路的作用压力，Pa；$\Sigma (\Delta P_y + \Delta P_j)_{1\sim14}$ 为通过最不利环路的压力损失，Pa。

$$\Delta\% = \frac{818 - 712}{818} \times 100\% = 13\% > 10\%，满足要求。$$

3. 计算次不利环路

通过立管 I 第二层散热器环路。确定通过立管 I 第二层散热器环路中各管段的管径。

（1）计算通过立管 I 第二层散热器环路作用压力 $\Delta P'_{I2}$：

$$\Delta P'_{I2} = gH_2(\rho_h - \rho_g) + \Delta P_f = 9.81 \times 6 \times (977.81 - 961.92) + 350 = 1285(\text{Pa})$$

（2）确定通过立管Ⅰ第二层散热器环路中各管段的管径。

1）求平均比摩阻 $R_{pj}$，根据并联环路节点平衡原理，求出第二层管段⑮、⑯的资用压力，如图 5-10 所示。

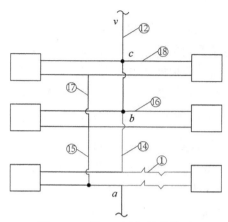

图 5-10　例 5-4 局部并联管路

$$\Delta P'_{15\backslash16} = \Delta P'_{I2} - \Delta P'_{I2} + \Sigma(\Delta P_y + \Delta P_j)_{1\backslash14} = 1285 - 818 + 32 = 499(\text{Pa})$$

管段⑮、⑯的总长度为 5 m，平均比摩阻为：

$$R_{pj} = \frac{0.5\Delta P'_{15\backslash16}}{\Sigma l} = 0.5 \times \frac{499}{5} = 49.9(\text{Pa/m})$$

2）根据同样方法，按⑮和⑯管段的流量 $G$ 及 $R_{pj}$，确定管段的 $d$，将相应的 $R$、$v$ 值列入表 5-3 中。

（3）求通过底层与第二层并联环路的压降不平衡率：2

$$\Delta_2\% = \frac{\Delta P'_{15\backslash16} - \Sigma(\Delta P_y + \Delta P_j)_{15\backslash16}}{\Delta P'_{15\backslash16}} \times 100\% = \frac{499 - 524}{499} \times 100\% = -5\%$$

满足不平衡率在±15%范围内的要求。

4. 确定通过立管Ⅰ第三层散热器环路上各管段的管径，计算方法与前相同。计算结果如下：

（1）计算通过立管Ⅰ第三层散热器环路作用压力 $\Delta P'_{I3}$：

$$\Delta P'_{I3} = gH_3(\rho_y + \rho_j) + \Delta P_f = 9.81 \times 9 \times (977.81 - 961.92) + 350 = 1753(\text{Pa})$$

（2）确定通过立管Ⅰ第三层散热器环路中各管段的管径。

1）管段⑮、⑰、⑱与管段⑬、⑭、①为并联管路，根据并联环路节点平衡原理，求出第三层管段⑮、⑰、⑱的资用压力，如图 5-10 所示。

$$\Delta P'_{15\backslash17\backslash18} = \Delta P'_{I3} + \Sigma(\Delta P_y + \Delta P_j)_{1\backslash13\backslash14} = 1753 - 818 + 41 = 976(\text{Pa})$$

2）管段⑮、⑰、⑱的实际作用压力损失为

$$459+159.1+119.7=738(Pa)$$

3）不平衡率$\Delta_3\%=（976-738）/976=24.4\%>15\%$

因为⑰、⑱管段已经选用了最小管径，剩余压力只能用第三层散热器支管上的阀门消除。

5．确定通过立管Ⅱ各层环路各管段的管径。

作为异程式双管系统的最不利循环环路是通过最远立管Ⅰ底层散热器的环路。对与它并联的其他立管的管径计算，同样应根据节点压力平衡原理与该环路进行压力平衡计算确定。

（1）确定通过立管Ⅱ底层散热器环路的作用压力$\Delta P'_{II1}$。

$$\Delta P'_{II1}=gH_1(\rho_h-\rho_g)+\Delta P_f=9.81\times3(977.81-961.22)+350=818(Pa)$$

（2）确定通过立管Ⅱ底层散热器环路各管段管径。

管段⑲～㉓与管段①、②、⑫、⑬、⑭为并联环路，对立管Ⅱ与立管Ⅰ可列出下式，从而求出管段⑲～㉓的资用压力。

$$\Delta P'_{19\sim23}=\Sigma(\Delta P_y-\Delta P_j)_{1\backslash2\backslash12\backslash13\backslash14}-(\Delta P'_{I1}-\Delta P'_{II2})=132-(818-818)=132(Pa)$$

（3）管段⑲～㉓的水力计算同前，结果列入表4-3中，求出总阻力损失为

$$\Sigma(\Delta P_y+\Delta P_j)_{19-23}=132(Pa)$$

（4）与立管Ⅰ并联环路相比的不平衡率刚好为零。

通过立管Ⅱ的第二层、第三层各环路的水力计算方法和步骤与立管Ⅰ中第二层、第三层环路各管段的管径完全相同，不再赘述。其计算结果列入表5-3中。其它立管的水力计算方法和步骤完全相同。

结论：通过以上水力计算结果，可以看出：第三层的管段虽然取用了最小管径，但它的不平衡率>15%。这说明对于高于三层以上的建筑物，如采用上供下回式的双管系统，若无良好的调节装置（如安装散热器温控阀等），竖向失调状况难以避免。

表5-3　重力循环双管热水供暖系统管路水力计算表（例5-4）

| 管段号 | $Q$ | $G$ | $L$ | $d$ | $v$ | $R$ | $\Delta P_y=RL$ | $\Sigma\xi$ | $\Delta P_d$ | $\Delta P_j=\Delta P_d\cdot\Sigma\xi$ | $\Delta P=\Delta P_y+\Delta P_j$ | 备注 |
|---|---|---|---|---|---|---|---|---|---|---|---|---|
| | W | kg/h | m | mm | m/s | Pa/m | Pa | | Pa | Pa | Pa | |
| 1 | 2 | 3 | 4 | 5 | 6 | 7 | 8 | 9 | 10 | 11 | 12 | 13 |
| 立管Ⅰ　第一层散热器Ⅱ环路 | | | | | | | 作用压力$\Delta P'_{I1}$=818Pa | | | | | |
| 1 | 1500 | 52 | 2 | 20 | 0.04 | 1.38 | 2.8 | 25 | 0.79 | 19.8 | 22.6 | |
| 2 | 7900 | 272 | 8.5 | 32 | 0.08 | 3.39 | 28.8 | 4 | 3.15 | 12.6 | 41.4 | |
| 3 | 15100 | 519 | 8 | 40 | 0.11 | 5.58 | 44.6 | 1 | 5.95 | 5.95 | 50.6 | |
| 4 | 22300 | 767 | 8 | 50 | 0.1 | 3.18 | 25.4 | 1 | 4.92 | 4.92 | 30.3 | |
| 5 | 29500 | 1015 | 3 | 50 | 0.13 | 5.34 | 42.7 | 1 | 8.31 | 8.31 | 51.0 | |
| 6 | 37400 | 1287 | 8 | 70 | 0.1 | 2.39 | 19.1 | 2.5 | 4.92 | 12.3 | 31.4 | |
| 7 | 74800 | 2573 | 15 | 70 | 0.2 | 8.69 | 130.4 | 6 | 19.66 | 118.0 | 248.4 | |

| | | | | | | | | | | | |
|---|---|---|---|---|---|---|---|---|---|---|---|
| 立管 I 　第一层散热器 I1 环路 | | | | | | | 作用压力 $\Delta P'_{I1}$=818Pa | | | | |
| 8 | 37400 | 1287 | 8 | 70 | 0.1 | 2.39 | 19.1 | 3.5 | 4.92 | 17.2 | 36.3 |
| 9 | 29500 | 1015 | 8 | 50 | 0.13 | 5.34 | 42.7 | 1 | 8.31 | 8.31 | 51.0 |
| 10 | 22300 | 767 | 8 | 50 | 0.1 | 3.18 | 25.4 | 1 | 4.92 | 4.92 | 30.3 |
| 11 | 15100 | 519 | 8 | 40 | 0.11 | 5.58 | 44.6 | 1 | 5.95 | 5.95 | 50.6 |
| 12 | 7900 | 272 | 11 | 32 | 0.08 | 3.39 | 37.3 | 4 | 3.15 | 12.6 | 49.9 |
| 13 | 4900 | 169 | 3 | 32 | 0.05 | 1.45 | 4.4 | 4 | 1.23 | 4.9 | 9.3 |
| 14 | 2700 | 93 | 3 | 25 | 0.04 | 1.95 | 5.85 | 4 | 0.79 | 3.2 | 9.1 |

$\sum l_{I1}$=106.5m　　　　　　　$\sum(\Delta P_y+\Delta P_j)_{1\sim14}$=712 Pa

系统作用压力富裕率 $\Delta\%=\dfrac{\Delta P'_{I1}-\Sigma(\Delta P_y-\Delta P_j)_{1\sim14}}{\Delta P'_{I1}}\times100\%=\dfrac{818-712}{818}\times100\%=13\%>10\%$

| | | | | | | | | | | | |
|---|---|---|---|---|---|---|---|---|---|---|---|
| 立管 I 　第二层散热器 I2 环路 | | | | | | | 作用压力 $\Delta P'_{I2}$=1285Pa | | | | |
| 15 | 5200 | 179 | 3 | 15 | 0.26 | 97.6 | 292.8 | 5.0 | 33.23 | 166.2 | 459 |
| 16 | 1200 | 41 | 2 | 15 | 0.06 | 5.15 | 10.3 | 31 | 1.77 | 54.9 | 65 |

$\sum(\Delta P_y+\Delta P_j)_{15\backslash16}$=524 Pa

不平衡百分率 $\Delta_{I2}\%=\dfrac{\Delta P'_{15\backslash16}-\Sigma(\Delta P_y+\Delta P_j)_{15\backslash16}}{\Delta P'_{15\backslash16}}\times100\%=\dfrac{499-524}{499}\times100\%=-5\%$

| | | | | | | | | | | | |
|---|---|---|---|---|---|---|---|---|---|---|---|
| 立管 I 　第三层散热器环路 | | | | | | | 作用压力 $\Delta P'_{I3}$=1753Pa | | | | |
| 17 | 3000 | 103 | 3 | 15 | 0.15 | 34.6 | 103.8 | 5 | 11.06 | 55.3 | 159.1 |
| 18 | 1600 | 55 | 2 | 15 | 0.08 | 10.98 | 22.0 | 31 | 3.15 | 97.7 | 119.7 |

$\sum(\Delta P_y+\Delta P_j)_{17\backslash18}$=279 Pa

不平衡百分率 $\Delta_{I3}\%=\dfrac{\Delta P'_{15\backslash17\backslash18}-\Sigma(\Delta P_y+\Delta P_j)_{15\backslash17\backslash18}}{\Delta P'_{15\backslash17\backslash18}}\times100\%=\dfrac{976-738}{976}\times100\%=24.4\%>15\%$

| | | | | | | | | | | | |
|---|---|---|---|---|---|---|---|---|---|---|---|
| 立管 II 　通过第一层散热器环路 | | | | | | | 作用压力 $\Delta P'_{19\sim23}$=132Pa | | | | |
| 19 | 7200 | 248 | 0.5 | 32 | 0.07 | 2.87 | 1.4 | 3 | 2.41 | 7.2 | 8.6 |
| 20 | 1200 | 41 | 2 | 15 | 0.06 | 5.15 | 10.3 | 27 | 1.77 | 47.8 | 58.1 |
| 21 | 2400 | 83 | 3 | 20 | 0.07 | 5.22 | 15.7 | 4 | 2.41 | 9.6 | 25.3 |
| 22 | 4400 | 152 | 3 | 25 | 0.07 | 4.76 | 14.3 | 4 | 2.41 | 9.6 | 23.9 |
| 23 | 7200 | 248 | 3 | 32 | 0.07 | 2.87 | 8.6 | 3 | 2.41 | 7.2 | 15.8 |

$\sum(\Delta P_y+\Delta P_j)_{19\sim23}$=132 Pa

不平衡百分率 $\Delta_{II1}\%=\dfrac{\Delta P'_{19\sim23}-\Sigma(\Delta P_y+\Delta P_j)_{19\sim23}}{\Delta P'_{19\sim23}}\times100\%=\dfrac{132-132}{132}\times100\%=0$

| | | | | | | | | | | | |
|---|---|---|---|---|---|---|---|---|---|---|---|
| 立管 II 　通过第二层散热器环路 | | | | | | | 作用压力 $\Delta P'_{II2}$=1285Pa | | | | |
| 24 | 4800 | 165 | 3 | 15 | 0.24 | 83.8 | 251.4 | 5 | 28.32 | 141.6 | 393 |
| 25 | 1000 | 34 | 2 | 15 | 0.05 | 2.99 | 6.0 | 27 | 1.23 | 33.2 | 39.2 |

$\sum(\Delta P_y+\Delta P_j)_{24\sim25}$=432 Pa

不平衡百分率

$\Delta_{II2}\%=\dfrac{[\Delta P'_{I2}-\Delta P'_{I1}+\Sigma(\Delta P_y+\Delta P_j)_{20\backslash21}]-\Sigma(\Delta P_y+\Delta P_j)_{24\backslash25}}{\Delta P'_{I2}-\Delta P'_{I1}+\Sigma(\Delta P_y+\Delta P_j)_{20\backslash21}}\times100\%=\dfrac{(1285-818+83)-432}{550}\times100\%=21.5\%>15\%$

| | | | | | | | | | | | |
|---|---|---|---|---|---|---|---|---|---|---|---|
| 立管 II 　通过第三层散热器环路 | | | | | | | 作用压力 $\Delta P'_{II3}$=1753Pa | | | | |
| 26 | 2800 | 96 | 3 | 15 | 0.14 | 30.4 | 91.2 | 5 | 9.64 | 48.2 | 139.4 |
| 27 | 1400 | 48 | 2 | 15 | 0.07 | 8.6 | 17.2 | 27 | 2.41 | 65.1 | 82.3 |

$\sum(\Delta P_y+\Delta P_j)_{26\backslash27}$=222 Pa

不平衡百分率

$\Delta_{I3}\%=\dfrac{[\Delta P'_{I3}-\Delta P'_{I1}+\Sigma(\Delta P_y+\Delta P_j)_{20\sim22}]-\Sigma(\Delta P_y+\Delta P_j)_{24\backslash26\backslash27}}{\Delta P'_{I3}-\Delta P'_{I1}+\Sigma(\Delta P_y+\Delta P_j)_{20\sim22}}\times100\%=\dfrac{(1783-818+107)-615}{1042}\times100\%=21.5\%>15\%$

### 表 5-4   例 5-4 的局部阻力系数计算表

| 管段号 | 局部阻力 | 个数 | $\Sigma \xi$ | 管段号 | 局部阻力 | 个数 | $\Sigma \xi$ |
|---|---|---|---|---|---|---|---|
| 1 | 散热器 | 1 | 2.0 | 16 | $\phi 15$，90° 弯头 | 2 | 2×2.0 |
| | $\phi 20$，90° 弯头 | 2 | 2×2.0 | | $\phi 15$ 乙字弯 | 2 | 2×1.5 |
| | 截止阀 | 1 | 10 | | 分流四通 | 2 | 2×3.0 |
| | 乙字弯 | 2 | 2×1.5 | | 截止阀 | 1 | 16 |
| | 分流三通 | 1 | 3.0 | | 散热器 | 1 | 2.0 |
| | 合流三通 | 1 | 3.0 | | | | |
| | | | $\Sigma \xi$=25.0 | | | | $\Sigma \xi$=21.0 |
| 2 | $\phi 32$，90°弯头 | 1 | 1.5 | 17 | 合流四通 | 1 | 2.0 |
| | 直流三通 | 1 | 1.0 | | $\phi 15$ 括弯 | 1 | 3.0 |
| | 闸阀 | 1 | 0.5 | | | | |
| | 乙字弯 | 1 | 1.0 | | | | |
| | | | $\Sigma \xi$=4.0 | | | | $\Sigma \xi$=5.0 |
| 3 4 5 | 直流三通 | 1 | 1.0 | 18 | $\phi 15$，90° 弯头 | 2 | 2×2.0 |
| | | | $\Sigma \xi$=1.0 | | $\phi 15$ 乙字弯 | 2 | 2×1.5 |
| 6 | $\phi 70$，90°煨弯 | 2 | 2×0.5 | | 分流四通 | 1 | 3.0 |
| | 直流三通 | 1 | 1.0 | | 合流三通 | 1 | 3.0 |
| | 闸阀 | 1 | 0.5 | | 截止阀 | 1 | 16.0 |
| | | | | | 散热器 | 1 | 2.0 |
| | | | $\Sigma \xi$=2.5 | | | | $\Sigma \xi$=31.0 |
| 7 | $\phi 70$，90°煨弯 | 5 | 5×0.5 | 19 | 旁流三通 | 1 | 1.5 |
| | 闸阀 | 2 | 2×0.5 | | $\phi 32$ 闸阀 | 1 | 0.5 |
| | 锅炉 | 1 | 2.5 | | $\phi 32$ 乙字弯 | 1 | 1.0 |
| | | | $\Sigma \xi$=6.0 | | | | $\Sigma \xi$=3.0 |
| 8 | $\phi 70$，90°煨弯 | 3 | 3×0.5 | 20 | $\phi 15$ 乙字弯 | 2 | 2×1.5 |
| | 闸阀 | 1 | 0.5 | | 截止阀 | 1 | 16.0 |
| | 旁流三通 | 1 | 1.5 | | 散热器 | 1 | 2.0 |
| | | | | | 分流三通 | 1 | 3.0 |
| | | | | | 合流四通 | 1 | 3.0 |
| | | | $\Sigma \xi$=3.5 | | | | $\Sigma \xi$=27.0 |
| 9 10 11 | 直流三通 | 1 | 1.0 | 21 22 | 直流四通 | 1 | 2.0 |
| | | | $\Sigma \xi$=1.0 | | $\phi 20$ 或 $\phi 25$ 括弯 | 1 | 2.0 |
| | | | | | | | $\Sigma \xi$=4.0 |
| 12 | $\phi 32$，90°弯头 | 1 | 1.5 | 23 | 旁流三通 | 1 | 1.5 |
| | 直流三通 | 1 | 1.0 | | $\phi 32$ 乙字弯 | 1 | 1.0 |
| | 闸阀 | 1 | 0.5 | | 闸阀 | 1 | 0.5 |
| | 乙字弯 | 1 | 1.0 | | | | |
| | | | $\Sigma \xi$=4.0 | | | | $\Sigma \xi$=3.0 |
| 13 14 | 直流四通 | 1 | 2.0 | 24 | $\phi 15$ 括弯 | 1 | 3.0 |
| | $\phi 32$ 或 $\phi 25$ 括弯 | 1 | 2.0 | | 直流四通 | 1 | 2.0 |
| | | | $\Sigma \xi$=4.0 | | | | $\Sigma \xi$=5.0 |
| 15 | 直流四通 | 1 | 2.0 | 25 | $\phi 15$ 乙字弯 | 2 | 2×1.5 |
| | $\phi 15$ 括弯 | 1 | 3.0 | | 截止阀 | 1 | 16.0 |
| | | | | | 散热器 | 1 | 2.0 |
| | | | | | 分流四通 | 2 | 2×3.0 |
| | | | $\Sigma \xi$=5.0 | | | | $\Sigma \xi$=27.0 |

# 第三节 机械循环热水供暖系统的水力计算方法和例题

## 一、机械循环热水供暖系统的特点

（1）机械循环与重力循环热水供暖系统相比，资用压力大，作用半径大。传统的室内热水供暖系统的总压力损失一般为 10～20kPa，对分户计量水平式系统或较大系统可达 20～50kPa。

（2）自然作用压力的取值。

1）在机械循环系统中，循环压力主要是有水泵提供，同时也存在自然循环作用压力。管道内水冷却产生的自然循环作用压力，占机械循环总循环压力的比例很小，可忽略不计。

2）当系统中没有自动控制阀时，对机械循环双管系统，由于水在各层散热器中冷却所形成的自然循环作用压力不相等，在进行各立管散热器并联环路的水力计算时，自然作用压力应计算在内，不可忽略。对机械循环单管系统，①建筑物各部分层数相同时，每根立管所产生的自然循环作用压力近似相等，自然作用压力可忽略不计；②建筑物各部分层数不相同时，高度和各层热负荷分配比不同的立管之间所产生的自然循环压力不相等，在计算各立管之间并联环路的压降不平衡率时，应将其自然循环作用压力的差额计算在内；③自然循环作用压力可按设计工况下的最大值的 2/3 计算。

3）当系统中有温控阀等自动控制阀时，自然循环作用压力可以按零取值。

（3）供暖系统总压力损失的附加值宜取 10%，以此确定系统必须的循环作用压力。

（4）传统的供暖系统进行水力计算时，机械循环室内热水供暖系统多根据入口处的资用压力，按最不利循环环路的平均比摩阻选取该环路各管段的管径。但当入口处的资用压力较高时，在实际工程设计过程中，最不利循环环路的各管段水流速过大，会产生两方面问题：一方面各并联环路的压力损失难以平衡，所以通常采取控制 $R_{pj}$ 的方法，按 $R_{pj}$=60～120kPa/m 选取管径。对入口剩余的资用压力，由其调压装置节流；另一方面流速过大会产生噪声，因此 GB 50736—2012 规定：室内热水供暖系统管道的流速应根据系统的水力平衡要求及防噪声要求等因素确定，最大流速不宜超过表 5-1 的限值。

## 二、机械循环单管顺流异程式热水采暖系统的水力计算步骤

例 5-5 确定图 5-11 机械循环垂直单管顺流异程式热水供暖系统管路的管径。

热媒参数：供水温度为 95℃，回水温度为 70℃。系统与外网连接。在引入口处外网的供回水压差为 30kPa。图 5-11 表示出系统两个支路中的一个支路。散热器内的数字表示散热器的热负荷。楼层高为 3m。

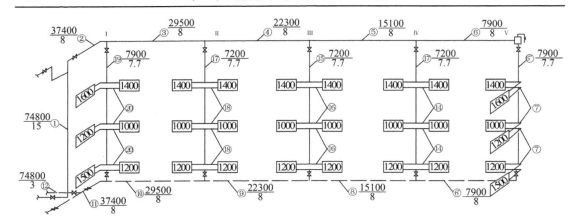

图 5-11　例 5-5 的管路计算图

**解**：计算方法及步骤如下：

（1）在轴侧（系统）图上，进行管段编号，立管编号并注明各管段的热负荷和长度，如图 5-11 所示。

（2）确定最不利环路。本系统为异程式单管系统，一般取最远立管的环路作为最不利环路。如图 5-11，最不利环路是从入口到立管 V。这个环路包括管段①～⑫。

（3）计算最不利环路各管段的管径。如前所述，虽然本例题引入口处外网的供回水压差较大，但考虑到系统中各环路的压力损失易于平衡，本例题采用推荐的平均参考比摩阻 $R_{pj}$ 大致为 60～120Pa/m 来确定最不利环路各管段的管径。

水力计算方法同例 5-4，首先根据公式 $G = 0.86 \times \dfrac{Q}{t_g - t_h}$ 确定各管段的流量。根据流量 $G$ 和选用的参考比摩阻 $R_{pj}$，查附表 5-1，将查出的各管段 $d$、$R$、$v$ 值列入表 5-5 的水力计算表中，最后算出最不利环路的总压力损失 $\sum(\Delta P_y + \Delta P_j)_{1-12} = 8633\text{Pa}$。本例仅是系统的一半，对另一半系统也应该计算最不利环路的总压力损失，并将不平衡率控制在 15% 内，入口处的剩余循环压力，用调节阀节流消耗掉。

（4）确定立管 IV 的管径。

1）首先确定立管 IV 的资用压力 $\Delta P_{IV}$。立管 IV 与最末端供回水干管和立管 V，及管段 6、6″、7、6′（例题中管段 6 包括 6、6″、6′三个部分）为并联环路。根据并联环路节点压力平衡原理，立管 IV 的资用压力 $\Delta P'_{IV}$，可由下式确定：

$$\Delta P'_{IV} = \sum(\Delta P_y + \Delta P_j)_{6\backslash 7} - (\Delta P'_V + \Delta P'_{IV})$$

式中：$\Delta P'_V$ 为水在立管 V 的散热器中冷却时产生的重力循环作用压力，Pa；$\Delta P'_{IV}$ 为水在立管 IV 的散热器中冷却时产生的重力循环作用压力，Pa。

2）求出立管 IV 的平均比摩阻；因 $\Delta P'_V = \Delta P'_{IV}$，所以

$$\Delta P'_{IV} = \sum(\Delta P_y + \Delta P_j)_{6\backslash 7} = 1311.6 + 1407.4 = 2719(\text{Pa})$$

立管 IV 的平均比摩阻 $R_{pj}$ 为

$$R_{pj} = \frac{\alpha \Delta P}{\sum l_{L1}} = \frac{0.5 \times 2719}{16.7} = 81.4(\text{Pa/m})$$

3）根据 $R_{pj}$ 和 $G$ 值，选立管Ⅳ的立、支管的管径，取 $DN15$。

4）计算出立管的总压力损失，计算出立管Ⅳ的总压力损失为 2941Pa，与立管Ⅴ的并联环路相比。

5）求其不平衡百分率，其不平衡率为 $x_Ⅳ=-8.2\%$，在允许范围±15%之内。

（5）计算立管Ⅲ的管径。立管Ⅲ与管段 5～8 并联。同理，立管Ⅲ的资用压力为

$$\Delta P'_Ⅲ = \sum(\Delta P_y + \Delta P_j)_{5-8} = 3524(\text{Pa})$$

选立、支管的管径为 $DN15$。计算结果，立管Ⅲ总压力损失为 2941Pa，其不平衡率为 $\Delta_Ⅲ=16.5\%$，稍微超过允许范围，可用立管阀门进行调节。

（6）确定立管Ⅱ的管径。立管Ⅱ与管段 4～9 并联。同理，立管Ⅲ的资用压力为

$$\Delta P'_Ⅱ = \sum(\Delta P_y + \Delta P_j)_{4-9} = 3937(\text{Pa})$$

选立、支管的管径为 $DN15$。计算结果，立管Ⅱ总压力损失为 2941Pa，其不平衡率为 $\Delta_Ⅱ=25.3\%$，超过允许范围，因为已经选用了最小管径，只能用立管阀门进行调节。

（7）确定立管Ⅰ的管径。立管Ⅰ与管段 3～10 并联。同理，立管Ⅲ的资用压力为

$$\Delta P'_Ⅰ = \sum(\Delta P_y + \Delta P_j)_{3-10} = 4643(\text{Pa})$$

选立、支管的管径仍为 $DN15$。计算结果，立管Ⅰ总压力损失为 3571Pa，其不平衡率为 $\Delta_Ⅱ=24.3\%$，超过允许范围，因为已经选用了最小管径，剩余压力用户立管阀门消除。

（8）结论。通过机械循环系统水力计算（例 5-5）结果可以看出：

1）例 5-4 与例 5-5 的系统热负荷 $Q$、立管数、热媒参数和供热半径都相同，机械循环系统的循环作用压力比重力循环作用压力系统大得多，系统的管径就细。

2）由于机械循环系统供回水干管的 $R$ 值选用较大，系统中各立管之间的并联环路压力平衡较难。在水平方向出现水平失调。当系统较小时，上述系统水平失调现象还不太严重，如果系统较大，又采用异程式系统确定管径，则水平失调现象将很严重。

3）防止或减轻系统的水平失调现象的设计方法有：①供回水干管采用同程式布置；②仍采用异程式系统，但采用"不等温降"的方法进行水力计算；③仍采用异程式系统，采用首先计算最近立管环路的方法。

上述第三个设计方法是首先计算最近立管环路上各管段的管径，然后以最近立管环路的总阻力损失为基准，在允许的不平衡率范围内，确定最近立管后面的供、回水干管和其他立管的管径。如仍以例 5-5 为例。首先求出最近立管Ⅰ的总压力损失 $\sum(\Delta P_y + \Delta P_j)_{19\backslash20} = 3517\text{Pa}$，然后根据 3517×1.15 = 4045 Pa 的总资用压力，确定管段 3～10 的管径。计算结果表明：如将管段 5、6、8 均改为 $DN32$，立管Ⅱ～Ⅴ管径改为 20×15，则立管间的不平衡率可满足设计要求。这种水力计算方法简单，工作可靠，但增大了系统许多管段的管径，所增加的费用不一定超过同程式系统。

### 表 5-5　机械循环单管顺流式热水供暖系统管路水力计算表

| 管段号 | $Q$ | $G$ | $L$ | $d$ | $v$ | $R$ | $\Delta P_y=RL$ | $\Sigma\zeta$ | $\Delta P_d$ | $\Delta P_j=\Delta P_d\Sigma\zeta$ | $\Delta P=\Delta P_y+\Delta P_j$ | 备注 |
|---|---|---|---|---|---|---|---|---|---|---|---|---|
| | W | kg/h | m | mm | m/s | Pa/m | Pa | | Pa | Pa | Pa | |
| 1 | 2 | 3 | 4 | 5 | 6 | 7 | 8 | 9 | 10 | 11 | 12 | 13 |
| 立管Ⅴ | | | | | | | | | | | | |
| 1 | 74800 | 2573 | 15 | 40 | 0.55 | 116.41 | 1746.2 | 1.5 | 148.72 | 223.1 | 1969.3 | |
| 2 | 37400 | 1287 | 8 | 32 | 0.36 | 61.95 | 495.6 | 4.5 | 63.71 | 286.7 | 782.3 | |
| 3 | 29500 | 1015 | 8 | 32 | 0.28 | 39.32 | 314.6 | 1.0 | 38.54 | 38.5 | 353.1 | |
| 4 | 22300 | 767 | 8 | 32 | 0.21 | 23.09 | 184.7 | 1.0 | 21.68 | 21.7 | 206.4 | 6包括管段6′、6″ |
| 5 | 15100 | 519 | 8 | 25 | 0.26 | 46.19 | 369.5 | 1.0 | 33.23 | 33.2 | 402.7 | |
| 6 | 7900 | 272 | 23.7 | 20 | 0.22 | 46.31 | 1097.5 | 9.0 | 23.79 | 214.1 | 1311.6 | |
| 7 | — | 136 | 9 | 15 | 0.20 | 58.08 | 522.7 | 45 | 19.66 | 884.7 | 1407.4 | |
| 8 | 15100 | 519 | 8 | 25 | 0.26 | 46.19 | 369.5 | 1 | 33.23 | 33.2 | 402.7 | |
| 9 | 22300 | 767 | 8 | 32 | 0.21 | 23.09 | 184.7 | 1 | 21.68 | 21.7 | 206.4 | |
| 10 | 29500 | 1015 | 8 | 32 | 0.28 | 39.32 | 314.6 | 1 | 38.64 | 38.5 | 353.1 | |
| 11 | 37400 | 1287 | 8 | 32 | 0.36 | 61.95 | 495.6 | 5 | 63.71 | 318.6 | 814.2 | |
| 12 | 74800 | 2573 | 3 | 40 | 0.55 | 116.41 | 349.2 | 0.5 | 148.72 | 74.4 | 423.6 | |

$$\Sigma\,\iota=114.7\text{m} \qquad \Sigma(\Delta P_y+\Delta P_j)_{1\sim12}=8633\text{ Pa}$$

入口处的剩余循环作用压力，用阀门节流

立管Ⅳ　资用压力 $\Delta P'_{Ⅳ}=\Sigma(\Delta P_{y+}\Delta P_j)_{6、7}=2719$ Pa

| 13 | 7200 | 248 | 7.7 | 15 | 0.36 | 182.07 | 1401.9 | 9 | 63.71 | 573.4 | 1975.3 | |
| 14 | — | 124 | 9 | 15 | 0.18 | 48.84 | 439.6 | 33 | 16.93 | 525.7 | 965.3 | |

$$\Sigma(\Delta P_{y+}\Delta P_j)_{13、14}=2941\text{ Pa}$$

不平衡百分率 $\Delta_{Ⅳ}\%=\dfrac{[\Delta P-\Sigma(\Delta P_y+\Delta P_j)_{13,14}]}{\Delta P}=\dfrac{2719-2941}{2719}\times100\%=-8.2\%$ （在±15%以内）

立管Ⅲ　资用压力 $\Delta P'_{Ⅲ}=\Sigma(\Delta P_{y+}\Delta P_j)_{5\sim8}=3524$ Pa

| 15 | 7200 | 248 | 7.7 | 15 | 0.36 | 182.07 | 1401.9 | 9 | 63.71 | 573.4 | 1975.3 | |
| 16 | — | 124 | 9 | 15 | 0.18 | 48.84 | 439.6 | 33 | 15.93 | 525.7 | 965.3 | |

$$\Sigma(\Delta P_{y+}\Delta P_j)_{15、16}=2941\text{ Pa}$$

不平衡百分率 $\Delta_{Ⅲ}\%=\dfrac{[\Delta P-\Sigma(\Delta P_y+\Delta P_j)_{15,16}]}{\Delta P}=\dfrac{3524-2941}{3524}\times100\%=16.5\%>15\%$ （用立管阀门节流）

立管Ⅱ　资用压力 $\Delta P'_{Ⅱ}=\Sigma(\Delta P_{y+}\Delta P_j)_{4\sim9}=3937$ Pa

| 17 | 7200 | 248 | 7.7 | 15 | 0.36 | 182.07 | 1401.2 | 9 | 63.71 | 573.4 | 1975.3 | |
| 18 | — | 124 | 9 | 15 | 0.18 | 48.84 | 439.6 | 33 | 15.63 | 525.7 | 965.3 | |

$$\Sigma(\Delta P_{y+}\Delta P_j)_{17、18}=2941\text{ Pa}$$

不平衡百分率 $\Delta_{Ⅱ}\%=\dfrac{[\Delta P-\Sigma(\Delta P_y+\Delta P_j)_{17,18}]}{\Delta P}=\dfrac{3937-2941}{3937}\times100\%=25.3\%>15\%$ （用立管阀门节流）

续表

| 管段号 | $Q$ | $G$ | $L$ | $d$ | $v$ | $R$ | $\Delta P_y=RL$ | $\Sigma\zeta$ | $\Delta P_d$ | $\Delta P_j=\Delta P_d\cdot\Sigma\zeta$ | $\Delta P=\Delta P_y+\Delta P_j$ | 备注 |
|---|---|---|---|---|---|---|---|---|---|---|---|---|
| | W | kg/h | m | mm | m/s | Pa/m | Pa | | Pa | Pa | Pa | |
| 立管 I　　资用压力 $\Delta P'_1=\Sigma(\Delta P_{y+}\Delta P_j)_{3\sim10}=4643$ Pa | | | | | | | | | | | | |
| 19 | 7900 | 272 | 7.7 | 15 | 0.39 | 217.19 | 1672.4 | 9 | 74.78 | 673.0 | 2345.4 | |
| 20 | — | 136 | 9 | 15 | 0.20 | 58.08 | 522.7 | 33 | 19.66 | 648.8 | 1171.5 | |

$$\Sigma(\Delta P_{y+}\Delta P_j)_{19、20}=3517\ Pa$$

不平衡百分率 $\Delta_{II2}\%=\dfrac{[\Delta P-\Sigma(\Delta P_y+\Delta P_j)_{19.20}]}{\Delta P}=\dfrac{4643-3517}{4643}\times100\%=24.3\%>15\%$ （用立管阀门节流）

### 表 5-6　例 5-5 的局部阻力系数计算表

| 管段号 | 局部阻力 | 个数 | $\Sigma\zeta$ |
|---|---|---|---|
| 1 | 闸阀<br>90°弯头 | 1<br>2 | 0.5<br>1.0 |
| 2 | 直流三通<br>闸阀<br>弯头 | 1<br>1<br>2 | 1.0<br>0.5<br>1.5×2=3 |
| 3、4、5 | 直流三通 | 1 | 1.5 |
| 6 | 直流三通<br>闸阀<br>弯头<br>乙字弯<br>集气罐 | 2<br>2<br>1<br>2<br>1 | 1×2=2<br>0.5×2=1<br>2.0<br>1.5×2=3<br>1.0 |
| 7 | 分流、合流三通<br>弯头<br>散热器<br>乙字弯 | 6<br>6<br>3<br>6 | 3×6=18<br>2×6=12<br>2×3=6<br>1.5×6=9<br>$\Sigma\zeta=45$ |
| 8、9、10 | 直流三通 | 1 | 1.0 |
| 11 | 90°弯头<br>闸阀<br>合流三通 | 1<br>1<br>1 | 1.5<br>0.5<br>3.0<br>$\Sigma\zeta=5.0$ |
| 12 | 闸阀 | 1 | 0.5 |
| 13、15<br>17、19 | 闸阀<br>合流三通 | 2<br>2 | 1.5×2=3<br>3×2=6<br>$\Sigma\zeta=9.0$ |
| 14、16<br>18、20 | 分流、合流三通<br>乙字弯<br>散热器 | 6<br>6<br>3 | 3×6=18<br>1.5×6=9<br>2×3=6<br>$\Sigma\zeta=33$ |

## 三、散热器进流系数的确定

### 1. 进流系数概念

在单管热水供暖系统中，主管的水流量全部或部分地流进散热器。流进散热器的水流量与通过该主管水流量的比值，称作散热器的进流系数，即

$$\alpha = \frac{G_s}{G_l} \tag{5-34}$$

式中：$\alpha$ 为散热器的进流系数；$G_s$ 为流入散热器的流量，kg/h；$G_l$ 为与散热器连接的主管（立管或横管）的流量，kg/h。

2. 垂直单管顺流式热水供暖系统散热器的进流系数

（1）对于垂直单管顺流式热水供暖系统，若散热器单侧连接时，$\alpha=1.0$。

（2）若散热器双侧连接，同时两侧散热器的支管管径及其长度都相等时，$\alpha=0.5$。当两侧散热器的支管管径或长度不相等时，两侧散热器的进流系数 $\alpha$ 就不相等。

（3）影响两侧散热器之间水流量分配因素有两个：①由于散热器负荷不同致使散热器平均水温不同而产生的自然循环附加作用压力差值；②并联环路在节点压力平衡状况下的水流量分配规律，如图 5-12 所示。

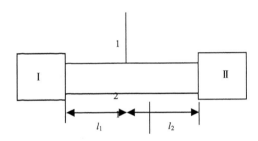

图 5-12　顺流式系统散热器节点

（4）散热器进流系数的确定：①在机械循环系统中，节点 1、2 并联环路的压力损失较大，因此自然循环附加作用压力差值的影响，在一般情况下可忽略不计，可以近似地按顺流式两侧的阻力比来确定散热器的进流系数。②根据并联环路节点压力平衡原理，可列出下式：

$$(R_1 l_1 + \Delta P_{j1})_{1-2} = (R_2 l_2 + \Delta P_{j2})_{1-2} \tag{5-35}$$

或根据当量长度法得

$$R_1(l_1 + l_{d1})_{1-2} = R_2(l_2 + l_{d2})_{1-2} \tag{5-36}$$

如支管 $d_1 = d_2$，并假设两侧水的流动状况相同，摩擦阻力系数 $\lambda$ 值近似相等，则上式可改为

$$G^2(l_1 + l_{d1})_{1-2} = G^2(l_2 + l_{d2})_{1-2} \tag{5-37}$$

$$(l_1 + l_{d1})_{1-2}/(l_2 + l_{d2})_{1-2} = G^2/G^2 = (G_1 - G)^2/G^2 \tag{5-38}$$

将式（5-38）变换可得：

$$\alpha_1 = G/G_1 = [1 + \sqrt{(l_1 + l_{d1})_{1-2}/(l_2 + l_{d2})_{1-2}}]^{-1} \tag{5-39}$$

若已知 $\alpha$ 及 $G_L$ 值，流入散热器 I 和 II 的水流量分别为

$$G = \alpha_1 G_L \tag{5-40}$$

$$G = (1 - \alpha)G_L \tag{5-41}$$

（5）结论：①在通常管道布置情况下，顺流式系统两侧连接散热器支管管径、长度及其局部阻力都相等时，根据式（5-40）可知：$\alpha=\alpha_1=0.5$；②通过试验或用式（5-40）计算，当管段的折算程度 $1<(l_1+l_{d1})_{1-2}/(l_2+l_{d2})_{1-2}<1.4$ 时，散热器 I 的进流系数 $0.46<\alpha_1<0.5$，在工程计算中，可粗略按 $\alpha=0.5$ 计算；③当两侧散热器支管折算长度相差太大时，应通过式（5-40）确定散热器进流系数。

3. 单管跨越式热水供暖系统散热器进流系数

（1）对于跨越式系统，通过跨越管段的水没有被冷却，它由于散热器平均水温不同而引起自然循环附加作用压力，比顺流式系统要大一些，因此不能忽略。

（2）单管跨越式热水供暖系统，通常是根据试验方法确定进流系数。实验表明：跨越式系统散热器的进流系数与散热器支管、立管和跨越管的管径组合情况以及立管中的流量或流速有关。图 5-13 为各种组合管径情况下的进流系数曲线图。如管径组合为 20mm×20mm×20mm 情况下，立管的流速为 0.3m/s，进流系数 $\alpha=0.205$，即有 59%的流量通过跨越管段。为了增大流进散热器的水流量，可以采用缩小跨越管管径的方法。如管径组合改为 20mm×15mm×20mm，则进流系数 $\alpha=0.275$。

（3）由于跨越管的进流系数比顺流式的小，因而在系统散热器热负荷条件下，流出跨越式系统散热器的出水温度低于顺流式系统。散热器平均水温也低，因而所需的散热器面积要比顺流式系统的大一些。

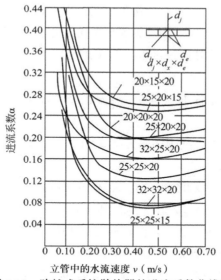

图 5-13　跨越式系统散热器的进流系数曲线图

## 四、机械循环单管顺流同程式热水供暖系统的水力计算例题

同程式系统的特点是通过各个并联环路的总长度都相等。在供暖半径较大（一般超过

50m 以上）的室内热水供暖系统中，同程式系统得到较普遍地应用。

例 5-6　将上一节的异程式系统改为同程式系统。确定如图 5-14 机械循环垂直单管顺流式热水供暖系统管路的管径。热媒参数：供水温度 $t_g = 95$℃，$t_h = 70$℃。系统与外网连接，在引入口处外网的供回水压差为 30kPa。图 5-14 中表示系统两个支路中的一个支路的散热器的热负荷，楼层高为 3m。

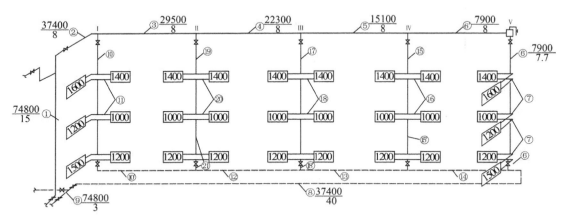

图 5-14　例 5-6 同程式系统管路系统图

**解**：计算方法和步骤：

（1）首先计算通过最远立管 V 的环路。确定出供水干管各个管段、立管 V 和供水总干管的管径及其压力损失。计算方法与例 5-5 相同，见水力计算表 5-7。

（2）用同样的方法，计算通过最近立管 I 的环路，从而确定出立管 I、回水干管各管段的管径及压力损失。

（3）求并联环路通过立管 I 和通过立管 V 的环路压力损失不平衡率，使其不平衡率在±5%以内。

（4）根据水力计算结果，利用图示方法（图 5-15）表示出系统的总压力损失及各立管的供回水节点间的资用压力值。

根据本例题的水力计算表和图 5-15 可知，立管Ⅳ的资用压力应等于入口处供水管起点，通过最近立管环路到回水干管管段 13 末端的压力损失，减去供水管起点到供水干管管段 5 末端的压力损失的差值，亦即等于 6461–4359=2102Pa（见表 5-7 的第 13 栏数值）。其他立管的资用压力确定方法相同，数值见表 5-7。

**注意**：如果水力计算结果和图示表明个别立管供、回水节点资用压力过小或过大，会使下一步选用该立管的管径过细或过粗，设计很不合理。此时，应该调整第一、第二步的水力计算，适当改变个别供、回水干管的管径，使易于选择各立管管径，并满足并联环路不平衡率要求。

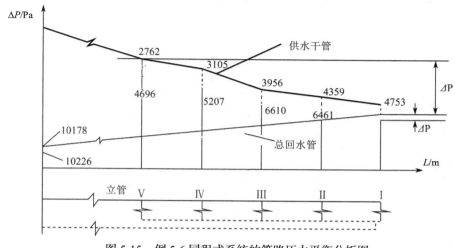

图 5-15　例 5-6 同程式系统的管路压力平衡分析图

（5）确定其他立管的管径。要根据各立管的资用压力和立管各管段的流量选用合适的立管管径。计算方法与例 5-5 相同。

（6）求各立管的不平衡率。根据立管的资用压力和立管的计算压力损失，求各立管的不平衡率。不平衡率应在±10%以内。

（7）结论。通过同程式系统水力计算例题可见：①同程式系统的管道金属耗量虽然多于异程式。但它可以通过调整供回水干管各管段的压力损失来满足立管间不平衡率要求；②系统中一些中间立管的供回水之间资用压力可能很小或为零或为负值，该立管的水流量很小，甚至出现停滞、倒流现象，由此会出现系统水平失调，因此，进行水力计算时，应校核立管两端的压差；③在同程式系统的水力计算中应使各立管的资用压力值不要变化太大，以便于选择各立管的合理管径。

表 5-7　机械循环同程式单管热水供暖系统管路水力计算表

| 管段号 | $Q$ | $G$ | $L$ | $d$ | $v$ | $R$ | $\Delta P_y = RL$ | $\Sigma \zeta$ | $\Delta P_d$ | $\Delta P_j = \Delta P_d \zeta$ | $\Delta P = \Delta P_y + \Delta P_j$ | 供水管起点到计算管段末端的压力损失 |
|---|---|---|---|---|---|---|---|---|---|---|---|---|
| | W | kg/h | m | mm | m/s | Pa/m | Pa | | Pa | Pa | Pa | Pa |
| 1 | 2 | 3 | 4 | 5 | 6 | 7 | 8 | 9 | 10 | 11 | 12 | 13 |
| 通过立管 V 的环路 | | | | | | | | | | | | |
| 1 | 74800 | 2573 | 15 | 40 | 0.55 | 116.41 | 1746.2 | 1.5 | 148.72 | 223.1 | 1969.3 | 1969 |
| 2 | 37400 | 1287 | 8 | 32 | 0.36 | 61.95 | 495.6 | 4.5 | 63.71 | 286.7 | 782.3 | 2752 |
| 3 | 29500 | 1015 | 8 | 32 | 0.28 | 39.32 | 314.6 | 1.0 | 38.54 | 38.5 | 353.1 | 3105 |
| 4 | 22300 | 767 | 8 | 25 | 0.38 | 97.51 | 780.1 | 1.0 | 70.99 | 71.0 | 851.1 | 2956 |
| 5 | 15100 | 519 | 8 | 25 | 0.26 | 46.19 | 369.5 | 1.0 | 33.23 | 33.2 | 402.7 | 4359 |
| 6' | 7900 | 272 | 8 | 20 | 0.22 | 46.31 | 370.5 | 1.0 | 23.79 | 23.8 | 394.3 | 4753 |

| 管段号 | $Q$ | $G$ | $L$ | $d$ | $v$ | $R$ | $\Delta P_y=RL$ | $\Sigma\zeta$ | $\Delta P_d$ | $\Delta P_j=\Delta P_d\cdot\zeta$ | $\Delta P=\Delta P_y^{'}+\Delta P_j$ | 供水管起点到计算管段末端的压力损失 |
|---|---|---|---|---|---|---|---|---|---|---|---|---|
| | W | kg/h | m | mm | m/s | Pa/m | Pa | | Pa | Pa | Pa | Pa |
| 6 | 7900 | 272 | 9.5 | 20 | 0.22 | 46.31 | 439.9 | 7.0 | 23.79 | 166.5 | 606.4 | 5359 |
| 7 | — | 136 | 9 | 15 | 0.20 | 58.08 | 522.7 | 45 | 19.66 | 884.7 | 1407.4 | 6767 |
| 8 | 37400 | 1287 | 40 | 32 | 0.36 | 61.95 | 2478.0 | 8 | 63.71 | 509.7 | 2987.7 | 9754 |
| 9 | 74800 | 2573 | 3 | 40 | 0.55 | 116.31 | 349.2 | 0.5 | 148.72 | 74.4 | 423.6 | 10178 |
| $\Sigma(\Delta P_y+\Delta P_j)_{1\sim9}=1017$ Pa | | | | | | | | | | | | |
| 通过立管 I 的环路 | | | | | | | | | | | | |
| 10 | 7900 | 272 | 9 | 20 | 0.22 | 46.31 | 416.8 | 5.0 | 23.79 | 119.0 | 535.8 | 3287 |
| 11 | — | 136 | 9 | 15 | 0.20 | 58.08 | 522.7 | 45 | 19.66 | 884.7 | 1407.4 | 4695 |
| 10′ | 7900 | 272 | 8.5 | 20 | 0.22 | 46.31 | 393.6 | 5.0 | 23.79 | 119.0 | 512.6 | 5207 |
| 12 | 15100 | 519 | 8 | 25 | 0.26 | 46.19 | 369.5 | 1.0 | 33.23 | 33.2 | 402.7 | 5610 |
| 13 | 22300 | 767 | 8 | 25 | 0.38 | 97.51 | 780.1 | 1.0 | 70.99 | 71.0 | 851.1 | 6461 |
| 14 | 29500 | 1015 | 8 | 32 | 0.28 | 39.32 | 314.6 | 1.0 | 38.54 | 38.5 | 353.1 | 6814 |

管段 3～7 与管段 10～14 并联　　　　$\Sigma(\Delta P_y+\Delta P_j)_{10\sim14}=4063$ Pa

$\Delta P_{3\sim7}=3931$ Pa　　　　　　　　　$\Sigma(\Delta P_y+\Delta P_j)_{1、2、8、9、10\sim14}=10226$ Pa

$$不平衡率=\frac{\Delta P_{3\sim7}-\Delta P_{10\sim14}}{\Delta P_{3\sim7}}=\frac{3931-4063}{3931}\times100\%=-3.4\%$$

系统总压力损失为 10226 Pa，剩余作用压力，在引入口处用阀门节流。

立管Ⅳ　资用压力 $\Delta P_{Ⅳ}=6461-4359=2102$ Pa

| 15 | 7200 | 248 | 6 | 20 | 0.20 | 38.92 | 233.5 | 3.5 | 19.66 | 68.8 | 302.3 | |
| 16 | — | 124 | 9 | 15 | 0.18 | 48.84 | 439.6 | 33.0 | 15.63 | 525.7 | 965.3 | |
| 15′ | 7200 | 248 | 3.5 | 15 | 0.36 | 182.07 | 637.2 | 4.5 | 63.71 | 286.7 | 923.9 | |

$\Sigma(\Delta P_y+\Delta P_j)_{15、15'、16}=2191$ Pa

$$不平衡率=\frac{[\Delta P-\Sigma(\Delta P_y+\Delta P_j)]_{15,15,16}}{\Delta P}=\frac{2102-2191}{2102}\times100\%=-4.2\%$$

立管Ⅲ　资用压力 $\Delta P_{Ⅲ}=5610-3956=1654$ Pa

| 17 | 7200 | 248 | 9 | 20 | 0.20 | 38.92 | 350.3 | 3.5 | 19.66 | 68.8 | 419.1 | |
| 18 | — | 124 | 9 | 15 | 0.18 | 48.84 | 439.6 | 33.0 | 16.93 | 525.7 | 965.3 | |
| 18′ | 7200 | 248 | 0.5 | 20 | 0.20 | 38.92 | 19.5 | 4.5 | 19.66 | 88.5 | 108.0 | |

$\Sigma(\Delta P_y+\Delta P_j)_{17、18、18'}=1492$ Pa

$$不平衡率=\frac{[\Delta P-\Sigma(\Delta P_y+\Delta P_j)]_{17,17,18}}{\Delta P}=\frac{1654-1492}{1654}\times100\%=9.8\%$$

| 19 | 7900 | 248 | 6 | 20 | 0.20 | 38.92 | 350.3 | 3.5 | 19.66 | 68.8 | 302.3 | |
| 1820 | — | 124 | 9 | 15 | 0.18 | 48.84 | 439.6 | 33.0 | 16.93 | 525.7 | 965.3 | |
| 18'21 | 7200 | 248 | 3.5 | 20 | 0.36 | 182.07 | 637.2 | 4.5 | 63.71 | 286.7 | 923.9 | |

续表

| 管段号 | $Q$ | $G$ | $L$ | $d$ | $v$ | $R$ | $\Delta P_y = RL$ | $\Sigma\zeta$ | $\Delta P_d$ | $\Delta P_j = \Delta P_d \cdot \zeta$ | $\Delta P = \Delta P_y + \Delta P_j$ | 供水管起点到计算管段末端的压力损失 |
|---|---|---|---|---|---|---|---|---|---|---|---|---|
| | W | kg/h | m | mm | m/s | Pa/m | Pa | | Pa | Pa | Pa | Pa |

立管Ⅱ　资用压力$\Delta P_{\text{Ⅱ}}$= 5207-3105=2102 Pa

$$\Sigma\ (\Delta P_{y+}\Delta P_j)_{\ 19、20、21}=2191\ \text{Pa}$$

$$不平衡率=\frac{[\Delta P-\Sigma(\Delta P_y+\Delta P_j)]_{19\sim21}}{\Delta P}=\frac{2102-2191}{2102}\times100\%=-4.2\%$$

# 第四节　不等温降的水力计算方法简介

## 一、不等温降法

1. 概念

在单管系统中，按每个循环环路的温降不必相等的前提下进行水力计算，当其中一个并联支路节点压力损失确定后，对另一个支路，先给定管径，据并联环路阻力平衡的要求，计算该支路的实际流量，再据该支路的实际流量，计算出实际温降，最后按实际温降，定散热器的数量，这种方法叫做不等温降法。

2. 不等温降的水力计算原理

由系统中立管的温度降不必相等，根据并联环路压力损失完全平衡的要求确定立管流量，由流量来计算立管的温度降，最后确定散热器面积。

3. 当量局部阻力法基本理论

无论是室外热水网路或室内热水供暖系统，热水管路都是由许多串联和并联管段组成的。热水管路系统中各管段的压力损失和流量分配，取决于各管段的连接方法——串联或并联连接以及各管段的阻力数 $s$ 值。

（1）热水管路阻力数的计算。管段的阻力数表示当管段通过单位流量时的压力损失值。

1）串联管路，如图5-1所示。

$$\Delta p = \Delta p_1 + \Delta p_2 + \Delta p_3 \tag{5-42}$$

由　$S_{ch}G^2 = S_1G_1^2 + S_2G_2^2 + S_3G_3^2$，得

$$S_{ch} = S_1 + S_2 + S_3 \tag{5-43}$$

结论：在串联管路中，管路的总阻力数为各串联管段阻力数之和。

2）并联环路，如图5-2所示。

并联环路总流量：

$$G=G_1+G_2+G_3 \tag{5-44}$$

压力损失：

$$\Delta P=\Delta P_1=\Delta P_2=\Delta P_3 \tag{5-45}$$

$$G_1=(\Delta P_1/S_1)^{0.5}；\ G_2=(\Delta P_2/S_2)^{0.5}；\ G_3=(\Delta P_3/S_3)^{0.5} \tag{5-46}$$

代入式（5-36）得

$$(1/S)^{0.5} = (1/S_1)^{0.5} + (1/S_2)^{0.5} + (1/S_3)^{0.5} \qquad （5-47）$$

令 $\alpha = (1/S)^{0.5}$，则

$$\alpha = \alpha_1 + \alpha_2 + \alpha_3 \qquad （5-48）$$

由 $\Delta P = S_1 G_1^2 = S_2 G_2^2 = S_3 G_3^2$，得

$$G_1 : G_2 : G_3 = (1/S_1)^{0.5} : (1/S_2)^{0.5} : (1/S_3)^{0.5} = \alpha_1 : \alpha_2 : \alpha_3 \qquad （5-49）$$

**结论：** 在并联管路上，各分支环路的流量分配与其通导数成正比，与其阻力数成反比。各分支环路的阻力状况不变，管路总流量在各分支环路上的流量分配比例不变，即管路的总流量增加或减少多少倍，各分支环路的流量也相应增加或减少多少倍。

### 二、不等温降的水力计算方法及步骤

（1）计算应从最不利环路开始。首先任意给定最远立管的温降，一般按设计温降增加 $2 \sim 5$℃，由此求出最远立管的计算流量 $G_j$。根据该立管的流量，选用 $R$（或 $v$）值，确定最远立管及散热器支管管径和环路末端供、回水干管管径及相应的压力损失值。

（2）确定环路最末端的第二根立管的管径。该立管与上述计算管段为并联管路。根据已知节点的压力损失 $\Delta P$，给定该立管管径，从而确定通过环路最末端的第二根立管的计算流量及其计算温度降。

（3）确定其他立管的管径。按照上述方法，由远至近，依次确定出该环路上供、回水干管各管段的管径及其相应的压力损失以及各立管的管径、计算流量和计算温度降。

（4）分支环路的压降调整及流量从新分配。系统中有多个分支循环环路并联时，按上述方法计算各个分支循环环路。计算得出的各循环环路在节点压力平衡状况下流量总和，一般都不会等于设计要求的总流量。由此，需要根据并联环路流量分配和压降变化的规律，对初步计算出的各循环环路的流量、温降和压降进行调整。

（5）最后根据各环路调整后的温降，确定散热器的面积。

流量调整系数：

$$\alpha_{G1} = G_{t1}/G_{j1} \qquad （5-50）$$

温降调整系数：

$$\alpha_{t1} = G_{j1}/G_{j1} \qquad （5-51）$$

压力损失调整系数：

$$\alpha_{p1} = (G_{t1}/G_{j1})^2, \quad \alpha_{p2} = (G_{t2}/G_{j2})^2 \qquad （5-52）$$

# 第五节　分户供暖热水供暖系统管路的水力计算原则与方法

### 一、传统供暖系统的特点

我国的民用既有建筑的供暖系统绝大多数都是垂直式的，为使国家节能、计量工作顺

利的开展，一方面要对既有民用建筑的供暖系统进行改造；另一方面，对于新建建筑，GB 50736—2012 明确规定：集中供热的新建建筑和既有节能改造的建筑必须安装热量计量装置，并具备室温调功能；用于热量结算的热量计量装置必须采用热量表。

## 二、分户供暖系统水力工况特点

1. 分户供暖在使用方式上的特点

（1）室内有人时，散热器处于正常工作状态，室内供暖设计温度为 18℃；室内无人时，散热器处于值班供暖状态，温度为 5℃。

（2）不同用户热消费水平与舒适度需求不同，不同的环路会对室温有不同的要求；即便是同一环路，不同房间对室温的要求不同，对同一环路的散热器的散热量还有不同的与可调的要求。

（3）用户环路还有被调节与关闭的可能。

2. 分户供暖系统水力工况特点

由图 5-16 及图 5-17（异程式系统）、图 5-18 及图 5-19（同程式系统）可知，虽然将分户供暖系统的单元立管与户内系统理解为经旋转与缩小版的传统供暖系统，但分户供暖系统从使用、运行方式上与传统的供暖系统有很大的区别，从而水力工况较传统供暖系统也有很大的不同。

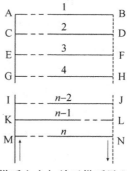

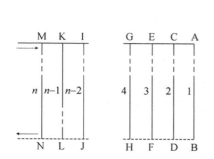

图 5-16 上供下回垂直单管顺流异程式系统简图　　图 5-17 分户供暖户内与单元供暖异程式系统简图

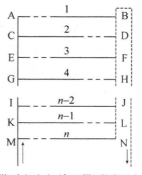

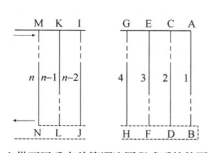

图 5-18 上供下回垂直单管顺流同程式系统简图　　图 5-19 分户供暖户内与单元供暖同程式系统简图

　　图 5-20（a）是某分户供暖单元立管与户内水平系统图，各个管段通过串、并联连接于管路间，耦合在一起。某一管段的阻力特性系数变化，必将引起其他管段的流量与压差的改变。图 5-20 中（b）图是将（a）图其各个管段的阻力特性系数等效（将其阻力特性系数视为电路里的电阻）。

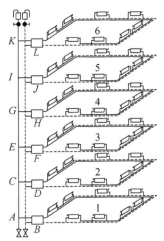
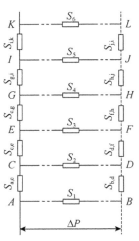

（a）分户供暖单元立管与户内水平系统管路图　　　（b）（a）的等效阻力数连接管路图

图 5-20　系统管路与等效连接示意图

　　比如：各楼层供水立管管段 *AC*、*CE*、*EG*、*GI*、*IK* 的沿程与局部阻力特性系数为 $S_{ac}$、$S_{ce}$、$S_{eg}$、$S_{gi}$、$S_{ik}$；回水立管管段 *BD*、*DF*、*FH*、*HJ*、*JL* 的沿程与局部阻力特性系数为 $S_{hd}$、$S_{df}$、$S_{fh}$、$S_{hj}$、$S_{jl}$；1 ~ 6 层用户的入口阻力、沿程与局部阻力特性系数为 $S_1$、…、$S_6$。

　　分户供暖系统的户内水平管的平均比摩阻 $R_{pj}$ 的选取应尽可能大些，可取传统供暖系统形式的平均比摩阻 $R_{pj}$ 的上限为 100 ~ 120Pa/m，亦可通过增加阀门等局部阻力的方法来实现。单元立管的平均比摩阻 $R_{pj}$ 的选取值要小一些，尽可能的抵消重力循环自然附加压力的影响。以供、回水热媒 95℃/70℃ 为例，推荐平均比摩阻 $R_{pj}$ 按 40 ~ 60Pa/m 选取。

## 三、户内水平供暖系统的水力计算原则与方法

　　分户供暖户内水平供暖系统水平管的连接方式主要是串联、并联与跨越式连接。分户供暖与传统系统的区别主要是户内散热器具有可调性。

　　水平跨越式水力计算的关键是如何确定散热器的进流系数 α。图 5-21 为某水平跨越式系统散热器与跨越管单元。图 5-21 中①为计算管段编号，后面的数字为管段的长度（m）。根据并联环路阻力平衡原理，节点 *A*、*B* 间的阻力损失相等，即通过跨越管支路与散热器支路的压降均等于节点 *A*、*B* 间的压力降。

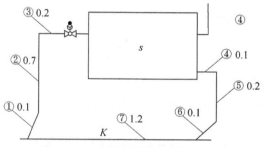

图 5-21　水平跨越式系统某一单元

$$\Delta P_{AB} = \Delta P_K = \Delta P_S - P_Z \tag{5-53}$$

式中：$\Delta P_{AB}$ 为并联环路节点 $A$、$B$ 间的压降，Pa；$\Delta P_K$ 为跨越管支路的压降，Pa；$\Delta P_S$ 为散热器支路的压降，Pa；$P_Z$ 为由散热器安装高度引起的重力循环自然附加压力，Pa。

为计算简便，忽略重力循环自然附加压力的影响，并将式 $\Delta P = A\xi_{zh}G^2 = SG^2$ 带入式（5-1）$\Delta P_{AB} = \Delta P_K = \Delta P_S - P_Z$ 得到：

$$S_K G_K^2 = S_S G_S^2 \tag{5-54}$$

则

$$\frac{G_K}{G_S} = \sqrt{\frac{S_S}{S_K}} \tag{5-55}$$

由流体的质量守恒，有 $G=G_K+G_S$，将式（5-55）带入（5-34），则进流系数为

$$\alpha = \frac{G_S}{G} = \frac{G_S}{G_S + G_K} = \frac{1}{1 + G_K/G_S} = \frac{1}{1 + \sqrt{S_S/S_K}} \tag{5-56}$$

式中：$G$ 为 $A$ 前或 $B$ 后管段的总流量，kg/h；$G_K$ 为 $A$、$B$ 之间流经跨越管支路的流量，kg/h；$G_S$ 为 $A$、$B$ 之间流经散热器支路的流量，kg/h；$S_K$ 为 $A$、$B$ 之间流经跨越管支路的阻力数，Pa/（kg/h）$^2$；$S_S$ 为 $A$、$B$ 之间流经散热器支路的阻力数，Pa/(kg/h)$^2$。

由式（5-56）知，对于水平跨越式系统通过散热器支管的流量与总流量的比值即进流系数 $\alpha$，是由散热器支路的阻力数与跨越管支路的阻力数共同决定的。

根据当量局部阻力法公式得：

$$\Delta P = Rl + \Delta P_i = \frac{1}{900^2 \pi^2 d^4 \cdot 2\rho}\left(\frac{\lambda}{d}l + \sum \xi\right)G^2 = A\left(\frac{\lambda}{d}l + \sum \xi\right)G^2 = SG^2$$

即 $S = A\left(\dfrac{\lambda}{d}l + \sum \xi\right)$，附表 5-4 列出各种不同管径的 $A$ 值和 $\lambda/d$ 值，即对于任何形式的管段，只要知道管段长度 $l$ 与局部阻力 $\sum \xi$ 就可确定管段的阻力数 $S$，从而确定进流系数。

## 四、单元立管与水平干管供暖系统的水力计算应考虑的原则与方法

1. 单元立管的水力计算必须考虑重力循环自然附加压力的影响

（1）重力循环自然附加压力产生的原因。重力循环自然附加的影响可以从三个方面进行考虑：

1）成因：重力循环自然附加压力的成因有两个条件即密度差和高差。

$$P_z = \Delta \rho g \Delta h \qquad (5\text{-}57)$$

式中：$P_z$ 为重力循环自然附加压力，Pa；$\Delta \rho$ 为供、回水间的密度差，$kg/m^3$；$\Delta h$ 为重力循环自然附加压力的作用高差，m。

2）大小：每 1m 高差产生的重力循环自然附加压力的大小（以 95℃/70℃热媒为例）：

$$P_z = (\rho_{70} - \rho_{95}) g \Delta h = (977.81 - 961.92) \times 9.8 \times 1 = 156 Pa \qquad (5\text{-}58)$$

3）方向：重力循环自然附加压力的方向是向上的，有利于上层的热用户。可以理解为是由热媒冷却、体积收缩而产生的。

（2）重力循环自然压力在分户供暖系统中不可忽略。若将图 4-51（a）中的单元立管变为同程式系统图 4-51（b）似乎对水力平衡更有利，同程式立管到各个水平用户的管路长度相等，因此沿程与局部阻力大致相等。但有一个因素不可忽略，那就是重力循环附加压力的影响，它是造成分户供暖系统垂直失调的主要原因。从表 5-12 可以看出，1~6 层建筑的重力循环自然附加压力的影响是层数越高压力值越大。建筑层高按 3m 考虑，用户内的水平管段的平均比摩阻 $R_{pj}$=100Pa/m，环路长度较长为 100m，则阻力损失为 10kPa。

表 5-12　1~6 层建筑重力循环自然压力的影响

| 楼层数 | 1 | 2 | 3 | 4 | 5 | 6 |
|---|---|---|---|---|---|---|
| 重力循环产生压力/Pa | 467.2 | 934.3 | 1401.5 | 1868.7 | 2335.8 | 2803.0 |
| 用户阻力/Pa | 10000 | 10000 | 10000 | 10000 | 10000 | 10000 |
| 重力循环压力占用户阻力的比例/% | 4.67 | 9.34 | 14.0 | 18.7 | 23.4 | 28.0 |

同程式立管对于自然循环附加压力无有效地克服手段，当楼层数为 3 时，重力循环自然附加压力的影响已接近 GB 50736—2012 所规定的并联环路间的计算压力损失不应大于 15%的规定。因此同程式立管系统要慎重选用，比如说楼层不超过 3 层，室内系统阻力较大的可造低温热水地板辐射供暖（设计供回水温差小，为 10℃）等。

图 4-51 的异程式立管上的热用户，楼层越高，沿程与局部阻力越大，但同时自然重力附加压力也越大，且方向相反，可以相互抵消。当热媒温度为 95℃/70℃时，若供、回水立管的平均比摩阻值为 78Pa/m（供回水各占一半），沿程与局部阻力与自然重力附加压力完全抵消，相当于立管没有阻力。

考虑到质调节（即流量不变，改变供回水温度）的影响，重力循环自然附加压力的影响可按设计工况最大值的 2/3 考虑，推荐供、回水温度为 95℃/70℃时，供回水立管的平均比摩阻可在 40~60Pa/m 的范围内选取。异程式单元立管的阻力可以将重力循环附加压力消耗掉。工程设计时，应按实际的供、回水温度考虑重力循环附加压力的影响。

（3）运行中减小重力循环自然压力影响的方法。供回水立管的平均比摩阻在 40~60Pa/m 的范围内选取，因为通过任意的热负荷延续时间图可以看出在一个供暖期内，中低负荷区占有绝大多数比例，是应该优先加以考虑的。

以质调节为例，在供暖期的初、末期，室外温度较高，热负荷较低，供回水温度低且温差小，重力循环自然附加压力较小，当不足以克服沿程与局部的阻力时，对下层的热用户有利（热），对上层的热用户不利（冷）。可以通过调节提高供水温度，加大温差，减小流量加以解决，流量的减小对供热系统的节能是有好处的。

2. 水平干管的水力计算方法

水平干管由于各管段间无高差，不具备重力循环自然附加压力形成的条件，因此在水平管段的水力计算中不应考虑自然附加压力的影响。水平供、回水干管的平均比摩阻，可按照传统供暖的平均经济比摩阻的推荐范围来选取。可在其范围内选取较小值，这样有利于减小系统的不平衡率。

3. 分户供暖的最大允许不平衡率控制

传统供暖系统各并联环路之间的计算压力损失差值对单、双管的同、异程系统在参考文献《供暖通风设计手册》中有不同的规定。而现行的 GB50736—2012 规定：室内供暖系统设计必须进行水力平衡计算，并应采取措施使设计工况时各并联环路之间（不包括共用段）的压力损失相对差额不大于 15%。

# 第六章　蒸汽供暖系统

以蒸汽为热媒，向供暖、通风、空调、热水供应及生产工艺等热用户供热的系统，称为蒸汽供热系统。

## 第一节　概述

以水蒸汽作为热媒的采暖系统称为蒸汽供暖系统。图6-1是蒸汽供暖系统工作原理图。水在锅炉中被加热成饱和蒸汽，蒸汽靠自身压力作用流入散热器内，在散热设备内凝结放出汽化潜热，变成凝结水，凝结水经过疏水器后依靠自身的重力或机械力回到锅炉内重新被加热变成新的饱和蒸汽。

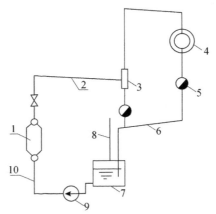

1—蒸汽锅炉；2—蒸汽管路；3—分水器；4—用热设备；5—疏水器；
6—凝水管路 7—凝水箱；8—空气管；9—凝水泵；10—凝水管
图 6-1　蒸汽供暖系统工作原理图

与热水相比，蒸汽作为热媒有如下特点：

（1）适应性广。用蒸汽作为热媒，可同时满足不同用户对压力、温度不同要求的热用户。

（2）相变放热，单位质量携能多，流量小，管径小，管道初投资低。蒸汽供热靠凝结放出潜热，而热水供暖靠的是热水温降的显热。就单位质量热媒，蒸汽放出的汽化潜热比热水温降放出显热大许多倍。

（3）热媒平均温度高，在相同负荷下，节省散热设备面积。蒸汽供暖系统中蒸汽的凝结过程为定压定温过程，散热设备的表面温度近似等于该压力下蒸汽的饱和温度，而热水供暖系统中散热设备的表面温度近似为进出口水温的平均值。蒸汽供暖系统中散热设备的表面温度较高，所以对相同热负荷下，蒸汽供暖系统更节省散热面积，设备投资小。

（4）状态参数变化大，有相变，设计和运行管理复杂，易出现"跑、冒、滴、漏"。

（5）蒸汽密度小，无水静压问题，适用于高层建筑高区。蒸汽的密度远小于水的密度，自身重力引起的静压力较小，因而适用作高层建筑高区的供暖热媒。

（6）蒸汽供暖系统热惰性小，即供汽时热得快，停汽时冷得也快。一方面由于蒸汽的热惰性小，因此适用于间歇供暖的场合；另一方面蒸汽的比容比水的比容大得多，因此蒸汽供暖管道中的流速通常比热水流速高得多，可大大减轻滞后现象。

（7）压力变化时，温度变化不大，不能质调，只能间歇调节。蒸汽流动的动力来自于自身压力，压力变化时，温度变化不大。因此蒸汽采暖不能采用改变热媒温度的质调节，只能采用间歇调节。因此使得蒸汽供暖系统用户室内温度波动大，供暖质量受影响。间歇工作时有噪声，易产生水击现象。

（8）卫生条件差。灰尘在 65～70℃ 开始分解，在高于 80℃ 时分解过程加剧。用蒸汽作热媒时，散热器和管道的表面温度高于 100℃，表面有机灰尘的分解与升华，将会影响室内空气质量。

（9）系统间歇工作管道易腐蚀。在蒸汽供暖中，采用间歇供暖来调节供暖房间的温度，系统管道的内壁反复接触水蒸气和空气，因而容易锈蚀，管道使用年限短。

（10）管道温度高，无效热损失大，且易烫伤人体。在蒸汽供暖中，由于锅炉定期排污要放掉热能，系统漏气量大，以及管道表面温度高，散热量大，造成了燃料的浪费。

由于上述特点，蒸汽供暖系统不宜在民用建筑中使用，目前一般用于工业建筑及其辅助建筑，也可用于供暖期比较短以及有工业用汽厂区办公楼。

# 第二节　室内蒸汽供暖系统

## 一、室内蒸汽供暖系统的分类

（1）按供汽压力大小的不同可分为：①高压蒸汽供暖系统，供汽压力 $P>0.07MPa$；②低压蒸汽供暖系统，供汽压力 $P\leqslant0.07MPa$；③真空蒸汽供暖系统，供汽压力 $P$ 低于大气压力。

（2）按蒸汽干管布置形式（位置）不同可分为：①上供式蒸汽供暖系统；②中供式蒸汽供暖系统；③下供式蒸汽供暖系统。为了保证蒸汽、凝结水同向流动，防止水击和噪声，上供下回式系统用得较多。

（3）按照回水（凝结水回收）动力不同可分为：①重力回水蒸汽供暖系统：其凝结水靠位差自流回水；②机械回水蒸汽供暖系统：凝结水靠凝结水泵回水，系统较大；③余压回水蒸汽供暖系统：疏水器后有足够的压力输送凝水。其中高压蒸汽系统均采用机械回水方式。

（4）按照凝水管形式（凝结水充满管道断面的程度）不同可分为：①干式回水蒸汽供暖系统；②湿式回水蒸汽供暖系统。湿式回水蒸汽供暖系统其凝结水干管内整个断面始终充满凝结水。

（5）按照立管数量（布置形式）不同可分为：①单管式蒸汽供暖系统；②双管式蒸汽供暖系统。单管式易产生水击和汽水冲击噪声，所以多采用垂直双管系统。

（6）根据凝结水系统是否通大气可分为：①开式系统（通大气）；②闭式系统（不通大气）。

## 二、低压蒸汽供暖系统

1. 重力回水低压蒸汽供暖系统

重力回水低压蒸汽供暖系统主要特点是供汽压力小于 0.07MPa，凝结水在有坡度管道中靠重力流回热源。

该系统由蒸汽管道、散热器、凝结水管构成一个循环回路，如图 6-2 所示。

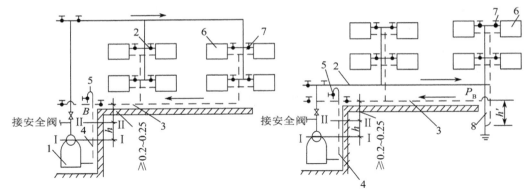

1—锅炉；2—蒸汽管；3—干式自流凝结水管；4—湿式凝结水管；5—空气管；6—散热器；7—截止阀；8—水封
（a）上供式系统　　　　　　　　　　　　（b）下供式系统
图 6-2　重力回水低压蒸汽供暖系统

（1）工作原理。在系统运行前，锅炉充水至图 6-2 所示 Ⅰ—Ⅰ 断面。锅炉加热后产生的蒸汽，在其自身压力作用下，沿供汽管道输送进入散热器内，并将积聚在供汽管道和散热器内的空气驱入凝水管，最后，经连接在凝水管末端的空气管排出。蒸汽在散热器内冷凝放热。凝水靠重力作用沿凝水管路返回锅炉，重新加热变成蒸汽，继续循环。

（2）干式凝水管。由于总凝水立管与锅炉连通，当锅炉工作时，在蒸汽压力作用下，总凝水立管的水位将升高 $h$ 值，达到 Ⅱ—Ⅱ 水面。当凝水干管内为大气压力时，$h$ 值即为锅炉内蒸汽压力所折算的水柱高度。为使系统内的空气能从 $B$ 点处顺利排出，$B$ 点前的凝水干管就不能充满水，即干管的横断面，上部分应充满空气，下部分充满凝水，凝水靠重力流动。这种非满管流动的凝水管，称为干式凝水管。它必须敷设在Ⅱ—Ⅱ水面以上，再考虑锅炉压力波动，B 点处应再高出Ⅱ—Ⅱ水面约 200 ~ 250mm。

（3）湿式凝结水管。水面Ⅱ—Ⅱ以下的总凝水立管 4 全部充满凝水，凝水满管流动，称为湿式凝水管。

（4）水封。水封用于排除蒸汽管沿途凝水，防止立管中汽水冲击，阻止蒸汽窜入凝水管，水平蒸汽干管坡向水封，水封底部设放水丝堵供排污及放空之用。图 6-2 中水封高度 $h'$ 应大于水封与蒸汽管连接点处蒸汽压力 $P_B$ 所对应的水柱高度。

（5）特点。重力回水低压蒸汽供暖系统形式简单，无需设置储水箱和凝水泵，因此运行时不消耗电能。重力回水低压蒸汽供暖系统通常在小型系统中使用，当系统作用半径较大，系统所需供汽压力较高时常采用机械回水系统。

2. 机械回水低压蒸汽系统

机械回水低压蒸汽系统主要特点是供汽压力不大于 0.07MPa，凝结水靠水泵动力送回热源。

（1）工作原理。图 6-3 所示为机械回水中供式低压蒸汽供暖系统原理图。

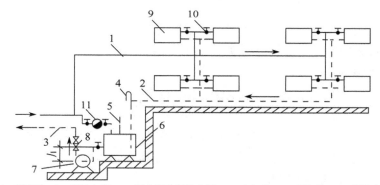

1—蒸汽管；2—凝结水管；3—回热源的凝结水管；4—空气管；5—通气管；6—凝结水箱；
7—凝结水泵；8—止回阀；9—散热器；10—截止阀；11—疏水器

图 6-3　机械回水中供式低压蒸汽供暖系统原理图

从锅炉来的蒸汽沿供汽管道输送进散热器内，蒸汽在散热器内冷凝放热，散热后其凝结水汇集到凝结水箱中，再由凝结水泵沿凝结水管送回锅炉，重新加热变成蒸汽，继续循环。

（2）与重力回水系统的区别：

1）不同于重力回水系统，机械回水系统是"断开式"系统。

2）水击：蒸汽管道中沿途凝结水被高速运动的蒸汽推动产生的浪花或水塞与管件相撞产生振动、噪音和局部高压的现象。

3）对系统的要求：①凝水箱布置应低于底层散热器和凝水干管，凝水干管末端插入水箱水面以下；②进凝水箱的凝水干管应作顺流向下的坡度，使从散热器流出的凝水靠重力自流进入凝水箱；③空气管在系统工作时排出系统空气，在系统停止工作时进入空气；④通气管用于排出凝水箱水面上方空气；⑤为了使系统的空气经凝水干管流入凝水箱，再经凝水箱上的空气管排往大气，凝水干管应按干式凝水管设计；⑥图 6-3 中高度 $h$（凝结水泵最小正水头值）用来防止凝结水泵汽蚀；⑦止回阀用于防止凝结水倒流，保护水泵，疏水器用于排除蒸汽管中的沿途凝结水以减轻系统的水击；⑧热源不必设在一层地面以下。

4）优点：扩大了供热范围，适用于较大型的蒸汽供暖系统，应用最为普遍。

3. 低压蒸汽供暖系统设计要点

（1）蒸汽在散热器内凝结放出汽化潜热。每 1kg 蒸汽在散热设备中凝结时放出的热量：

$$q = i_1 - q_1 \tag{6-1}$$

式中：$i_1$ 为进入散热设备时蒸汽的焓，kJ/kg；$q_1$ 为流出散热设备时蒸汽的焓，kJ/kg。

当进入散热设备时的蒸汽是饱和蒸汽，流出的水是饱和凝水时，每 1kg 蒸汽在散热设备中凝结时放出的热量为蒸汽在凝结压力下的汽化潜热：

$$Q = \gamma \tag{6-2}$$

低于饱和温度的数值称为过冷却度。过冷却放出的热量很少，一般可忽略不计。当稍微过热的蒸汽进入散热设备，其过热度不大时，也可忽略。这样，所需通入散热设备的蒸汽量，通常可按照下式计算：

$$G = \frac{AQ}{\gamma} = \frac{3600Q}{1000\gamma} = 3.6\frac{Q}{\gamma} \tag{6-3}$$

式中：$G$ 为所需通入散热设备的蒸汽量（设计流量），kg/h；$Q$ 为设计条件下散热设备的设计热负荷，W；$\gamma$ 为蒸汽在凝结压力下的汽化潜热，kJ/kg；$A$ 为单位换算系数，1W=1J/s=3600/1000 kJ/h=3.6 kJ/h。

（2）蒸汽为热媒时所需散热器面积的计算方法和公式基本相同。特别注意蒸汽为热媒时散热器传热系数公式中散热器内热媒平均温度的确定：①当蒸汽表压力不大于 0.03MPa 时，$t_{pj}$ 取 100℃；②当蒸汽表压力大于 0.03MPa 时，$t_{pj}$ 取与散热器进口蒸汽压力相对应的饱和温度。

（3）散热器排气阀安装位置。蒸汽供热系统散热器排气阀应在散热器下的 1/3 处。热水供暖空气聚集在散热器上部，蒸汽采暖系统由于 $\rho_{蒸汽} < \rho_{空气}$，散热器内如果有空气，则其上部是蒸汽，中部或中下部是空气，底部是凝结，如图 6-4 左图所示。

1）散热器正常工作：散热器内的蒸汽压力只需比大气压力稍高一点即可。

如果进入散热器的蒸汽流量正好全部满足冷凝要求时，进入的蒸汽量恰能被散热器表面冷却下来，形成一层凝水薄膜沿散热器壁面向下流动，凝水顺利流出，不积留在散热器内，空气排除干净，散热器正常工作，如图 6-4 左图所示。

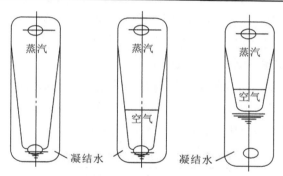

图 6-4 蒸汽在散热器内凝结示意图

2）当供汽压力降低，进入散热器中的蒸汽量减少（小于给定热负荷对应数量），不能充满整个散热器，散热器内的空气不能排净，由于低压蒸汽的比容比空气大，蒸汽只占据散热器上部空间，空气则停留在散热器中下部，如图 6-4 中图所示。

3）凝洁水排除不畅，便会有未凝结蒸汽进入凝水管，则散热器内凝结水位将升高，同时散热器表面温度随蒸汽压力升高而大于设计值，散热器散热量增大，如图 6-4 右图所示。

（4）低压蒸汽进入散热器后，压力降低到接近大气压，散热器凝结水支管上可不设疏水器；也可在每组散热器或凝结水立管下部设一个疏水器，阻止蒸汽通过，排出凝结水和空气。

（5）为了防止凝结水泵内产生汽蚀，水泵应在凝结水箱最低水位以下，以保证图 6-3 中所示的最小正水头 $h$ 值，$h$ 值见表 6-1。

表 6-1 凝结水泵最小正水头的数值

| 凝结水温度/℃ | 80 | 90 | 100 |
|---|---|---|---|
| 最小正水头/m | 2 | 3 | 6 |

（6）蒸汽管或凝结水管过门或洞口时采用图 6-5 的安装方式。

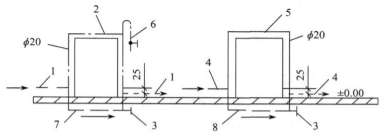

1—湿式凝结水管；2—空气管；3—排污放水丝堵；
4—蒸汽管或干式凝结水管；5—绕行管；6—排气阀；7、8—下返管
图 6-5 门或洞口处管道的安装（单位：mm）

（7）防止水击。在蒸汽供暖管路中，排除沿途凝结水，以免发生蒸汽系统常有的"水

击"现象。为了减轻水击现象，应采取以下措施：①敷设的供汽管路，必须有足够的坡度，保持汽、水同向流动；②蒸汽干管向上拐弯处，必须设置疏水装置，定期排出沿途流来的凝水，防止产生水击现象；③降低蒸汽流速。

（8）干式、湿式重力回水凝结水管管径的确定。凝结水管所需管径可根据管道负担的热负荷、凝结水管的特征（干式、湿式凝结水管）、管道长度查相关设计手册确定。

（9）低压蒸汽供暖系统中蒸汽的最大允许流速不应该超过表 6-2 所给数据。

表 6-2　蒸汽供暖系统中蒸汽的最大允许流速

| 蒸汽管公称直径/mm | 蒸汽入口表压力 $P$ 下的最大流速/（m/s） | | |
| --- | --- | --- | --- |
| | $P \leqslant 0.07$ MPa | | $P > 0.07$ MPa |
| | 汽水同向流动 | 汽水逆向流动 | 汽水同向流动 |
| 15 | 14 | 10 | 25 |
| 20 | 18 | 12 | 40 |
| 25 | 22 | 14 | 50 |
| 32 | 23 | 15 | 55 |
| 40 | 25 | 17 | 60 |
| 50 | 30 | 20 | 70 |
| $\geqslant 50$ | 30 | 20 | 80 |

（10）设置自动排气阀。当停止供汽时，散热器和管路内会出现一定的真空度，应打开空气管的阀门，使空气通过干式凝水干管迅速进入系统，以免空气从系统的接缝处渗入，使接缝处生锈、不严密、造成渗漏，最好在散热器上设置蒸汽自动排气阀以补进空气。

# 第三节　高压蒸汽供暖系统

## 一、高压蒸汽供暖系统的技术经济特性

凡表压大于70kPa的蒸汽称为高压蒸汽供暖系统，但一般不大于0.39MPa，其特性如下。

（1）一般高压蒸汽供暖系统与工业生产用汽共用汽源而且蒸汽压力往往大于供暖系统允许最高压力，因此必须减压后才能与供暖系统连接。

高压蒸汽汽源与热用户系统连接有以下几种方式：

1）与生产工艺用户连接。一般采用间接连接方式，有利提高凝结水回收率。

2）与供暖、通风用户连接。一般经过减压阀减压后，再进入散热器或暖风机。如果需要采用热水供暖，可在用户入口安装汽-水换热器或蒸汽喷射器。

3）与生活热水用户连接。采用间接连接，通过容积式换热器或汽-水加热器的连接方

式；不宜直接用蒸汽直接加热连接方式。

（2）特点是供汽压力高，流速大，系统作用半径大，但沿程管道热损失也大。对于同样的热负荷，所需管径小；但如果沿途凝水排泄不畅时，会产生严重水击。

（3）散热器内蒸汽压力高，表面温度也高。对于同样的热负荷，所需散热面积少。

（4）易烫伤人和烧焦落在散热器上有机尘，卫生和安全条件较差。

（5）凝水温度高，容易产生二次蒸发汽。

（6）运行管理复杂。

## 二、高压蒸汽供暖系统的形式

原则上也可以采用上供式、中供式及下供式，为了简化系统及防止"水击"，尽可能采用上供式，使立管中蒸汽与沿途凝结水同向流动。

1. 上供下回式高压蒸汽供暖系统

上供下回式高压蒸汽供暖系统如图6-6所示。

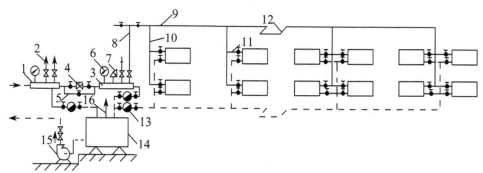

1—高压分汽缸；2—工艺用户供汽管；3—低压分汽缸；4—减压阀；5—减压阀旁通管；6—压力表；7—安全阀；8—供汽主立管；9—水平供汽管；10—供汽立管；11—供汽支管；12—方形补偿器；13—疏水器；14—凝结水箱；15—凝结水泵；16—通气管

图6-6　上供下回式高压蒸汽供暖系统

（1）高压蒸汽通过室外蒸汽管路进入用户入口的高压分汽缸，将高压蒸汽分配给工艺生产用汽。

（2）蒸汽经减压后，进入低压分汽缸3，减压阀设有旁通管。安全阀7限制进入供暖系统的最高压力不超过额定值。从低压分汽缸3上可分出多个分支，分别供通风空调系统的蒸汽加湿以及为汽水换热器以及蒸汽加热器和用蒸汽的暖风机等用汽设备提供蒸汽。系统中设有疏水器13，将沿途以及系统产生的凝结水排除到凝结水箱14中，凝结水箱上设有通气管16通大气、排除箱内的空气和二次蒸汽，因此称为开式系统。凝结水箱的水由凝结水泵15送回凝结水泵站或热源。

（3）室内供暖系统的蒸汽，在用热设备冷凝放热，冷凝水沿凝水管道流动，经过疏水器后汇流到凝水箱，然后，用凝结水泵压送回锅炉房重新加热。

（4）高压蒸汽供暖系统在每个环路凝水干管末端集中设置疏水器。

（5）高压蒸汽和凝水温度高，在供汽和凝水干管上，往往需要设置补偿器和固定支架，以补偿管道的热伸长。

（6）"二次蒸汽"利用。在开式系统中"二次蒸汽"从通气管 16 排出，浪费能源。在闭式系统中采用图 6-7 所示闭式凝结水箱。由补气管 5 向箱内补给蒸汽，使其内部压力维持在 5kPa 左右（由压力调节器 3 控制）。水箱上设安全水封 2，防止水箱内压力升高、"二次蒸汽"逸散和隔绝空气，从而减轻系统腐蚀，节省热能。

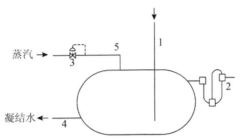

1—凝结水进入管；2—安全水封；3—压力调节器；4—凝结水排出管；5—补气管

图 6-7　闭式凝结水箱

2. 上供上回式高压蒸汽供暖系统

上供上回式高压蒸汽供暖系统，如图 6-8 所示。

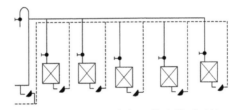

图 6-8　上供上回式高压蒸汽供暖系统

车间地面上不便于布置凝水管时，也可以将系统的供汽干管和凝水干管设于房屋上部，即采用上供上回式系统。

当工业厂房中用汽设备较多，用汽量大时，凝结水系统产生的二次蒸汽量大，还可以利用二次蒸发箱将二次蒸汽汇集起来加以利用，如图 6-9 所示。

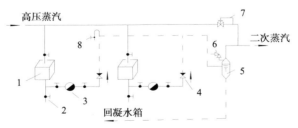

1—暖风机；2—泄水阀；3—疏水装置；4—止回阀；5—二次蒸发箱；6—安全阀；7—蒸汽压力调节阀；8—空气管

图 6-9　设置二次蒸发箱的室内高压蒸汽供暖系统示意图

（1）高压用汽设备凝结水通过疏水器后，利用其余压作用上升到凝水干管，再进入二次蒸发箱。通过二次蒸发箱分离出二次蒸汽，再就地利用。

（2）在每组散热设备的凝结水出口处，除安装疏水器外，还应安装止回阀，防止停止供汽后散热设备被凝水充满。

（3）高压蒸汽供暖系统启动时，如果升压过快极易产生水击现象，空气也不易排出。

本系统适用于工业厂房散热量大、且难以在地面敷设凝水管时的暖风机供暖系统。节约地沟、检修方便；系统泄水不便。

## 三、高压蒸汽供暖系统的特点

（1）系统中空气的排除。在系统运行时，可以借助蒸汽的高压将部分空气驱走；也可以在疏水器前设置排气管将空气直接排出系统。

（2）设置补偿器。高压蒸汽和凝水温度高，在供汽和凝水干管上，往往需要设置补偿器和固定支架，以补偿管道的热伸长。

（3）二次蒸汽的回收利用。

## 四、高压蒸汽供暖系统凝水回收方式

高压蒸汽供暖系统凝水回收方式，根据凝水回流动力的不同，分成余压回水和加压回水；根据凝水箱是否与大气相通，分为开式和闭式。

1. 余压回水凝结水回收系统

利用凝结水克服疏水器阻力后的余压，将凝水送回锅炉房内高位凝结水箱的方式，称为余压回水。

余压回水系统设备简单，是被普遍采用的高压凝水回收方式。为避免高低压凝水合流时相互干扰，影响低压凝水的排出，可采用如下措施，如图6-10所示：一是将高压凝水管作成喷嘴顺流插入低压凝水管中；二是将高压凝水管做成多孔管顺流插入低压凝水管中。

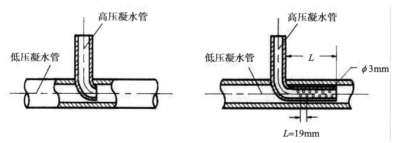

图6-10　高低压凝水合流的简单措施

$[L=6.5n，n=12.4f$（$n$为开孔数，$f$为高压凝水管截面积）$]$

2. 加压回水凝结水回收系统

当凝水余压不足以将凝水送回锅炉房时，可在用户处设置凝水箱，收集多个用户不同压力的高温凝结水,处理二次蒸汽后,用水泵将凝水加压送回锅炉房,称为加压回水方式。

3. 开式凝结水回收系统

各散热设备排出的高温凝水靠余压送入开式高位水箱,在水箱中泄掉过高压力,并通过水箱上的空气管排出二次蒸汽变成凝水,再依靠高位凝水箱与锅炉房凝水箱之间的高差通过湿式凝水管返回锅炉房。

4. 闭式凝结水回收系统

当工业厂房的蒸汽供暖系统使用较高压力时,凝水管道中产生的二次蒸汽量较大。可在凝水回收系统中设置闭式二次蒸发箱,凝水靠疏水器后的余压被送入与大气隔绝的封闭的二次蒸发箱,在二次蒸发箱内二次蒸汽与凝水分离,二次蒸汽引入附近的低压蒸汽用热设备加以利用,分离出来的凝水通过闭式满管流的湿式凝水管流回锅炉房的凝水箱。

## 五、高压蒸汽供暖系统设计要点

(1)计算蒸汽管时,应根据散热器内压力选用不同的水力计算表。其设计计算与低压有类似之处,其设计供汽压力差别较大,因此计算蒸汽管时应根据散热器内压力选用不同的水力计算表。

(2)尽可能采用上供式和同程式系统。高压蒸汽供暖系统并联管路达到平衡是比较困难的,一般不进行并联管路平衡计算,管路布置尽可能采用上供式和同程式系统。图 6-11 所示异程式系统系统中设备 1、2、3、4 的供汽压力 $P_1 > P_2 > P_3 > P_4$,使各散热器设备回水压力 $P_1' > P_2' > P_3' > P_4'$,即离入口越近,散热设备回水压力越高。从而可能阻碍远处散热设备凝结水回流及空气排出,导致远处散热设备不热。同程式系统中并联立管压力易于平衡,一般不会产生上述情况。

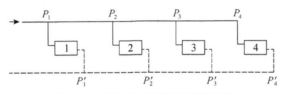

图 6-11　异程式高压蒸汽供暖系统

(3)在入口处,根据需要设置不同压力的分气缸。分气缸上应安装压力表、安全阀及疏水装置。

(4)在干管上设补偿器。高压蒸汽和凝水温度高,在供汽和凝水干管上,往往需要设置补偿器和固定支架,以补偿管道的热伸长。

(5)在散热器入口和出口设截止阀,以调节蒸汽量,保证关断。

(6)散热器后应设疏水器,当疏水器本身无止回功能时,应在疏水器后的凝水管上设止回阀。

(7)高压蒸汽管道除经常拆卸检修的地方用法兰连接外,尽量采用焊接,不用螺纹连接，以防热胀冷缩引起泄漏。

（8）其他要求同低压蒸汽管道。

# 第四节　蒸汽系统专用设备

## 一、疏水器

1．疏水器作用

疏水器具有自动阻止蒸汽逸漏而且迅速地排出用热设备及管道中的凝水，同时能排出系统中积留的空气和其他不凝气体的作用。

2．疏水器的类型及疏水器的工作原理

疏水器的作用原理不同，可分为三种类型：

（1）机械型疏水器。利用蒸汽和凝水的密度不同，形成凝结水液位的变化，以控制凝结水排水孔自动启闭工作的疏水器。主要产品有浮筒式、自由浮球式、倒吊筒式疏水器等。

（2）热动力型疏水器。利用蒸汽和凝结水流动时热动力学特性的不同来工作的疏水器。主要产品有热动力式（圆盘式）、脉冲式、孔板或迷宫式疏水器等。

（3）热静力型（恒温型）。利用蒸汽和凝结水的温度变化引起恒温元件膨胀或变形来工作的疏水器。主要产品有波纹管式、双金属片式和液体膨胀式疏水器等。

3．浮筒式疏水器

（1）浮筒式疏水器结构及工作原理。

1）浮筒式疏水器结构组成如图6-12所示。

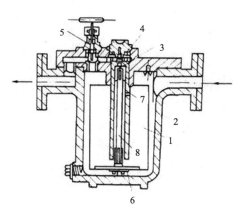

1—浮筒；2—外壳；3—顶针；4—阀孔；5—放气阀；6—重块；7—水封套筒排气孔；8—阀杆

图6-12　浮筒式疏水器结构组成

2）工作原理。凝结水流入疏水器外壳内，当壳内水位升高时，浮筒浮起，顶针将阀孔关闭，为阻汽状态，如图 6-13（a）所示。

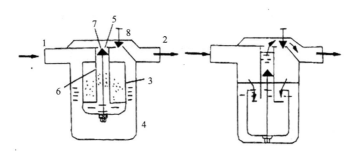

（a）阻汽状态　　　　　　　　　（b）排水状态
1—蒸汽凝结水入口；2—凝结水出口；3—开口浮筒；4—外壳；5—阀门；6—导向装置；7—导向装置；8—顶针
图 6-13　浮筒式疏水器工作状态

　　继续进水至外壳，凝结水从外壳进入浮筒。当水即将充满浮筒时（浮筒内重力大于浮力），浮筒下沉，阀孔打开，凝结水借蒸汽压力排到凝结水管去，为排水状态，如图 6-13（b）所示。当凝结水排出一定数量后，浮筒的总重量减轻，浮筒再度浮起，又将阀孔关闭。如此反复循环动作。

　　放气阀用于排除系统启动时的空气，阀芯提高时外壳内的空气通过放气阀排到凝结水管中。

　　其工作原理如图 6-14 所示。图 6-14（a）表示浮筒即将下沉，阀孔仍然处于关闭状态，即将开启，凝结水装满（90%）浮筒情况；图 6-14（b）表示浮筒即将上浮，阀孔仍然处于开启状态，即将关闭，余留在浮筒内的一部分凝结水起到水封作用，阻止蒸汽逸漏。

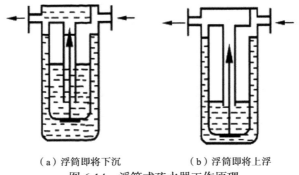

（a）浮筒即将下沉　　　　　　　（b）浮筒即将上浮
图 6-14　浮筒式疏水器工作原理

　　浮筒的容积、浮筒及阀杆等的重量、阀孔直径及阀孔前后凝水的压差决定浮筒的正常沉浮工作。

　　（2）特点。浮筒式疏水器结构简单、制造方便。浮筒式疏水器在正常工作情况下，漏汽量只等于水封套筒上排气孔的漏气量，数量很小。它能排出具有饱和温度的凝结水。疏水器凝结水的表压力 $P_1$ 在 50kPa 或更小时便可启动疏水。它的缺点是体积大、排凝结水量小、活动部件多、筒内易沉渣结垢、阀孔易磨损、可能因阀杆被卡住而失灵、维修量较大。

4.　圆盘式疏水器

（1）圆盘式疏水器结构。圆盘式疏水器属于热动力型疏水器，由阀体、阀盖及过滤器等组成，如图 6-15 所示。

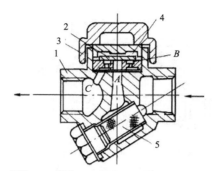

1—阀体；2—阀片；3—阀盖；4—控制室；5—过滤器

图 6-15　热动力型疏水器

（2）工作原理。当凝结水带有蒸汽时，蒸汽在阀片下面从 $A$ 孔经阀片 2 下的环型通道 $B$ 槽流向出口，在通过阀片和阀座之间的狭窄通道时 $C$，压力下降，蒸汽比容急骤增大，阀片下面蒸汽流速激增，造成阀片下面的静压下降。同时，蒸汽在 $B$ 槽与出口孔 $C$ 处受阻，被迫从阀片 2 和阀盖 3 之间的缝隙冲入阀片上部的控制室 4，动压转化为静压，在控制室内形成比阀片下更高的压力，迅速将阀片向下关闭而阻汽。

（3）特点。圆盘式疏水器体积小、重量轻、结构简单、安装维修方便、排水能力大、自身带过滤器 5、有止回阀作用，可阻止凝结水倒流，能稳定工作在阀前压力 $P_1$ 高于 0.1MPa、阀后压力 $P_2=0.5P_1$ 的情况。

5.　温调式疏水器

温调式疏水器属于热静力型疏水器，如图 6-16 所示。

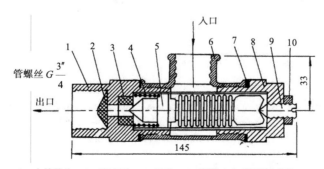

1—大管接头；2—过滤网；3—网座；4—弹簧；5—温度敏感元件；
6—三通；7—垫片；8—后盖；9—调节螺钉；10—锁紧螺母

图 6-16　温调式疏水器（单位：mm）

（1）工作原理。当具有饱和温度的凝水到来时，由于凝水温度较高，使液体的饱和压力升高，波纹管轴向伸长，带动阀芯，关闭凝水通路，防止蒸汽逸漏。当疏水器中的凝水由于向四周散热而温度下降时，液体的饱和压力下降，波纹管收缩，打开阀孔，排放凝水。

（2）特点。在低压蒸汽供暖系统中常用的恒温式疏水器（图 6-17）也是属于热静力型（恒温型）这类的疏水器。

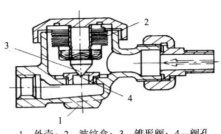

1—外壳；2—波纹盒；3—锥形阀；4—阀孔

图 6-17　恒温式疏水器

6. 疏水器的选择要求

（1）性能方面：在单位压降下排凝水量较大，漏汽量要小（不大于实际排水量的 3%），能顺利的排除空气，对凝水的流量、压力和温度的波动适应性强。

（2）结构方面：结构简单，活动部件少，便于维修，体积小，金属耗量少。

（3）使用寿命长。

7. 疏水器与管路的连接方式

疏水器多为水平安装，与管路的连接方式如图 6-18 所示。

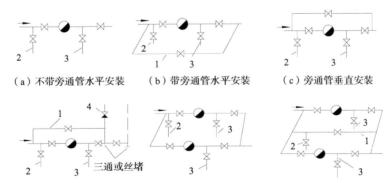

（a）不带旁通管水平安装　　（b）带旁通管水平安装　　（c）旁通管垂直安装

（d）旁通管垂直安装（上返）（e）不带旁通管并联安装　（f）带旁通管并联安装

1—旁通管；2—冲洗管；3—检查管；4—止回阀

图 6-18　疏水器与管路的连接方式

疏水器与管路连接时需注意以下问题：

（1）疏水器前后需设置截止阀，用以截断检修。

（2）疏水器前后需设置冲洗管和检查管。

（3）旁通管设置。①作用：系统启动时排除凝结水和空气；检修疏水器时不中断用热设备用汽和排出凝结水。②设置条件及位置：疏水器有活动部件，需要经常维修、更换，因此对不允许中断供汽的生产设备，为了检修时不影响生产，应安装旁通管。

但旁通管极易产生副作用。对小型供暖系统可考虑不设旁通管，如图 6-18（a）、（e）所示；多台疏水器并联时，可安装旁通管如图 6-18（f）所示，也可不设旁通管如图 6-18（e）所示。

（4）疏水器前端应设过滤器，疏水器后应装止回阀。

8. 疏水器的选择计算

（1）疏水器的选择倍率。选择疏水器阀孔尺寸时，应使疏水器的排水能力大于用热设备的理论排水量，即

$$M_{de} = KM_{th} \tag{6-4}$$

式中：$M_{de}$ 为疏水器设计排水量，kg/h 或 kg/s；$M_{th}$ 为用热设备的理论排水量，kg/h 或 kg/s；$K$ 为选择疏水器的倍率。

引入 $K$ 值是考虑以下因素：①使用情况。疏水器的使用条件经常会发生变化，理论计算与实际运行情况不会一致。②安全因素。用热设备在低压力、大负荷的情况下启动时，或需要迅速加热用热设备时，疏水器的排水能力要大于设备正常运行时的疏水量。

$K$ 值不是越大越好，对浮筒式疏水器，$K$ 值越大，疏水器体积大，造价高；对热动力式疏水器，$K$ 值大，易造成漏汽。不同热用户系统的疏水器选择倍率 $K$ 值，可按表 6-3 选用。

表 6-3　疏水器选择倍率 $K$ 值

| 系统 | 使用情况 | 选择倍率 $K$ | 系统 | 使用情况 | 选择倍率 $K$ |
|---|---|---|---|---|---|
| 供暖 | $P \geq 100\text{kPa}$ | 2～3 | 淋浴 | 单独换热器 | 2 |
| | $P < 100\text{kPa}$ | 4 | | 多喷头 | 4 |
| 热风 | $P \geq 100\text{kPa}$ | 2 | 生产 | 一般换热器 | 3 |
| | $P < 100\text{kPa}$ | 3 | | 大容量、常间歇、速加热 | 4 |

（2）疏水器排水量计算。任何形式的疏水器，其内部均有一排小水孔，选择疏水器的规格尺寸，确定疏水器的排水能力，就是选择排水小孔的直径或面积。

1）计算公式。疏水器的排水量，可按下式计算：

$$M = 0.1A_t d^2 (\Delta P)^{0.5} \tag{6-5}$$

式中：$d$ 为疏水器的排水阀孔直径，mm；$\Delta P$ 为疏水器前后的压力差，kPa；$A_t$ 为疏水器的排水系数，当通过冷水时，$A_t=32$；当通过饱和凝水时，按附表 6-1 选用。当生产厂家产品样本中提供排水量时，可直接采用。

附表 6-1 中的数据是对疏水器后压力（背压）为零（$P_2$ 为大气压）给出的，在疏水器前后的压力差相同情况下，背压增高（$P_2 >$ 大气压），二次汽化量减少，排水能力要大于

附表6-1给出的数值，采用手册中数据，是较安全的。

（3）疏水器前、后压力的确定。疏水器前、后设计压力及其设计压差的数值，关系到疏水器孔径的选择及疏水器后余压回水管路资用压力的大小。

1）疏水器前的表压力 $P_1$ 取决于疏水器在蒸汽供热系统中连接的位置。当疏水器用于排除蒸汽管路的凝水时，$P_1 = P_{tr}$，此处 $P_{tr}$ 为疏水点处的蒸汽表压力；$P_1$ 为疏水前的表压力。当疏水器安装在用热设备的出口凝水支管上时，$P_1=0.95P_{tr}$，此处 $P_{tr}$ 为用热设备前的蒸汽表压力。

当疏水器安装在凝水干管末端时，$P_1=0.7P_b$，此处 $P_b$ 表示该供热系统的入口蒸汽表压力。

2）疏水器后的设计倍压值确定。凝水通过疏水器及其排水阀孔时，要损失部分能量，疏水器后的出口压力 $P_2$ 降低。为保证疏水器正常工作，必须保证疏水器有一个最小的压差 $\Delta P_{min}$，亦即在疏水器前压力 $P_1$ 给定后，疏水器后的压力 $P_2$ 不得超过某一最大允许背压 $P_{2max}$ 值。

$$P_{2max} \leqslant P_1 - \Delta P_{min} \tag{6-6}$$

疏水器的最大允许背压 $P_{2max}$ 值，取决于疏水器的类型和规格，通常由生产厂家提供实验数据。

3）疏水器后的压力 $P_2$ 的确定。设计时选用较高的疏水器背压 $P_2$ 值，对疏水器后的余压凝水管路水力计算有利，但疏水器前后压差减小，对选择疏水器不利。同时，疏水器后的背压 $P_2$ 值不得高于疏水器的最大允许背压 $P_{2max}$ 值。通常，可按下式计算得出的值作为疏水器后的设计背压值，即

$$P_2 = 0.5P_1 \tag{6-7}$$

## 二、水封及孔板式疏水阀

水封及孔板式疏水器都能起到阻汽疏水的作用。其优点是结构简单、无活动部件。

1. 水封

（1）水封结构。水封有单极及多级水封，其结构如图6-19和图6-20所示。

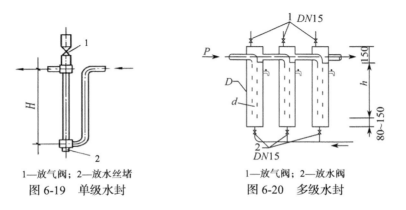

1—放气阀；2—放水丝堵　　　　　　　　1—放气阀；2—放水阀
图6-19　单级水封　　　　　　　　　　图6-20　多级水封

水封上部有放气阀 1、可以排气。底部有放水丝堵 2，供排污和放空之用。

（2）适用条件及安装要求。水封用于蒸汽压力小于 0.05MPa，且换热器或其他用户设备内压力较稳定的地方。

水封中积存的凝结水阻止了蒸汽的通过，水封的高度 $H$ 应等于水封安装处前后的压力差相当的水柱高度，并考虑 10%的富余值。

2. 孔板式疏水阀

（1）孔板式疏水阀工作原理。孔板式疏水阀结构如图 6-21 所示。

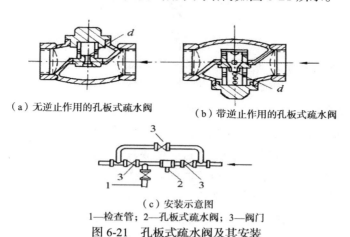

（a）无逆止作用的孔板式疏水阀　　　　　（b）带逆止作用的孔板式疏水阀

（c）安装示意图

1—检查管；2—孔板式疏水阀；3—阀门

图 6-21　孔板式疏水阀及其安装

孔板式疏水阀工作原理是：纯凝结水的密度大，能够顺利通过孔板内面积很小的阀孔；蒸汽或含蒸汽凝结水的密度小，通过孔板内面积很小的阀孔时受到阻碍。从而达到阻汽疏水的作用。

（2）适用条件及安装要求。孔板式疏水阀不能用于排除蒸汽管的沿途冷凝水，可用于蒸汽压力小于 0.6MPa，而且蒸汽流量的波动值不超过 30%的场所，安装如图 6-21（c）所示。

## 三、减压阀

减压阀通过调节阀孔的大小，对蒸汽进行节流而达到减压目的，并能自动地将阀后压力维持在一定范围内。国产减压阀有活塞式、波纹管式和薄膜式等几种。

1. 活塞式减压阀

（1）活塞式减压阀结构及其工作原理。活塞式减压阀结构及其工作原理如图 6-22 所示。

主阀 1 由活塞 2 上面的阀前蒸汽压力与下弹簧 3 的弹力相互平衡控制作用而上下移动，增大或减小阀孔的流通面积。针阀 4 由薄膜片 5 带动升降，开大或关小室 d 和室 e 的通道，薄膜片的弯曲度由上弹簧 6 和阀后蒸汽压力的相互作用来操纵。开启前，主阀关闭。

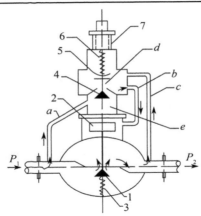

1—主阀；2—活塞；3—下弹簧；4—针阀；5—薄膜片；6—上弹簧；7—旋紧螺丝

图 6-22　活塞式减压阀结构及其工作原理

　　启动时，旋紧螺丝 7 压下薄膜片 5 和针阀 4，阀前压力为 $P_1$ 的蒸汽便通过阀体内通道 a、室 e、室 d 和阀体内通道 b 到达活塞 2 上部空间，推下活塞，打开主阀。蒸汽流过主阀，压力下降为 $\Delta P_2$，经阀体内通道 c 进入薄膜片 5 下部空间，作用在薄膜片上的压力与旋紧的弹簧力相平衡。调节旋紧螺钉 7 使阀后压力达到设定值。

　　当某种原因使阀后 $P_2$ 升高时，薄膜片 5 由于下面的作用力变大而上弯，针阀 4 关小，活塞 2 的推动力下降，主阀上升，阀孔通路变小，$P_2$ 下降。反之，动作相反。可以保持 $P_2$ 在一个较小的范围内波动（一般在 ±0.05MPa），阀后压力处于基本稳定状态。

　　（2）适用范围。适用于工作温度小于 300 ℃、工作压力小于 1.6MPa 的蒸汽管道，阀前与阀后最小调节压差为 0.15MPa。

　　（3）特点。工作可靠，维修量小，工作温度和压力较高，减压范围较广，占地面积小。

　　2. 波纹管减压阀

　　波纹管减压阀，如图 6-23 所示。

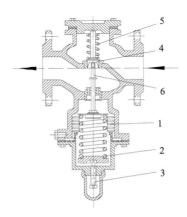

1—波纹箱；2—调节弹簧；3—调整螺钉；4—阀瓣；5—辅助弹簧；6—阀杆

图 6-23　波纹管减压阀

　　波纹管减压阀主阀开启大小靠通至波纹箱 1 的阀后蒸汽压力和阀杆下的调节弹簧 2 的弹力相互平衡来调节。压力波动范围在±0.025MPa 以内。阀前与阀后的最小调压差为 0.025MPa。波纹管适用于工作温度低于 200 ℃，工作压力达 1.0MPa 的蒸汽管路上。

　　波纹管减压阀的调节范围大，压力波动范围较小，特别适用于低压蒸汽供暖系统。

　　3．减压阀的选择计算

　　（1）减压阀孔截面面积确定。蒸汽流过减压阀阀孔的过程是绝热节流过程，通过减压阀孔口的蒸汽量与流体的临界压力比有关，根据减压阀的不同工况，可分别进行计算。也可直接查图表选用。在工程设计中选择减压阀孔面积时见手册。减压阀孔截面面积可按下式计算：

$$A = \frac{M}{\mu q} \qquad (6\text{-}8)$$

式中：$M$ 为通过减压阀的蒸汽流量，kg/h；$\mu$ 为减压阀阀孔的流量系数，一般取 $\mu=0.6$；$q$ 为每平方厘米阀孔面积通过的理论饱和蒸汽流量，kg/（cm$^2$·h）。

　　（2）减压阀公称直径确定。每平方厘米阀孔面积通过的理论饱和蒸汽流量 $q$ 值可查图 6-24，根据减压阀前蒸汽绝对压力 $P_1$（图 6-24 中弧线所对应的压力数值）和减压阀后蒸汽绝对压力 $P_2$（图 6-24 中横坐标所对应的压力数值），在纵坐标上查得 $q$ 的数值。用式（6-8）可算得减压阀阀孔面积 $A$ 值，在表 6-4 中查出对应的减压阀公称直径。

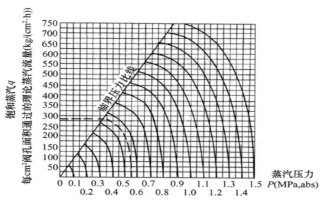

图 6-24　饱和蒸汽减压阀阀孔面积选用图

表 6-4　减压阀公称直径

| 公称直径 $DN$/mm | 阀孔截面面积 $F$/cm$^2$ | 公称直径 $DN$/mm | 阀孔截面面积 $F$/cm$^2$ |
| --- | --- | --- | --- |
| 25 | 2.00 | 80 | 13.20 |
| 32 | 2.80 | 100 | 23.50 |
| 40 | 3.48 | 125 | 36.80 |
| 50 | 5.30 | 150 | 52.20 |
| 65 | 9.45 | | |

4. 减压阀的安装

减压阀的安装，如图 6-25 所示。

（a）活塞减压阀旁通管垂直安装　　（b）活塞减压阀旁通管水平安装　　（c）波纹管式和薄膜式减压阀安装

图 6-25　减压阀的安装

（1）旁通管的作用是为了保证供汽。

（2）当减压阀发生故障需要检修时，可关闭减压阀两侧的截止阀，暂时通过旁通管供汽。

（3）减压阀两侧应分别设高压和低压压力表，为防止减压后的压力超过允许的限度，阀后应装安全阀。

当要求减压前后压力比大于 5～7 倍时，或阀后蒸汽压力 $P_2$ 较小时，应串联两个减压阀，以使减压阀工作时的振动、噪声减小，且运行可靠。在热负荷波动频繁而剧烈时，为使第一级减压阀工作稳定，两阀之间的距离应尽量拉长一些。在热负荷稳定时，其中一个减压阀可以用节流孔板代替。

**四、二次蒸发箱**

1. 二次蒸发箱作用

二次蒸发箱的作用是将室内各用汽设备排出的凝结水或汽水混合物，在较低的压力下分离出一部分二次蒸汽，并将低压的二次蒸汽输送到低压蒸汽采暖系统或热水供应系统等热用户利用。

2. 二次蒸发箱结构

二次蒸发箱实际是一个扩容器，构造如图 6-26 所示。其结构简单，当高压含汽凝结水沿切线方向的入口（管道）进入箱内时，由于容积扩大及进口阀的节流作用，压力下降，凝结水分离出一部分二次蒸汽。水的旋转运动使汽水分离，使二次蒸汽聚集在上方，凝结水向下流动，沿凝结水管流回凝结水箱，再送到热用户。

3. 二次蒸发箱容积的计算

如果流入二次蒸发箱的凝结水水量为 $M$，凝结水中含的泄漏蒸汽与二次蒸汽的比率，即含汽率为 $x$，则进入二次蒸发箱的凝结水的含汽量为 $Mx$。如果二次蒸发箱内压力为 $P_3$ 所对应的蒸汽密度为 $\rho$，一般二次蒸发箱的容积可按 $1m^3$ 容积每小时分离出 $2000m^3$ 蒸汽来确定，则二次蒸发箱的蒸汽容积可按下式计算：

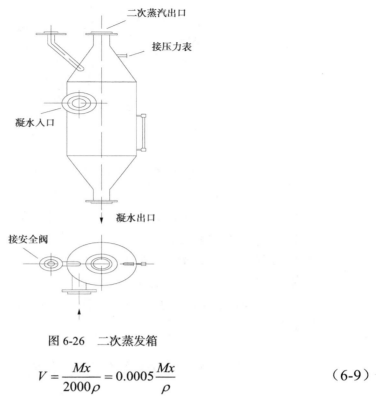

图 6-26　二次蒸发箱

$$V = \frac{Mx}{2000\rho} = 0.0005\frac{Mx}{\rho} \qquad (6\text{-}9)$$

式中：$M$ 为流入二次蒸发箱的凝结水水量，kg/h；$x$ 为含汽率，kg/kg；$\rho$为二次蒸发箱内压力 $P_3$ 所对应的蒸汽密度，kg /m$^3$。

蒸发箱的截面积按蒸汽流速不大于 2.0m/s 来设计，而凝结水流速应不大于 0.25m/s，二次蒸发箱的型号及规格见全国通用设计标准《动力设施标准图集》（89R413）中的"二次蒸发罐"中给出了公称容积为 0.005～1.5 m$^3$ 的 5 个规格二次蒸发箱的有关数据。

## 四、安全水封

1. 作用

安全水封用于闭式凝结水回收系统。其作用是系统正常工作时罐、管内的水封将凝结水系统与大气隔绝；在凝结水系统超压时排水、排汽，起安全作用。

2. 结构及工作原理

安全水封的结构如图 6-27 所示。由三个水罐（压力罐 $A$、真空贮水罐 $B$、下贮水罐 $C$）和 4 根管组成。管 3 与闭式凝结水箱相连，系统启动前冲水至 1'—1' 高度。在正常的凝结水箱内压力作用下，下贮水罐 $C$ 内贮满水，管 2 内水面比管 4、管 1 内水面低高度 $h$，管 1、管 2、管 4 内的水柱将凝结水系统与大气隔绝。

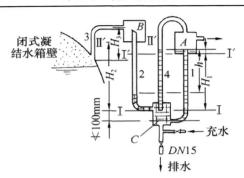

A—压力罐；B—真空贮水罐；C—下贮水罐

图 6-27　安全水封

　　当系统压力大于大气压力 $H_1$ 水柱时，凝结水或蒸汽从管 2、管 4 经过压力罐 A 流入大气，将系统压力释放，保证系统安全。

　　当系统压力回落时，压力罐 A 中的水自动补充到管 2 和管 4 中。

　　当水箱内无凝结水，而启动凝结水泵时，水箱内呈负压，管 1、管 4 内水面下降，管 2 内水面上升，只要箱内真空度小于 $H_2$ 水柱，管 2 内水封就不会被破坏。安全水封仍能起隔绝大气的作用。

# 第五节　室内蒸汽供暖系统水力计算

## 一、室内低压蒸汽供暖系统管路的水力计算

　　低压蒸汽供暖系统管理的水力计算与热水供暖水力计算有类似和不同，压力低，密度变化不大，不考虑密度变化与热水相同，但蒸汽管与凝结水管水力计算分开进行，这与热水系统闭合环路的不同之处。

　　1. 水力计算原则

　　在低压蒸汽供暖系统中，靠锅炉出口处蒸汽本身的压力，使蒸汽沿管道流动，最后进入散热器凝结放热。

　　（1）摩擦阻力确定。蒸汽在管道流动时，同样有摩擦阻力 $\Delta P_y$ 和局部阻力 $\Delta P_j$，计算蒸汽管道内的单位长度摩擦阻力（比摩阻）时，同样可利用达西·维斯巴赫公式进行计算，即

$$R = (\lambda / d)(\rho v^2 / 2) \qquad （6\text{-}10）$$

　　（2）最不利环路平均比摩阻确定。蒸汽压力用于克服蒸汽管路的阻力损失，从锅炉出口到最远散热器的管路为最不利支路。该蒸汽管路的平均比摩阻用以下公式计算：

$$R_{p,j} = \alpha(P_g - 2000)/\sum l \qquad （6\text{-}11）$$

式中：$\alpha$ 为沿程压力损失占总压力损失的百分数，取 $\alpha=60\%$；$P_g$ 为锅炉出口或室内用户

入口的蒸汽压力，Pa；2000 为散热器入口处的蒸汽剩余（预留）压力，Pa；$\sum l$ 为最不利管路管段的总长度，m。

当锅炉出口或室内用户入口处蒸汽压力高时，得出的平均比摩阻 $R_{pj}$ 值会较大，此时控制比压降值按不超过 100Pa/m。如果不知锅炉出口或室内入口处蒸汽压力，一般可取最不利蒸汽管路平均比摩阻推荐值 60Pa/m 进行计算，然后推算锅炉出口或室内入口处所要求的蒸汽压力。

（3）局部压力损失确定。低压蒸汽供暖管路的局部压力损失的确定方法与热水供暖管路相同，各构件的局部阻力系数 $\zeta$ 值见附表 4-2、动压头值见附表 6-3。

低压蒸汽供暖系统管路水力计算表见附表 6-2，制表时蒸汽的密度取值 0.6kg/m³（对应饱和蒸汽压力 $P$=5kPa）、管壁的当量粗糙度 $K$=0.2mm。在蒸汽压力 $P$=5~20kPa 范围内使用误差不大。

2．水力计算方法

（1）水力计算应从最不利环路开始。为保证系统均匀可靠地供暖，尽可能使用较低的蒸汽压力供暖，进行最不利管路的水利计算时，通常采用控制比压降或按平均比摩阻方法进行计算。

（2）计算其他立管。最不利管路各管段的水力计算完成后，即可进行其他立管的水力计算。可按平均比摩阻法来选择其他立管的管径，但管内蒸汽的最大允许流速不应该超过表 6-2 所给数据。

（3）计算凝水管路。凝结水管所需管径可根据管道负担的热负荷、凝结水管的特征（干式、湿式凝结水管）、管道长度查附表 6-4 确定。

3．室内低压蒸汽供暖系统管路水力计算例题

例 6-1　如图 6-28 所示为重力回水的低压蒸汽供暖管路系统的一个支路。锅炉房设在车间一侧。每个散热器的热负荷均为 4000W。每根立管及每个散热器的蒸汽支管上均装有截止阀。每个散热器凝水支管上装一个恒温式疏水器，总蒸汽立管保温。试确定各管段的管径及锅炉蒸汽压力。

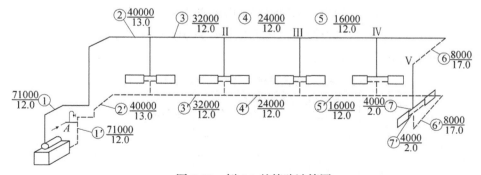

图 6-28　例 6-1 的管路计算图

图 6-28 上小圆圈内的数字表示管段号。圆圈旁的数字：上行表示热负荷（W），下行表示管段长度（m）。罗马数字表示立管编号。

**解：**（1）确定锅炉压力。

根据已知条件，从锅炉出口到最远散热器的最不利支管的总长度 $\Sigma l$=80m。如按控制每米总压力损失（比压降）为 100Pa/m 设计，并考虑散热器前所需的蒸汽剩余压力为 2000Pa，则锅炉的运行表压力 $P_b$ 为

$$R_{pj} = 80 \times 100 + 2000 = 10 \, \text{kPa}$$

在锅炉正常运行时，凝水总立管在比锅炉蒸发面高出约 1.0m 下面的管段必然全部充满凝水，考虑锅炉工作压力波动因素，增加 200~250mm 的安全高度。因此，重力回水的干凝水干管（图 6-28 中排汽管 A 点前的凝水管路）的布置位置，至少要比锅炉蒸发面高出：

$$h=1.0+0.25=1.25(\text{m})$$

否则，系统中的空气无法从排气管排出。

（2）最不利管路的水力计算。

采用控制比压降法进行最不利管路的水力计算。

1）低压蒸汽供暖系统摩擦压力损失约占总压力损失的 60%，确定最不利管路的平均比摩阻：

$$R_{pj}=100 \times 0.6=60(\text{Pa/m})$$

2）根据 $R_{pj}$ 和各管段的热负荷，确定各管段的管径，并计算其压力损失。计算时利用了附表 6-2，附表 6-3 和附表 4-2。

附带说明，利用附表 6-3 时，当计算热量在表中两个热量之间，相应的流速值可用线性关系折算。比摩阻 R 与流速 v（热量 Q），可按平方关系折算得出。

如计算管段 1，热负荷 $Q_1$=71000W，按附表 6-2，现选用 $d$=70mm。根据附表 6-2 中数据可知：当 $d$=70mm，$Q$=61900W 时，相应的流速 $v$=12.1m/s，比摩阻 $R$=20Pa/m。当选用相同的管径 $d$=70mm，热负荷改变为 $Q_1$=71000W 时，相应的流速 $v_1$ 和比摩阻 $R_1$ 的数值，可按下式关系式折算得出：

$$R_1 = R \times (Q_1/Q)^2 = 20 \times (71000/61900)^2 = 26.3 \, (\text{Pa/m})$$
$$V_1 = V \times Q_1/Q = 12.1 \times (71000/61900) = 13.9 \, (\text{m/s})$$

计算结果列于表 6-5、表 6-6 中。

**表 6-5　例 6-1 低压蒸汽供暖系统管路水力计算表**

| 管段编号 | 热量 $Q$ | 长度 $L$ | 管径 $d$ | 比摩阻 $R$ | 流速 $v$ | 摩擦压力损失 $\Delta P_j=RL$ | 局部阻力系数 $\sum \zeta$ | 动压头 $P_d$ | 局部压力损失 $\Delta P_j$ | 总压力损失 $\Delta P$ |
|---|---|---|---|---|---|---|---|---|---|---|
|  | W | m | mm | Pa/m | m/s | Pa | — | Pa | Pa | Pa |
| 1 | 2 | 3 | 4 | 5 | 6 | 7 | 8 | 9 | 10 | 11 |
| 1 | 71000 | 12 | 70 | 26.3 | 13.9 | 315.6 | 10.5 | 61.2 | 642.6 | 958.2 |
| 2 | 40000 | 13 | 50 | 29.3 | 13.1 | 380.9 | 2.0 | 54.3 | 108.6 | 489.5 |
| 3 | 32000 | 12 | 40 | 70.4 | 16.9 | 844.8 | 1.0 | 90.5 | 90.5 | 935.3 |
| 4 | 24000 | 12 | 32 | 86.0 | 16.9 | 1032 | 1.0 | 90.5 | 90.5 | 1122.5 |
| 5 | 16000 | 12 | 32 | 40.8 | 11.2 | 489.6 | 1.0 | 39.7 | 39.7 | 529.3 |

| 管段编号 | 热量 $Q$ | 长度 $L$ | 管径 $d$ | 比摩阻 $R$ | 流速 $v$ | 摩擦压力损失 $\Delta P_j = RL$ | 局部阻力系数 $\sum\zeta$ | 动压头 $P_d$ | 局部压力损失 $\Delta P_j$ | 总压力损失 $\Delta P$ |
|---|---|---|---|---|---|---|---|---|---|---|
| | W | m | mm | Pa/m | m/s | Pa | --- | Pa | Pa | Pa |
| 6 | 8000 | 17 | 25 | 47.6 | 9.8 | 809.2 | 12.0 | 30.4 | 364.8 | 174.0 |
| 7 | 4000 | 2 | 20 | 37.1 | 7.8 | 74.2 | 4.5 | 19.3 | 86.9 | 161.1 |

$\sum l = 80\text{m}$ $\Delta P = 5370\ \text{Pa}$

立管 IV 资用压力 $\Delta P_{6,7} = 1335\ \text{Pa}$

| 立管 | 8000 | 4.5 | 25 | 47.6 | 9.8 | 214.2 | 11.5 | 30.4 | 349.6 | 563.8 |
| 支管 | 4000 | 2 | 20 | 37.1 | 7.8 | 74.2 | 4.5 | 19.3 | 86.9 | 161.1 |

$\Delta P = 725\ \text{Pa}$

立管 III 资用压力 $\Delta P_{5-7} = 1864\ \text{Pa}$

| 立管 | 8000 | 4.5 | 25 | 47.6 | 9.8 | 214.2 | 11.5 | 30.4 | 349.6 | 563.8 |
| 支管 | 4000 | 2 | 15 | 194.4 | 14.8 | 388.8 | 4.5 | 69.4 | 312.3 | 701.1 |

$\Delta P = 1265\ \text{Pa}$

立管 II 资用压力 $\Delta P_{4-7} = 1265\ \text{Pa}$

| 立管 | 8000 | 4.5 | 20 | 137.9 | 15.5 | 620.6 | 13.0 | 76.1 | 989.3 | 1609.9 |
| 支管 | 4000 | 2 | 15 | 194.4 | 14.8 | 388.8 | 4.5 | 69.4 | 312.3 | 701.1 |

$\Delta P = 2311\ \text{Pa}$

$$\Delta P_j = P_d \cdot \sum\xi;\quad \Delta P = \Delta P_y + \Delta P_j + \Delta P_j$$

**表 6-6 低压蒸汽供暖系统（例 6-1）的局部阻力系数汇总表**

| 局部阻力名称 | 管段号 | | | | | 其他立管 | | 其他支管 | |
|---|---|---|---|---|---|---|---|---|---|
| | 1 | 2 | 3、4、5 | 6 | 7 | $d=25\text{mm}$ | $d=20\text{mm}$ | $d=20\text{mm}$ | $d=15\text{mm}$ |
| 截止阀 | 7.0 | | | 9.0 | | 9.0 | 10.0 | | |
| 锅炉出口 | 2.0 | | | | | | | | |
| 90°煨弯 | | | | | | | | | |
| 乙字弯 | 3×0.5=1.5 | 2×0.5=1.0 | | 2×1.0=2.0 | | 1.0 | 1.5 | | |
| 直流三通 | | | | | 1.5 | | | 1.5 | 1.5 |
| 分流三通 | | 1.0 | 1.0 | 1.0 | 3.0 | | | 3.0 | 3.0 |
| 旁流三通 | | | | | | 1.5 | 1.5 | | |
| 总局部阻力系数 $\sum\zeta$ | 10.5 | 2.0 | 1.0 | 12.0 | 4.5 | 11.5 | 13.0 | 4.5 | 4.5 |

3）其他立管的水力计算。通过最不利管路的水力计算后，即可确定其他立管的资用压力。该立管的资用压力应等于从该立管与供汽干管节点起到最远散热器的管路的总压力损失值。根据该立管的资用压力，可以选择该立管与支管的管径。其水力计算成果列于表6-5和表6-6。

蒸汽供暖系统远近立管并联环路节点压力不平衡而产生水平失调的现象与热水供暖系统有不同的地方。在热水供暖系统中，如不进行调节，则通过远近立管的流量比例总不会发生变化的。在蒸汽供暖系统中，疏水器工作正常情况下，当近处散热器流量增多后，疏水器阻汽工作，使近处散热器压力升高，进入近处散热器就自动减少；待近处疏水器正常排水后，进入近处散热器的蒸汽量又在增多，因此，蒸汽供暖系统水平失调具有自调性和周期性的特点。

4）低压蒸汽供暖系统凝水管路管径选择。如图 6-28 所示，排汽管 A 处前的凝水管路为干凝水管路。计算方法简单，根据各管段所负担的热量，按附表 6-4 选择管径即可，对管段 1，它属于湿凝水管路，因管路不长，仍按干式选择管径，将管径稍选粗一些。计算结果见表 6-7。

表 6-7　例 6-1 低压蒸汽供暖系统凝水管径

| 管段编号 | 7′ | 6′ | 5′ | 4′ | 3′ | 2′ | 1′ | 其他立管的凝水立管段 |
|---|---|---|---|---|---|---|---|---|
| 热负荷/W | 4000 | 8000 | 16000 | 24000 | 32000 | 40000 | 71000 | 8000 |
| 管径 d/mm | 15 | 20 | 20 | 25 | 25 | 32 | 32 | 20 |

## 二、室内高压蒸汽供暖系统管路的水力计算

### 1. 概述

室内高压蒸汽供暖管路的水力计算原理与低压蒸汽完全相同。其设计计算与低压有类似之处，但由于其设计供汽压力差别较大，可采用 0.2MPa、0.3MPa、0.4MPa 的蒸汽，因此计算蒸汽管时应根据散热器内压力选用不同的水力计算表。由于室内系统作用半径不大，仍不考虑沿途蒸汽密度的变化和沿途凝结水对蒸汽流量的影响。

在计算管路的摩擦压力损失时，由于室内系统作用半径不大，仍可将整个系统的蒸汽密度作为常数代入达西·维斯巴赫公式进行计算。沿途凝水使蒸汽流量减小的因素也可忽略不计。管内蒸汽流动状态属于紊流过渡区及阻力平方区。管壁的绝对粗糙度 K 值在设计中仍采用 0.2mm。附表 6-5 为室内高压蒸汽供暖系统管径计算表，制表条件为蒸汽表压力 $P_b$=200kPa，$K$=0.2mm。

在进行室内高压蒸汽管路的局部压力损失计算时，将局部阻力换算为当量长度进行计算。附表 6-6 为室内高压蒸汽供暖管路局部阻力当量长度（$K$=0.2mm）。

室内蒸汽供暖管路的水力计算任务是选择管径和计算其压力损失，通常采用比摩阻法或流速法进行计算。计算从最不利环路开始。

### 2. 高压蒸汽供暖管路的水力计算原理和方法

（1）平均比摩阻法。采用平均比摩阻法时，蒸汽管主干线的平均比摩阻按以下公式计算：

$$R_{Pj} = 0.25\alpha'P/\sum l \qquad (6-12)$$

式中：$\alpha'$ 为摩擦压力损失占总压力损失的百分数，高压蒸汽系统一般为 80%；$P$ 为蒸汽供暖系统的起始点表压力，Pa；$\sum l$ 为最不利管路的总长度，m。

当蒸汽系统的起始压力已知时，最不利管路的压力损失为该管路到最远用热设备处各

管段的压力损失的总和。为使疏水器能正常工作和留有必要的剩余压力使凝水排入凝水管网及有利于远近支路压力平衡，最远用热设备处还应有较高的蒸汽压力。因此在工程设计中，最不利管路的总压力损失不宜超过起始压力的 1/4。

（2）流速法。平均比摩阻法用于蒸汽系统的起始压力已知，如果 $P$ 待定，采用推荐流速法。

通常，室内高压蒸汽供暖系统的起始压力较高，蒸汽管路可以采用较高的流速，仍能保证在用热设备处有足够的剩余压力。根据 GB 50736—2012 规定，高压蒸汽供暖系统的最大允许流速不应大于规定的数值：汽、水同向流动时该值为 80m/s；汽、水逆向流动时该值为 60m/s。

在工程设计中，常取常用的流速来确定管径并计算其压力损失。为了使系统节点压力不要相差很大，保证系统正常运行，最不利管路的推荐流速值要比最大允许流速低得多。通常推荐采用 $v=15 \sim 40$m/s（小管径取低值）。

在确定其他支路的立管管径时，可采用较高的流速，但不得超过规定的最大允许流速。

此时，系统入口所需压力由下式计算：

$$P = (1.10 \sim 1.15)\sum(Rl + Z) + P_\tau \qquad (6\text{-}13)$$

式中：$P$ 为蒸汽供暖系统的起始点表压力，Pa；$P_t$ 为散热器内蒸汽压力，Pa；$\sum(Rl + Z)$ 为最不利蒸汽管路的阻力损失，Pa；（$1.10 \sim 1.15$）为安全系数。

（3）限制平均比摩阻法。由于蒸汽干管压降过大，末端散热器有充水不热的可能，因而，高压蒸汽供暖系统干管的总压降不应超过凝水干管总坡降的 1.2 ~ 1.5 倍。选用管径较粗，但工作正常可靠。

室内高压蒸汽供暖系统的疏水器，大多连接在凝水支干管的末端。从用热设备到疏水器入口的管段，属于干式凝水管，为非满管流的流动状态。此类凝水管的选择，可按附表 6-5 的数值选用。只要保证此凝水支干管路的向下坡度 $i \geqslant 0.005$ 和足够的凝水管管径，即使远近立管散热器的蒸汽压力不平衡，但由于干凝水管上部截面有空气与蒸汽的联通作用和蒸汽系统本身流量的一定自调节性能，不会严重影响凝水的重力流动。

例 6-2　如图 6-29 所示，室内高压蒸汽供暖管路系统的一个支路。各散热器的热负荷与例 6-1 相同，均为 4000W。用户入口处设分汽缸，与室外蒸汽热网相接。在每一个凝水支路上设置疏水器。散热器的蒸汽工作表压力要求为 200kPa。试选择高压蒸汽供暖管路的管径和用户入口的供暖蒸汽管路起始压力。

解：（1）计算最不利管路。

按推荐流速法确定最不利管路的各管段的管径。附表 6-5 为蒸汽表压力 200kPa 时的水力计算表，按此表选择管径。

室内高压蒸汽管路局部压力损失，通常按当量长度法计算。局部阻力当量长度值见附表 6-6。计算过程和计算结果列于表 6-8 和表 6-9 中。

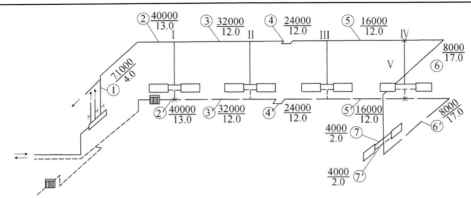

图 6-29　例 6-2 的管路计算图

表 6-8　（例 6-2）室内高压蒸汽供暖系统管路水里计算表

| 管段编号 | 热量 Q | 管长 L | 管径 d | 比摩阻 R | 流速 v | 当量长度 $l_d$ | 折算长度 $l_{zh}$ | 压力损失 $\Delta P=Rl_{zh}$ |
|---|---|---|---|---|---|---|---|---|
| | W | m | mm | Pa/m | m/s | m | m | Pa |
| 1 | 2 | 3 | 4 | 5 | 6 | 7 | 8 | 9 |
| 1 | 71000 | 4.0 | 32 | 282 | 19.8 | 10.5 | 14.5 | 4089 |
| 2 | 40000 | 13.0 | 25 | 390 | 19.6 | 2.4 | 15.4 | 6006 |
| 3 | 32000 | 12.0 | 25 | 252 | 15.6 | 0.8 | 12.8 | 3226 |
| 4 | 24000 | 12.0 | 20 | 494 | 18.9 | 2.1 | 14.1 | 6965 |
| 5 | 16000 | 12.0 | 20 | 223 | 12.6 | 0.6 | 12.6 | 2810 |
| 6 | 8000 | 17.0 | 20 | 58 | 6.3 | 8.4 | 25.4 | 1473 |
| 7 | 4000 | 2.0 | 15 | 71 | 5.7 | 1.7 | 3.7 | 263 |
| | | | $\Sigma l$=72.0m | | | $\Delta P$=25 kPa | | |
| 其他立管 | 8000 | 4.5 | 20 | 58 | 6.3 | 7.9 | 12.4 | 719 |
| | 4000 | 2.0 | 15 | 71 | 5.7 | 1.7 | 3.7 | 263 |
| | | | | $\Delta P$=982 Pa | | | | |

表 6-9　（例 6-2）室内高压蒸汽供暖系统各管段的局部阻力当量长度　　　　单位：m

| 局部阻力名称 | 管段号 | | | | | | | | | |
|---|---|---|---|---|---|---|---|---|---|---|
| | 1 DN32 | 2 DN25 | 3 DN25 | 4 DN20 | 5 DN20 | 6 DN20 | 7 DN15 | 其他立管 DN32 | 其他立管 DN32 | 备注 |
| 分汽缸出口 | 0.6 | | | | | | | | | |
| 截止阀 | 9.9 | | | | | 6.4 | | 6.4 | | |
| 直流三通 | | 0.8 | 0.8 | 0.6 | 0.6 | 0.6 | | | | |
| 90°煨弯 | | 2×0.8=1.4 | | | | 2×0.7=1.4 | | 0.7 | | |
| 方形补偿器 | | | | 1.5 | | | | | | |
| 分流三通 | | | | | | | 1.1 | | 1.1 | |
| 乙字弯 | | | | | | | 0.6 | | 0.6 | |
| 旁流三通 | | | | | | | | 0.8 | | |
| 总计 | 10.5 | 2.4 | 0.8 | 2.1 | 0.6 | 8.4 | 1.7 | 7.9 | 1.7 | |

最不利管路的总压力损失为 25kPa，考虑 10%的安全裕度，则蒸汽入口处供暖蒸汽管路起始的表压力不得低于：

$$R_h = 200 + 1.1 \times 25 = 227.5\,(\text{kPa})$$

（2）其他立管的水力计算。

由于室内高压蒸汽系统供汽干管各管段的压力损失较大，各分支立管的节点压力难以平衡，通常就按流速法选用立管管径。剩余过高压力，可通过关小散热器前的阀门方法来调节。

（3）凝水管段管径的确定。

按附表 6-5，根据凝水管段所负担的热负荷，确定各干凝水管段的管径，见表 6-10。

表 6-10 凝水管段管径的确定（例 6-2）

| 管段编号 | 2′ | 3′ | 4′ | 5′ | 6′ | 7′ | 其他立管的凝水立管段 |
|---|---|---|---|---|---|---|---|
| 热负荷/W | 40000 | 32000 | 24000 | 16000 | 8000 | 4000 | 8000 |
| 管径 DN/mm | 25 | 25 | 20 | 20 | 20 | 15 | 20 |

# 参考文献

[1] 贺平，孙刚，王飞，等. 供热工程[M]. 4版. 北京：中国建筑工业出版社，2009.

[2] 田玉卓，闫全英，赵秉文. 供热工程[M]. 北京：机械工业出版社，2008.

[3] 闫秋会，赵建会，张联英. 供热工程[M]. 北京：科学出版社，2008.

[4] 王宇清. 供热工程[M]. 北京：机械工业出版社，2005.

[5] 王亦昭，刘雄. 供热工程[M]. 北京：机械工业出版社，2005.

[6] 蒋志良. 供热工程[M]. 北京：中国建筑工业出版社，2006.

[7] 官燕玲. 供暖工程[M]. 北京：化学工业出版社，2005.

[8] 徐伟，等. 供热工程[M]. 北京：中国计划出版社，2001.

[9] 陆耀庆. 采暖通风与空气调节设计手册[M]. 北京：中国建筑工业出版社，1987.

[10] 中华人民共和国国家标准. GB 50736—2012 民用建筑供暖通风与空气调节设计规范[S]. 北京：中国建筑工业出版社，2012.

[11] 中华人民共和国国家标准. JGJ 142—2012 辐射供暖供冷技术规程[S]. 北京：中国建筑工业出版社，2012.

[12] 高明远，岳秀萍. 建筑设备工程 [M]. 3版. 北京：中国建筑工业出版社，2005.

[13] 陆亚俊，马最良，邹平华. 暖通空调[M]. 2版. 北京：中国建筑工业出版社，2007.

[14] 何天祺. 供暖通风与空气调节[M]. 2版. 重庆：重庆大学出版社，2008.

[15] 许正海. 建筑设备工程[M]. 武汉：武汉工业大学出版社，1993.

[16] 温强为，贺平. 采暖工程[M]. 哈尔滨：哈尔滨工业大学出版社，1985.

[17] 西安冶金学院供热与通风教研组，哈尔滨建筑工程学院供热与通风教研室. 采暖与通风上册：采暖工程[M]. 北京：中国工业出版社，1961.

[18] 西安冶金学院供热与通风教研组，哈尔滨建筑工程学院供热与通风教研室. 供热学[M]. 北京：中国工业出版社，1961.

[19] 哈尔滨建筑工程学院，天津大学，西安冶金建筑学院，等. 供熟工程[M]. 2版. 北京：中国建筑工业出版社，1985.

[20] 盛昌源，潘名麟，白容春. 工厂高温水采暖[M]. 北京：国防工业出版社，1982.

[21] 中华人民共和国行业标准. GB 176—1993 民用建筑热工设计规范[S]. 北京：中国建筑工业出版社，1993.

[22] 中华人民共和国行业标准. GJJ 34—2002 城市热力网设计规范[S]. 北京：中国建筑工业出版社，2002.

[23] 吴萱. 供暖通风与空气调节[M]. 北京：清华大学出版社，北京交通大学出版社，2006.

[24] 李向东，于晓明. 分户热计量采暖系统设计与安装[M]. 北京：中国建筑工业出版社，2004.

[25] 卜一德. 地板采暖与分户计量技术[M]. 北京：中国建筑工业出版社，2003.

[26] 李德英，许文发. 供热工程[M]. 北京：中国建筑工业出版社，2004.

# 附 表

## 附表 2-1 辅助建筑物及辅助用室的冬季室内计算温度 $t_n$（最低值）

| 建筑物 | 温度/℃ | 建筑物 | 温度/℃ |
|---|---|---|---|
| 浴室 | 25 | 办公用室 | 16~18 |
| 更衣室 | 23 | 食堂 | 14 |
| 托儿所、幼儿园、医务室 | 20 | 盥洗室、厕所 | 12 |

## 附表 2-2 温差修正系数 α 值

| 围护结构特征 | α |
|---|---|
| 外墙、屋顶、地面以及与室外相通的楼板等 | 1.0 |
| 闷顶和室外空气相通的非采暖地下室上面的楼板等 | 0.90 |
| 非采暖地下室上面的楼板，外墙有窗时 | 0.75 |
| 非采暖地下室上面的楼板，外墙无窗且位于室外地坪以上时 | 0.60 |
| 非采暖地下室上面的楼板，外墙无窗且位于室外地坪以下时 | 0.40 |
| 与有门外窗的非采暖房间相邻的隔墙 | 0.70 |
| 与无门外窗的非采暖房间相邻的隔墙 | 0.40 |
| 伸缩缝墙、沉降缝墙 | 0.30 |
| 防震缝墙 | 0.70 |

## 附表 2-3 一些建筑材料的热物理特性表

| 材料名称 | 密度ρ/(kg/m³) | 导热系数λ/[W/(m·℃)] | 蓄热系数 S(24h)/[W/(m²·℃)] | 比热 c/[J/(kg·℃)] |
|---|---|---|---|---|
| 混凝土 | | | | |
| 钢筋混凝土 | 2500 | 1.74 | 17.20 | 920 |
| 碎石、卵石混凝土 | 2300 | 1.51 | 15.36 | 920 |
| 加气泡沫混凝土 | 700 | 0.22 | 3.56 | 1050 |
| 砂浆和砌体 | | | | |
| 水泥砂浆 | 1800 | 0.93 | 11.26 | 1050 |
| 石灰、水泥、砂、砂浆 | 1700 | 0.87 | 10.79 | 1050 |
| 石灰、砂、砂浆 | 1600 | 0.81 | 10.12 | 1050 |

| 材料名称 | 密度ρ/(kg/m³) | 导热系数λ[W/(m·℃)] | 蓄热系数 S(24h)/[W/(m²·℃)] | 比热 c[J/(kg·℃)] |
|---|---|---|---|---|
| 重砂浆黏土砖砌体 | 1800 | 0.81 | 10.53 | 1050 |
| 轻砂浆黏土砖砌体 | 1700 | 0.76 | 9.86 | 1050 |
| 热绝缘材料 | | | | |
| 矿棉、岩棉、玻璃棉板 | <150 | 0.06 | 0.93 | 1218 |
|  | 150~300 | 0.07~0.093 | 0.98~1.60 | 1218 |
| 水泥膨胀珍珠岩 | 800 | 0.26 | 4.16 | 1176 |
|  | 600 | 0.21 | 3.26 | 1176 |
| 木材、建筑板材 | | | | |
| 橡木、枫木（横木纹） | 700 | 0.23 | 5.43 | 2500 |
| 橡木、枫木（顺木纹） | 700 | 0.41 | 7.18 | 2500 |
| 松枞木、云杉（横木纹） | 500 | 0.17 | 3.98 | 2500 |
| 松枞木、云杉（顺木纹） | 500 | 0.35 | 5.63 | 2500 |
| 胶合板 | 600 | 0.17 | 4.36 | 2500 |
| 软木板 | 300 | 0.093 | 1.95 | 1890 |
| 纤维板 | 1000 | 0.34 | 7.83 | 2500 |
| 石棉水泥隔热板 | 500 | 0.16 | 2.48 | 1050 |
| 石棉水泥板 | 1800 | 0.52 | 8.57 | 1050 |
| 木屑板 | 200 | 0.065 | 1.41 | 2100 |
| 松散材料 | | | | |
| 锅炉渣 | 1000 | 0.29 | 4.40 | 920 |
| 膨胀珍珠岩 | 120 | 0.07 | 0.84 | 1176 |
| 木屑 | 250 | 0.093 | 1.84 | 2000 |
| 卷材、沥青材料 | | | | |
| 沥青油毡、油毡纸 | 600 | 0.17 | 3.33 | 1471 |

注：摘自《供暖通风设计手册》（中国建筑工业出版社，1987）。

## 附表 2-4 常用维护结构的传热系数 K 值

单位：W/(m²·℃)

| 类型 | | K | 类型 | | K |
|---|---|---|---|---|---|
| A 门 | | | 金属框 | 单层 | 6.40 |
| 实体木制门外 | 单层 | 4.65 | | 双层 | 3.26 |
| | 双层 | 2.33 | 单框两层玻璃窗 | | 3.49 |
| 带玻璃的阳台门外 | 单层（木框） | 5.82 | 商店橱窗 | | 4.65 |
| | 双层（木框） | 2.68 | C 外墙 | | |
| | 单层（金属矿） | 6.40 | 内表面抹灰砖墙 | 24 砖墙 | 2.08 |
| | 双层（金属矿） | 3.26 | | 27 砖墙 | 1.57 |
| 单层内门 | | 2.91 | | 49 砖墙 | 1.27 |
| B 外窗及天窗 | | | D 内墙（双面抹灰） | 12 砖墙 | 2.31 |
| 木框 | 单层 | 5.82 | | 24 砖墙 | 1.72 |
| | 双层 | 2.68 | | | |

## 附表 2-5 渗透空气量的朝向修正系数 n 值

| 地点 | 北 | 东北 | 东 | 东南 | 南 | 西南 | 西 | 北 |
|---|---|---|---|---|---|---|---|---|
| 哈尔滨 | 0.30 | 0.15 | 0.20 | 0.70 | 1.00 | 0.85 | 0.70 | 0.60 |
| 沈阳 | 1.00 | 0.70 | 0.30 | 0.30 | 0.40 | 0.35 | 0.30 | 0.70 |
| 北京 | 1.00 | 0.50 | 0.15 | 0.10 | 0.15 | 0.15 | 0.40 | 1.00 |
| 天津 | 1.00 | 0.40 | 0.20 | 0.10 | 0.15 | 0.20 | 0.40 | 1.00 |
| 西安 | 0.70 | 1.00 | 0.70 | 0.25 | 0.40 | 0.50 | 0.35 | 0.25 |
| 太原 | 0.90 | 0.40 | 0.15 | 0.20 | 0.30 | 0.20 | 0.70 | 1.00 |
| 兰州 | 1.00 | 1.00 | 1.00 | 0.70 | 0.50 | 0.20 | 0.15 | 0.50 |
| 乌鲁木齐 | 0.35 | 0.35 | 0.55 | 0.75 | 1.00 | 0.70 | 0.25 | 0.35 |

注：本表摘自《暖通规范》（部分城市）。

附表 2-6 供暖热指标推荐值 q

| 建筑物类型 | 住宅楼 | 居住区综合楼 | 学校办公楼 | 医院托幼 | 旅馆 | 商店 | 食堂餐厅 | 影剧院展览馆 | 大礼堂体育馆 |
|---|---|---|---|---|---|---|---|---|---|
| 未采取节能措施 | 58~64 | 60~67 | 60~80 | 65~80 | 60~70 | 65~80 | 115~140 | 95~115 | 115~165 |
| 采取节能措施 | 40~45 | 45~55 | 50~70 | 55~60 | 50~60 | 55~70 | 100~130 | 80~105 | 100~150 |

注：1.本表摘自《城市热力网设计规范》（CJJ 34—2002），（2002 年）。
2.表中数值适用于我国东北、华北、西北地区。
3.热指标中已包括约 5%的管网热损失在内。

附表 2-7 允许温差 $\Delta t_y$ 值

| 建筑物及房间类别 | 外墙 | 屋顶 |
|---|---|---|
| 居住建筑、医院和幼儿园等 | 6.0 | 4.5 |
| 办公建筑、学校和门诊部等 | 6.0 | 4.5 |
| 公共建筑（上述指明者除外）和工业企业辅助建筑物（潮湿的房间除外） | 7.0 | 5.5 |
| 室内空气干燥的生产厂房 | 10.0 | 8.0 |
| 室内空气潮湿正常的生产厂房 | 8.0 | 7.0 |
| 室内空气潮湿的公共建筑、生产厂房及辅助建筑物 当不允许外墙和顶棚内表面结露时 | $t_n-t_1$ | $0.8\,(t_n-t_1)$ |
| 当仅不允许顶棚内表面结露时 | 7.0 | $0.90\,(t_n-t_1)$ |
| 室内空气潮湿且具有腐蚀性介质的生产厂房 | $t_n-t_1$ | $t_n-t_1$ |
| 室内散热量大于 23W/m³，且计算相对湿度 | 12.0 | 12 |

注：1.表中 $t_n$ 为室内计算温度，$t_1$ 为在室内计算温度和相对湿度情况下的露点温度，℃；
2.与室内空气相通的楼板和采暖地下室上面的楼板，其允许温差值 $\Delta t_y$，可采用 2.5℃。

附表 3-1　一些铸铁散热器规格及其传热系数 K 值

| 型号 | 散热面积/(m²/片) | 水容量/(L/片) | 重量/(L/片) | 工作压力/MPa | 传热系数计算公式/[W/(m²·℃)] | 热水热媒当Δt=64.5℃时 K值[W/(m²·℃)] | 不同蒸汽表压力（MPa）下的 K 值[W/(m²·℃)] 0.03 | 0.07 | ≥0.1 |
|---|---|---|---|---|---|---|---|---|---|
| TG0.28/5-4，长翼型（大60） | 1.16 | 8 | 28 | 0.4 | $K=1.743\Delta P_t^{0.28}$ | 5.59 | 6.12 | 6.27 | 6.36 |
| TZ2-5-5 (M132型) | 0.24 | 1.32 | 7 | 0.5 | $K=2.426\Delta P_t^{0.286}$ | 7.99 | 8.75 | 8.97 | 9.10 |
| TZ4-6-5 (四柱760型) | 0.235 | 1.16 | 6.6 | 0.5 | $K=2.503\Delta P_t^{0.298}$ | 8.49 | 9.31 | 9.55 | 9.69 |
| TZ4-5-5 (四柱640型) | 0.20 | 1.03 | 5.7 | 0.5 | $K=3.663\Delta P_t^{0.16}$ | 7.13 | 7.51 | 7.61 | 7.67 |
| TZ2-5-5 (二柱700型，带腿) | 0.24 | 1.35 | 6 | 0.5 | $K=2.02\Delta P_t^{0.271}$ | 6.25 | 6.81 | 6.97 | 7.07 |
| 四柱813型（带腿） | 0.28 | 1.40 | 8 | 0.5 | $K=2.237\Delta P_t^{0.302}$ | 7.87 | 8.66 | 8.89 | 9.03 |
| 圆翼型 | 1.8 | 4.42 | 38.2 | | | | | | |
| 单排 | | | | | | 5.81 | 6.97 | 6.97 | 7.79 |
| 双排 | | | | | | 5.08 | 5.81 | 5.81 | 6.51 |
| 三排 | | | | | | 4.65 | 5.23 | 5.23 | 5.81 |

注：1. 本表前四项由哈尔滨建筑工程学院 ISO 散热器实验台测试，其余柱型由清华大学 ISO 散热器实验台测试。
2. 散热器表面喷银粉、明装，同侧连接上进下出。
3. 此为密闭试验台测试数据。在实际情况下，散热器的 K 和 Q 值，约比本表中数值增大 10%左右。

附表 3-2　一些钢制散热器规格及其传热系数 K 值

| 型号 | 散热面积/(m²/片) | 水容量/(L/片) | 重量/(kg/片) | 工作压力/MPa | 传热系数计算公式/[W/(m²·℃)] | 热水热媒当Δt=64.5℃时的 K 值[W/(m²·℃)] | 备注 |
|---|---|---|---|---|---|---|---|
| 钢制柱式散热器 600×120 | 0.15 | 1 | 2.2 | 0.8 | $K=2.489\Delta t^{0.3069}$ | 8.94 | 钢板厚 1.5mm 表面涂调和漆 |
| 钢制板式散热器 600×1000 | 2.75 | 4.6 | 18.4 | 0.8 | $K=2.5\Delta t^{0.239}$ | 6.76 | 钢板厚 1.5mm 表面涂调和漆 |
| 钢制翅管散热器 520×1000 | | | | | | | |
| 单板 520×1000 | 1.151 | 4.71 | 15.1 | 0.6 | $K=3.53\Delta t^{0.235}$ | 9.4 | 钢板厚 1.5mm 表面涂调和漆 |
| 单板带对流片 624×1000 | 5.55 | 5.49 | 27.4 | 0.6 | $K=1.23\Delta t^{0.246}$ | 9.4 | 钢板厚 1.5mm 表面涂调和漆 |
| | m²/m | L/m | kg/m | | | | |
| 闭式钢串片散热器 | | | | | | | |
| 150×80 | 3.15 | 1.05 | 10.5 | 1.0 | $K=20.7\Delta t^{0.14}$ | 3.71 | 相应流量 G=50 kg/h 时的工况 |
| 240×100 | 5.72 | 1.47 | 17.4 | 1.0 | $K=1.30\Delta t^{0.18069}$ | 2.75 | 相应流量 G=150 kg/h 时的工况 |
| 500×90 | 7.44 | 2.50 | 30.5 | 1.0 | $K=1.88\Delta t^{0.11}$ | 2.97 | 流量 G=250 kg/h 相应的工况 |

## 附表 3-3　散热器组装片数修正系数 $\beta_1$

| 每组片数 | <6 | 6~10 | 11~20 | >20 |
|---|---|---|---|---|
| $\beta_1$ | 0.95 | 1.00 | 1.05 | 1.10 |

注：上表仅适用于各种柱型散热器，长翼型和圆翼型不修正。其他散热器需要修正时，见产品说明。

## 附表 3-4　散热器连接形式修正系数 $\beta_2$

| 连接形式 | 同侧上进下出 | 异侧上进下出 | 异侧下进上出 | 异侧下进上出 | 同侧下进上出 |
|---|---|---|---|---|---|
| 四柱 813 型 | 1 | 1.004 | 1.239 | 1.422 | 1.426 |
| M-132 型 | 1 | 1.009 | 1.251 | 1.386 | 1.396 |
| 长翼型（大 60） | 1 | 1.009 | 1.225 | 1.331 | 1.369 |

## 附表 3-5　散热器安装形式修正系数 $\beta_3$

| 装置示意图 | 安装说明 | 系数 $\beta_3$ |
|---|---|---|
| | 散热器安装在墙面，上加盖板 | 当 $A=40mm$, $\beta_3=1.05$<br>$A=80mm$, $\beta_3=1.03$<br>$A=100mm$, $\beta_3=1.02$ |
| | 散热器安装在墙龛内 | 当 $A=40mm$, $\beta_3=1.11$<br>$A=80mm$, $\beta_3=1.07$<br>$A=100mm$, $\beta_3=1.06$ |
| | 散热器安装在墙面，外面有罩，罩子上面及前面之下端有空气流通孔 | 当 $A=260mm$, $\beta_3=1.12$<br>$A=2200mm$, $\beta_3=1.13$<br>$A=1800mm$, $\beta_3=1.19$<br>$A=150mm$, $\beta_3=1.25$ |
| | 散热器安装形式同前，但空气流通孔宽度 c 不小于散热器的宽度，罩子前面上下两端下端的孔口高度不小于 100mm，其它部分为格栅 | $A=130mm$,<br>孔口敞开<br>孔口有格栅式网状物盖着 $\beta_3=1.4$ |
| | 安装形式同前，空气流通孔宽度 c 不小于散热器的宽度，罩子前面上下两端下端的孔口高度小于 100mm，其它部分为格栅 | $A=100mm$, $\beta_3=1.15$ |
| | 安装形式同前，但空气流通孔开在罩子前面上下两端，其宽度如图 | $\beta_3=0.9$ |
| | 散热器用挡板挡住，挡板下端留有空气流通口，其高度为 0.8A | $\beta_3=0.9$ |

注：散热器明装，敞开设置，$\beta_3=1.0$。

附表 3-6 水泥、石材或陶瓷面层单位地面面积的向上供热量和向下传热量

单位：W/m²

| 平均水温/℃ | 室内空气温度 | 加热管距 | | | | | | | | | |
|---|---|---|---|---|---|---|---|---|---|---|---|
| | | 500mm | | 400mm | | 300mm | | 200mm | | 100mm | |
| | | 向上供热量 | 向下供热量 | 向上供热量 | 向下供热量 | 向上供热量 | 向下供热量 | 向上供热量 | 向下供热量 | 向上供热量 | 向下供热量 |
| 35 | 16 | 64.4 | 18.4 | 72.6 | 18.8 | 81.8 | 19.4 | 91.4 | 20.0 | 100.7 | 21.0 |
| | 18 | 57.7 | 16.7 | 65.0 | 17.0 | 73.2 | 17.4 | 81.7 | 18.1 | 89.9 | 19.0 |
| | 20 | 51.0 | 14.9 | 57.4 | 15.2 | 64.6 | 15.6 | 72.1 | 16.1 | 79.3 | 16.9 |
| | 22 | 44.3 | 13.1 | 49.9 | 13.3 | 56.0 | 13.7 | 62.5 | 14.2 | 68.7 | 14.9 |
| | 24 | 37.3 | 11.3 | 42.4 | 11.5 | 47.6 | 11.9 | 53.0 | 12.2 | 58.2 | 12.8 |
| 40 | 16 | 82.3 | 23.1 | 93.0 | 23.6 | 105.0 | 24.2 | 117.6 | 25.2 | 129.8 | 26.5 |
| | 18 | 75.5 | 21.4 | 85.3 | 21.8 | 96.2 | 22.4 | 107.7 | 23.3 | 118.8 | 24.4 |
| | 20 | 69.7 | 19.6 | 77.6 | 20.0 | 87.5 | 20.6 | 97.9 | 21.4 | 107.9 | 22.4 |
| | 22 | 52.0 | 17.9 | 69.9 | 18.2 | 78.8 | 18.7 | 88.1 | 19.4 | 97.1 | 20.4 |
| | 24 | 55.2 | 16.1 | 62.3 | 16.4 | 70.1 | 16.8 | 78.3 | 17.5 | 86.3 | 18.3 |
| 45 | 16 | 100.6 | 27.9 | 113.8 | 28.4 | 128.6 | 29.4 | 144.3 | 30.4 | 159.6 | 32.0 |
| | 18 | 93.7 | 26.1 | 106.0 | 26.7 | 119.7 | 27.5 | 134.3 | 28.5 | 148.5 | 30.0 |
| | 20 | 86.9 | 24.4 | 98.2 | 24.9 | 110.9 | 25.6 | 124.4 | 26.6 | 137.4 | 27.9 |
| | 22 | 80.0 | 22.6 | 90.4 | 23.1 | 102.1 | 23.7 | 114.4 | 24.7 | 126.4 | 25.9 |
| | 24 | 73.2 | 20.9 | 82.7 | 21.3 | 93.3 | 21.8 | 104.5 | 37 | 115.7 | 23.9 |
| 50 | 16 | 119.1 | 32.6 | 134.9 | 33.3 | 152.7 | 34.2 | 171.6 | 35.7 | 190.1 | 37.5 |
| | 18 | 112.2 | 30.9 | 127.0 | 31.5 | 143.8 | 32.4 | 161.5 | 33.8 | 178.9 | 35.5 |
| | 20 | 105.3 | 29.2 | 119.2 | 29.8 | 134.8 | 30.6 | 151.5 | 31.9 | 167.7 | 33.5 |
| | 22 | 98.3 | 27.4 | 111.3 | 28.0 | 125.9 | 28.8 | 141.4 | 29.9 | 156.5 | 31.5 |
| | 24 | 91.4 | 25.7 | 103.5 | 26.2 | 117.0 | 26.9 | 131.3 | 28.0 | 145.3 | 29.4 |
| 55 | 16 | 137.8 | 37.4 | 156.3 | 38.2 | 177.1 | 39.5 | 199.4 | 41.0 | 221.2 | 43.1 |
| | 18 | 130.9 | 35.7 | 148.4 | 36.7 | 168.1 | 37.5 | 189.2 | 39.1 | 209.9 | 41.1 |
| | 20 | 123.9 | 34.0 | 140.5 | 34.7 | 159.1 | 35.7 | 179.0 | 37.2 | 198.5 | 39.1 |
| | 22 | 117.0 | 32.2 | 132.6 | 32.9 | 150.1 | 33.8 | 168.9 | 35.2 | 187.2 | 37.1 |
| | 24 | 110.0 | 30.5 | 124.7 | 31.1 | 141.1 | 32.0 | 158.7 | 33.3 | 175.9 | 35.1 |

附表3-7 塑料类材料面层单位地面面积的向上供热量和向下传热量

单位：W/m²

| 平均水温/℃ | 室内空气温度 | 加热管距 | | | | | | | | | |
|---|---|---|---|---|---|---|---|---|---|---|---|
| | | 500 mm | | 400 mm | | 300 mm | | 200 mm | | 100 mm | |
| | | 向上供热量 | 向下供热量 | 向上供热量 | 向下供热量 | 向上供热量 | 向下供热量 | 向上供热量 | 向下供热量 | 向上供热量 | 向下供热量 |
| 35 | 16 | 54.4 | 19.3 | 59.7 | 19.8 | 65.2 | 20.3 | 70.8 | 21.1 | 76.1 | 22.0 |
| | 18 | 48.7 | 17.4 | 53.5 | 17.9 | 58.4 | 18.4 | 63.4 | 19.1 | 68.1 | 19.9 |
| | 20 | 43.1 | 15.6 | 47.3 | 16.0 | 51.6 | 16.4 | 56.0 | 17.0 | 60.1 | 17.7 |
| | 22 | 37.5 | 13.7 | 41.1 | 14.0 | 44.9 | 14.4 | 48.7 | 15.0 | 52.2 | 15.6 |
| | 24 | 31.9 | 11.8 | 35.0 | 12.1 | 38.2 | 12.5 | 41.4 | 12.9 | 44.3 | 13.4 |
| 40 | 16 | 69.3 | 24.3 | 76.2 | 24.9 | 83.4 | 25.6 | 90.6 | 26.6 | 97.4 | 27.8 |
| | 18 | 63.6 | 22.4 | 69.9 | 23.0 | 76.5 | 23.7 | 83.1 | 24.6 | 89.3 | 25.6 |
| | 20 | 57.9 | 20.6 | 63.6 | 21.1 | 69.6 | 21.7 | 75.6 | 22.5 | 81.3 | 23.5 |
| | 22 | 52.3 | 18.7 | 57.4 | 19.2 | 62.7 | 19.7 | 68.1 | 20.5 | 73.2 | 21.4 |
| | 24 | 46.6 | 16.8 | 51.1 | 17.2 | 55.9 | 17.8 | 60.7 | 18.4 | 65.2 | 19.2 |
| 45 | 16 | 84.5 | 29.3 | 92.9 | 30.0 | 101.8 | 31.0 | 110.8 | 32.1 | 119.2 | 33.5 |
| | 18 | 78.8 | 27.4 | 86.6 | 28.1 | 94.8 | 29.1 | 103.2 | 30.1 | 111.0 | 31.4 |
| | 20 | 73.0 | 25.6 | 80.3 | 26.2 | 87.9 | 27.1 | 95.6 | 28.1 | 102.9 | 29*.3 |
| | 22 | 67.6 | 23.7 | 73.9 | 24.3 | 81.0 | 25.2 | 88.1 | 26.1 | 94.7 | 27.2 |
| | 24 | 61.6 | 21.9 | 67.6 | 22.4 | 74.0 | 23.1 | 80.5 | 24.0 | 86.6 | 25.0 |
| 50 | 16 | 99.8 | 34.3 | 109.9 | 35.1 | 120.4 | 36.4 | 131.2 | 37.7 | 141.3 | 39.4 |
| | 18 | 94.1 | 32.5 | 103.5 | 33.3 | 113.5 | 34.3 | 123.6 | 35.7 | 133.1 | 37.3 |
| | 20 | 88.3 | 30.6 | 97.1 | 31.4 | 106.5 | 32.4 | 115.9 | 33.7 | 124.8 | 35.2 |
| | 22 | 82.5 | 28.8 | 90.8 | 29.5 | 99.5 | 30.4 | 108.3 | 31.6 | 116.6 | 33.0 |
| | 24 | 76.8 | 26.9 | 84.4 | 27.6 | 92.5 | 28.5 | 100.7 | 29.6 | 108.4 | 30.9 |
| 55 | 16 | 115.3 | 39.3 | 127.0 | 40.3 | 139.3 | 41.8 | 151.9 | 43.3 | 163.8 | 45.2 |
| | 18 | 109.5 | 37.5 | 120.6 | 38.5 | 132.3 | 39.8 | 144.2 | 41.3 | 155.5 | 43.1 |
| | 20 | 103.7 | 35.7 | 114.2 | 36.6 | 125.3 | 37.9 | 136.6 | 39.3 | 147.2 | 41.0 |
| | 22 | 97.9 | 33.9 | 107.8 | 34.7 | 118.3 | 35.8 | 128.9 | 37.2 | 138.9 | 38.9 |
| | 24 | 92.1 | 32.0 | 101.4 | 32.8 | 111.2 | 33.9 | 121.2 | 35.2 | 130.6 | 36.8 |

附表3-8 木地板材料面层单位地面面积的向上供热量和向下传热量

单位：W/m²

| 平均水温/℃ | 室内空气温度/℃ | 加热管距 | | | | | | | | | |
| --- | --- | --- | --- | --- | --- | --- | --- | --- | --- | --- | --- |
| | | 500 mm | | 400 mm | | 300 mm | | 200 mm | | 100 mm | |
| | | 向上供热量 | 向下供热量 | 向上供热量 | 向下供热量 | 向上供热量 | 向下供热量 | 向上供热量 | 向下供热量 | 向上供热量 | 向下供热量 |
| 35 | 16 | 51.1 | 19.6 | 55.4 | 20.1 | 59.9 | 20.7 | 64.4 | 21.4 | 68.6 | 22.3 |
| | 18 | 45.8 | 17.7 | 49.7 | 18.2 | 53.7 | 18.7 | 57.7 | 19.4 | 61.4 | 20.2 |
| | 20 | 40.5 | 15.8 | 43.9 | 16.2 | 47.5 | 16.7 | 51.0 | 17.3 | 54.3 | 18.0 |
| | 22 | 35.3 | 13.9 | 38.2 | 14.3 | 41.3 | 14.7 | 44.3 | 15.2 | 47.1 | 15.8 |
| | 24 | 30.0 | 12.0 | 32.5 | 12.3 | 35.1 | 12.7 | 37.7 | 13.1 | 40.1 | 13.6 |
| 40 | 16 | 65.1 | 24.6 | 70.7 | 25.3 | 76.5 | 26.2 | 82.2 | 27.1 | 87.7 | 28.2 |
| | 18 | 59.7 | 22.8 | 64.9 | 23.4 | 70.2 | 24.2 | 75.5 | 25.0 | 80.4 | 26.0 |
| | 20 | 54.4 | 20.9 | 59.1 | 21.4 | 63.9 | 22.1 | 68.7 | 22.9 | 73.2 | 23.8 |
| | 22 | 49.1 | 19.0 | 53.3 | 19.5 | 57.6 | 20.1 | 61.9 | 20.8 | 66.0 | 21.7 |
| | 24 | 43.8 | 17.1 | 47.5 | 17.5 | 51.3 | 18.1 | 55.2 | 18.7 | 58.8 | 19.5 |
| 45 | 16 | 79.2 | 29.7 | 86.1 | 30.5 | 93.3 | 31.6 | 100.4 | 32.6 | 107.1 | 34.0 |
| | 18 | 73.9 | 27.9 | 80.3 | 28.6 | 86.9 | 29.5 | 93.5 | 30.6 | 99.8 | 31.9 |
| | 20 | 68.5 | 26.0 | 74.4 | 26.7 | 80.6 | 27.5 | 86.7 | 28.6 | 92.5 | 29.7 |
| | 22 | 63.1 | 24.1 | 68.6 | 24.7 | 74.2 | 25.5 | 79.9 | 26.5 | 85.2 | 27.6 |
| | 24 | 57.8 | 22.2 | 62.7 | 22.8 | 67.9 | 23.5 | 73.0 | 24.4 | 77.9 | 25.4 |
| 50 | 16 | 93.6 | 34.8 | 101.8 | 35.7 | 110.3 | 37.0 | 118.8 | 38.3 | 126.8 | 39.9 |
| | 18 | 88.2 | 33.0 | 95.9 | 33.9 | 103.9 | 35.1 | 111.9 | 36.3 | 119.4 | 37.8 |
| | 20 | 82.8 | 31.1 | 90.0 | 31.9 | 97.5 | 33.1 | 105.0 | 34.2 | 112.1 | 35.7 |
| | 22 | 77.4 | 29.2 | 84.4 | 30.0 | 91.1 | 31.0 | 98.1 | 32.2 | 104.7 | 33.5 |
| | 24 | 72.0 | 27.4 | 78.2 | 28.1 | 84.7 | 29.0 | 91.2 | 30.1 | 97.3 | 31.3 |
| 55 | 16 | 108.0 | 39.9 | 117.6 | 41.0 | 127.5 | 42.3 | 137.4 | 44.0 | 146.7 | 45.9 |
| | 18 | 102.6 | 38.1 | 111.6 | 39.1 | 121.2 | 40.5 | 130.4 | 42.0 | 139.3 | 43.8 |
| | 20 | 97.2 | 36.3 | 105.7 | 37.2 | 114.6 | 38.4 | 123.5 | 39.9 | 131.9 | 41.6 |
| | 22 | 91.7 | 34.4 | 99.8 | 35.3 | 108.2 | 36.5 | 116.6 | 37.9 | 124.5 | 39.5 |
| | 24 | 86.3 | 32.5 | 93.9 | 33.4 | 101.8 | 34.5 | 109.7 | 35.8 | 117.1 | 37.3 |

附表3-9　铺厚地毯面层单位地面面积的向上供热量和向下传热量

单位：W/m²

| 平均水温/°C | 室内空气温度 | 加热管管距 | | | | | | | | | |
| --- | --- | --- | --- | --- | --- | --- | --- | --- | --- | --- | --- |
| | | 500 mm | | 400 mm | | 300 mm | | 200 mm | | 100 mm | |
| | | 向上供热量 | 向下供热量 | 向上供热量 | 向下供热量 | 向上供热量 | 向下供热量 | 向上供热量 | 向下供热量 | 向上供热量 | 向下供热量 |
| 35 | 16 | 45.2 | 20.1 | 48.3 | 20.6 | 51.4 | 21.3 | 54.4 | 22.0 | 57.3 | 22.8 |
| | 18 | 40.5 | 18.2 | 43.3 | 18.7 | 46.1 | 19.3 | 48.8 | 19.9 | 51.4 | 20.6 |
| | 20 | 35.9 | 16.2 | 38.3 | 16.7 | 40.8 | 17.2 | 43.2 | 17.8 | 45.4 | 18.4 |
| | 22 | 31.2 | 14.3 | 33.3 | 14.7 | 35.5 | 15.1 | 37.6 | 15.6 | 39.5 | 16.2 |
| | 24 | 26.6 | 12.3 | 28.4 | 12.6 | 30.2 | 13.0 | 32.0 | 13.5 | 33.6 | 13.9 |
| 40 | 16 | 57.5 | 25.3 | 61.4 | 26.0 | 65.4 | 26.9 | 69.4 | 27.7 | 73.1 | 28.7 |
| | 18 | 52.8 | 23.4 | 56.4 | 24.0 | 60.1 | 24.8 | 63.7 | 25.6 | 67.1 | 26.6 |
| | 20 | 48.1 | 21.5 | 51.4 | 22.0 | 54.7 | 22.7 | 58.0 | 23.5 | 61.1 | 24.4 |
| | 22 | 43.4 | 19.5 | 46.3 | 20.0 | 49.4 | 20.6 | 52.3 | 21.3 | 55.1 | 22.1 |
| | 24 | 38.7 | 17.6 | 41.3 | 18.1 | 44.0 | 18.6 | 46.7 | 19.2 | 49.1 | 19.9 |
| 45 | 16 | 69.9 | 30.5 | 74.7 | 31.4 | 79.7 | 32.5 | 84.5 | 33.5 | 89.1 | 34.7 |
| | 18 | 65.2 | 28.6 | 69.7 | 29.4 | 74.3 | 30.3 | 78.8 | 31.4 | 83.0 | 32.6 |
| | 20 | 60.4 | 26.7 | 64.6 | 27.4 | 68.9 | 28.3 | 73.1 | 29.3 | 77.0 | 30.4 |
| | 22 | 55.7 | 24.8 | 59.6 | 25.4 | 63.5 | 26.2 | 67.3 | 27.2 | 71.0 | 28.2 |
| | 24 | 51.0 | 22.8 | 54.5 | 23.4 | 58.1 | 24.2 | 61.6 | 25.0 | 64.9 | 25.9 |
| 50 | 16 | 82.4 | 35.8 | 88.2 | 36.8 | 94.1 | 37.9 | 99.8 | 39.3 | 105.3 | 40.8 |
| | 18 | 77.7 | 33.9 | 83.1 | 34.8 | 88.6 | 35.9 | 94.1 | 37.2 | 99.2 | 39.6 |
| | 20 | 72.9 | 32.0 | 78.0 | 32.9 | 83.2 | 33.9 | 88.3 | 35.1 | 93.1 | 36.4 |
| | 22 | 68.2 | 30.1 | 72.9 | 30.9 | 77.8 | 31.8 | 82.5 | 33.0 | 87.0 | 34.2 |
| | 24 | 63.4 | 28.1 | 67.8 | 28.9 | 72.3 | 29.8 | 76.8 | 30.8 | 80.9 | 32.0 |
| 55 | 16 | 95.1 | 41.0 | 101.8 | 42.2 | 108.6 | 43.5 | 115.3 | 45.1 | 121.6 | 46.8 |
| | 18 | 90.3 | 39.2 | 96.7 | 40.3 | 103.1 | 41.5 | 109.5 | 43.0 | 115.5 | 44.7 |
| | 20 | 85.5 | 37.3 | 91.5 | 38.3 | 97.7 | 39.5 | 103.7 | 41.0 | 109.4 | 42.5 |
| | 22 | 80.8 | 35.4 | 86.4 | 36.3 | 92.2 | 37.5 | 97.9 | 38.8 | 103.3 | 40.3 |
| | 24 | 76.0 | 33.4 | 81.3 | 34.3 | 86.8 | 35.4 | 92.1 | 36.7 | 97.2 | 38.1 |

附表 3-10　塑料管及铝塑复合管水力计算表

| 流速 v/(m/s) | 管内径 d_i/管外径 d_0 | | | | | |
|---|---|---|---|---|---|---|
| | 12.1 mm/16 mm | | 15.7 mm/20 mm | | 19.9 mm/25 mm | |
| | 比摩阻 R/(Pa/m) | 流量 G/(kg/h) | 比摩阻 R/(Pa/m) | 流量 G/(kg/h) | 比摩阻 R/(Pa/m) | 流量 G/(kg/h) |
| 0.01 | 0.60 | 4.14 | 0.39 | 6.97 | 0.27 | 11.19 |
| 0.02 | 1.60 | 8328 | 1.09 | 13.93 | 0.77 | 22.38 |
| 0.0. | 2.97 | 12.41 | 2.04 | 20.90 | 1.45 | 33.57 |
| 0.04 | 4.66 | 16.55 | 3.22 | 27.86 | 2.31 | 44.76 |
| 0.05 | 6.65 | 20.69 | 4.62 | 34.83 | 3.32 | 55.96 |
| 0.06 | 8.93 | 24.83 | 6.22 | 41.79 | 4.49 | 67.15 |
| 0.07 | 11.49 | 28.96 | 8.02 | 48.76 | 5.81 | 78.34 |
| 0.08 | 14.31 | 33.10 | 10.02 | 55.73 | 7.27 | 89.53 |
| 0.09 | 17.39 | 37.24 | 12.20 | 62.69 | 8.87 | 100.27 |
| 0.10 | 20.73 | 41.38 | 14.57 | 69.66 | 10.60 | 111.91 |
| 0.11 | 24.32 | 45.51 | 17.11 | 76.62 | 12.47 | 123.10 |
| 0.12 | 28.15 | 49.65 | 19.84 | 83.59 | 14.27 | 134.29 |
| 0.13 | 32.22 | 53.79 | 22.73 | 90.56 | 16.60 | 145.49 |
| 0.14 | 36.54 | 57.93 | 25.08 | 97.52 | 18.85 | 156.68 |
| 0.15 | 41.08 | 62.06 | 29.04 | 104.49 | 21.24 | 167.87 |
| 0.16 | 45.86 | 66.20 | 32.44 | 111.45 | 23.74 | 179.06 |
| 0.17 | 50.87 | 70.34 | 36.01 | 118.42 | 26.37 | 190.25 |
| 0.18 | 56.11 | 74.48 | 39.75 | 125.38 | 29.13 | 201.44 |
| 0.19 | 61.57 | 78.61 | 43.64 | 132.35 | 32.00 | 212.63 |
| 0.20 | 67.25 | 82.75 | 47.70 | 139.32 | 34.99 | 223.82 |
| 0.21 | 73.16 | 86.89 | 51.92 | 146.28 | 38.10 | 235.02 |
| 0.22 | 79.28 | 91.03 | 56.29 | 153.25 | 41.33 | 246.21 |
| 0.23 | 85.62 | 95.16 | 60.83 | 160.21 | 44368 | 257.40 |

| 流速 v/(m/s) | 管内径 $d_i$/管外径 $d_o$ | | | | | |
|---|---|---|---|---|---|---|
| | 12.1 mm/16 mm | | 15.7 mm/20 mm | | 19.9 mm/25 mm | |
| | 比摩阻 R/(Pa/m) | 流量 G/(kg/h) | 比摩阻 R/(Pa/m) | 流量 G/(kg/h) | 比摩阻 R/(Pa/m) | 流量 G/(kg/h) |
| 0.24 | 92.18 | 99.30 | 65.52 | 167.18 | 48.14 | 268.59 |
| 0.25 | 98.25 | 103.44 | 70.36 | 174.15 | 51.72 | 279.78 |
| 0.26 | 105.94 | 107.58 | 75.36 | 181.11 | 55.41 | 290.97 |
| 0.27 | 113.13 | 111.71 | 80.51 | 188.08 | 59.22 | 302.16 |
| 0.28 | 120.54 | 115.85 | 85.81 | 195.04 | 63.14 | 313.35 |
| 0.29 | 128.16 | 119.99 | 91.27 | 202.01 | 67.08 | 324.55 |
| 0.30 | 135.98 | 124.13 | 96.87 | 208.97 | 71.32 | 335.74 |
| 0.31 | 144.02 | 128.26 | 102.63 | 215.94 | 75.58 | 346.93 |
| 0.32 | 152.26 | 132.40 | 108.53 | 222.91 | 79.95 | 358.12 |
| 0.33 | 16.70 | 136.54 | 114.59 | 229.87 | 84.43 | 369.31 |
| 0.34 | 169.35 | 140.68 | 120.79 | 236.84 | 89.02 | 380.50 |
| 0.35 | 178.21 | 144.81 | 127.14 | 243.80 | 93.72 | 391.69 |
| 0.36 | 187.26 | 148.95 | 133.63 | 250.77 | 98.53 | 402.88 |
| 0.37 | 196.52 | 153.09 | 140.27 | 257.73 | 103.45 | 414.08 |
| 0.38 | 205.98 | 157.23 | 147.0 | 264.70 | 108.47 | 425.27 |
| 0.39 | 215.64 | 161.36 | 153.99 | 271.67 | 113.61 | 436.46 |
| 0.40 | 225.50 | 165.50 | 161.07 | 278.63 | 118.82 | 447.65 |
| 0.41 | 235.56 | 169.64 | 168.29 | 285.60 | 124.20 | 458.84 |
| 0.42 | 245.81 | 173.78 | 175.65 | 292.56 | 129.66 | 470.03 |
| 0.43 | 256.27 | 177.91 | 183.16 | 299.56 | 135.22 | 481.22 |
| 0.44 | 266.92 | 182.05 | 190.81 | 306.50 | 140.89 | 492.41 |
| 0.45 | 277.76 | 186.19 | 198.60 | 313.46 | 146.67 | 503.61 |
| 0.46 | 288.81 | 190.33 | 206.53 | 320.43 | 152.55 | 514.80 |

| 流速 $v/(\text{m/s})$ | 管内径 $d$/管外径 $d_0$ | | | | | |
|---|---|---|---|---|---|---|
| | 12.1 mm /16 mm | | 15.7 mm /20 mm | | 19.9 mm /25 mm | |
| | 比摩阻 $R/(\text{Pa/m})$ | 流量 $G/(\text{kg/h})$ | 比摩阻 $R/(\text{Pa/m})$ | 流量 $G/(\text{kg/h})$ | 比摩阻 $R/(\text{Pa/m})$ | 流量 $G/(\text{kg/h})$ |
| 0.47 | 300.04 | 194.46 | 214.61 | 327.39 | 158.53 | 525.99 |
| 0.48 | 311.48 | 198.60 | 222.82 | 334.36 | 164.63 | 537.18 |
| 0.49 | 323.10 | 202.74 | 231.18 | 341.32 | 170.82 | 548.37 |
| 0.50 | 334.92 | 206.88 | 239.67 | 348.29 | 177.12 | 559.56 |
| 0.51 | 346.94 | 211.01 | 248.30 | 355.26 | 183.53 | 570.75 |
| 0.52 | 359.14 | 215.15 | 257.08 | 362.22 | 190.04 | 581.94 |
| 0.53 | 371.54 | 219.29 | 265.99 | 369.19 | 196.65 | 593.14 |
| 0.54 | 384.13 | 223.43 | 275.04 | 376.15 | 203.37 | 604.33 |
| 0.55 | 396.91 | 227.57 | 284.23 | 383.12 | 210.19 | 615.52 |
| 0.56 | 409.88 | 231.70 | 293.56 | 390.09 | 217.11 | 626.71 |
| 0.57 | 423.04 | 235.84 | 303.03 | 397.05 | 224.14 | 637.90 |
| 0.58 | 436.39 | 239.98 | 312.63 | 404.02 | 231.27 | 649.09 |
| 0.59 | 449.93 | 244.12 | 322.37 | 410.98 | 238.50 | 660.28 |
| 0.60 | 463.65 | 248.25 | 332.25 | 417.95 | 245.83 | 671.47 |
| 0.61 | 477.57 | 252.39 | 342.26 | 424.91 | 253.26 | 682.67 |
| 0.62 | 491.67 | 256.53 | 352.41 | 431.88 | 260.80 | 693.86 |
| 0.63 | 505.97 | 260.67 | 362.69 | 438.85 | 268.44 | 705.05 |
| 0.64 | 520.44 | 264.80 | 373.11 | 445.81 | 276.18 | 716.24 |
| 0.65 | 535.11 | 268.94 | 383.67 | 452.78 | 284.02 | 727.43 |
| 0.66 | 549.96 | 273.08 | 394.36 | 459.74 | 291.96 | 738.62 |
| 0.67 | 565.00 | 277.22 | 405.19 | 466.71 | 300.00 | 749.81 |
| 0.68 | 580.23 | 281.35 | 416.15 | 473.67 | 308.14 | 761.00 |
| 0.69 | 595.64 | 285.49 | 427.24 | 480.64 | 316.38 | 772.20 |
| 0.70 | 611.23 | 289.63 | 438.47 | 487.61 | 324.72 | 783.39 |
| 0.71 | 627.01 | 293.77 | 449.83 | 494.57 | 333.17 | 794.58 |
| 0.72 | 642.97 | 297.90 | 461.33 | 501.54 | 341.71 | 805.77 |

| 流速 v/(m/s) | 管内径 d/管外径 d₀ | | | | | |
| --- | --- | --- | --- | --- | --- | --- |
| | 12.1 mm /16 mm | | 15.7 mm /20 mm | | 19.9 mm /25 mm | |
| | 比摩阻 R/(Pa/m) | 流量 G/(kg/h) | 比摩阻 R/(Pa/m) | 流量 G/(kg/h) | 比摩阻 R/(Pa/m) | 流量 G/(kg/h) |
| 0.73 | 659.12 | 302.04 | 472.96 | 508.50 | 350.35 | 816.96 |
| 0.74 | 675.45 | 306.18 | 484.72 | 515.47 | 359.09 | 828.15 |
| 0.75 | 691.97 | 310.32 | 496.62 | 522.44 | 367.93 | 839.34 |
| 0.76 | 708.67 | 314.45 | 508.65 | 529.40 | 376.87 | 850.53 |
| 0.77 | 725.55 | 318.59 | 520.81 | 536.37 | 385.91 | 861.73 |
| 0.78 | 742.62 | 322.73 | 533.10 | 543.33 | 395.05 | 872.92 |
| 0.79 | 759.86 | 326.87 | 545.53 | 550.30 | 404.28 | 884.11 |
| 0.80 | 777.29 | 331.00 | 558.08 | 557.26 | 413.62 | 895.30 |
| 0.81 | 794.90 | 335.14 | 570.77 | 564.23 | 423.05 | 906.49 |
| 0.82 | 812.70 | 339.28 | 583.60 | 571.20 | 432.58 | 917.68 |
| 0.83 | 830.67 | 343.42 | 596.55 | 578.16 | 442.21 | 928.87 |
| 0.84 | 848.82 | 347.55 | 609.63 | 585.13 | 451.94 | 940.06 |
| 0.85 | 867.16 | 351.69 | 622.85 | 592.09 | 461.76 | 951.26 |
| 0.86 | 885.68 | 355.83 | 636.19 | 599.06 | 471.69 | 962.45 |
| 0.87 | 904.37 | 359.97 | 649.67 | 606.03 | 481.71 | 973.64 |
| 0.88 | 923.25 | 364.10 | 663.27 | 612.99 | 491.82 | 984.83 |
| 0.89 | 942.30 | 368.24 | 677.01 | 619.96 | 502.04 | 996.02 |
| 0.90 | 961.54 | 372.38 | 690.88 | 626.92 | 512.35 | 1007.21 |
| 0.91 | 980.95 | 376.52 | 704.87 | 633.89 | 522.76 | 1018.40 |
| 0.92 | 1000.55 | 380.65 | 719.00 | 640.85 | 533.27 | 1029.59 |
| 0.93 | 1020.32 | 384.79 | 733.26 | 647.82 | 543.87 | 1040.79 |
| 0.94 | 1040.27 | 388.93 | 747.64 | 654.79 | 554.57 | 1051.98 |
| 0.95 | 1060.40 | 393.07 | 762.16 | 661.75 | 565.37 | 1063.17 |
| 0.96 | 1080.71 | 397.20 | 776.80 | 668.72 | 576.26 | 1074.36 |
| 0.97 | 1101.20 | 401.34 | 791.57 | 675.68 | 587.25 | 1085.55 |
| 0.98 | 1121.86 | 405.48 | 806.48 | 682.65 | 598.34 | 1096.74 |

| 流速 v/(m/s) | 管内径 $d_i$/管外径 $d_0$ | | | | | |
| --- | --- | --- | --- | --- | --- | --- |
| | 12.1 mm /16 mm | | 15.7 mm /20 mm | | 19.9 mm /25 mm | |
| | 比摩阻 R/(Pa/m) | 流量 G/(kg/h) | 比摩阻 R/(Pa/m) | 流量 G/(kg/h) | 比摩阻 R/(Pa/m) | 流量 G/(kg/h) |
| 0.99 | 1142.70 | 409.62 | 821.51 | 689.61 | 609.52 | 1107.93 |
| 1.00 | 1163.72 | 413.75 | 836.67 | 696.58 | 620.80 | 1119.12 |
| 1.01 | 1184.92 | 417.89 | 851.95 | 703.55 | 632.17 | 1130.32 |
| 1.02 | 1206.29 | 422.03 | 867.37 | 710.51 | 643.64 | 1141.51 |
| 1.03 | 1227.84 | 426.17 | 882.91 | 717.48 | 655.21 | 1152.70 |
| 1.04 | 1249.57 | 430.30 | 898.59 | 724.44 | 666.87 | 1163.89 |
| 1.05 | 1271.47 | 434.44 | 914.39 | 731.41 | 678.63 | 1175.08 |
| 1.06 | 1293.55 | 438.58 | 930.32 | 738.38 | 690.48 | 1186.27 |
| 1.07 | 1315.81 | 442.72 | 946.37 | 745.34 | 702.43 | 1197.46 |
| 1.08 | 1338.24 | 446.86 | 962.55 | 752.31 | 714.47 | 1208.65 |
| 1.09 | 1360.85 | 450.99 | 978.86 | 759.27 | 726.61 | 1219.85 |
| 1.10 | 1383.63 | 455.13 | 995.30 | 766.24 | 738.84 | 1231.04 |
| 1.11 | 1406.59 | 459.27 | 1011.87 | 773.20 | 751.17 | 1242.23 |
| 1.12 | 1429.72 | 463.12 | 1028.56 | 780.17 | 763.60 | 1253.42 |
| 1.13 | 1453.03 | 467.54 | 1045.38 | 787.14 | 776.11 | 1264.61 |
| 1.14 | 1476.51 | 471.68 | 1062.32 | 794.10 | 788.73 | 1275.80 |
| 1.15 | 1500.17 | 475.82 | 1073.39 | 801.07 | 801.43 | 1286.99 |
| 1.16 | 1524.00 | 479.96 | 1096.59 | 808.03 | 814.24 | 1298.18 |
| 1.17 | 1548.00 | 484.09 | 1113.92 | 815.00 | 827.13 | 1309.38 |
| 1.18 | 1572.18 | 488.23 | 1131.37 | 821.97 | 840.12 | 1320.57 |
| 1.19 | 1596.54 | 492.37 | 1148.94 | 828.93 | 853.21 | 133176 |
| 1.20 | 1621.07 | 496.51 | 1166.65 | 835.90 | 866.39 | 1342.95 |

注：此表为热媒平均温度为 55℃时的水力计算表。

## 附表 3-11 块状辐射板规格及散热热量表

| 型号 | 1 | 2 | 3 | 4 | 5 | 6 | 7 | 8 | 9 |
|---|---|---|---|---|---|---|---|---|---|
| 管子根数 | 3 | 6 | 9 | 3 | 6 | 9 | 3 | 6 | 9 |
| 管子间距/mm | 100 | 100 | 100 | 125 | 125 | 125 | 150 | 150 | 150 |
| 板宽/mm | 300 | 600 | 900 | 375 | 750 | 1125 | 450 | 900 | 1350 |
| 板面积/mm | 0.54 | 1.08 | 1.62 | 0.675 | 1.35 | 2.025 | 0.81 | 1.62 | 2.43 |
| 板长/m | 1.8（管径 DN15） | | | | | | | | |
| 室内温度/℃ | 蒸汽压力为 200kPa 时的散热量/W | | | | | | | | |
| 5 | 1361 | 2617 | 3710 | 1558 | 2977 | 4233 | 1710 | 3256 | 4652 |
| 8 | 1326 | 2559 | 3617 | 1512 | 2896 | 4129 | 1663 | 3175 | 4536 |
| 10 | 1303 | 2512 | 3559 | 1489 | 2849 | 4059 | 1640 | 3117 | 4454 |
| 12 | 1279 | 2466 | 3501 | 1454 | 2803 | 3989 | 1617 | 3059 | 4373 |
| 14 | 1256 | 2431 | 3443 | 1442 | 2756 | 3931 | 1593 | 3012 | 4303 |
| 16 | 1233 | 2396 | 3384 | 1419 | 2710 | 3873 | 1570 | 2967 | 4233 |
| | 蒸汽表压力为 400kPa 时的散热量/W | | | | | | | | |
| 5 | 1524 | 2931 | 4198 | 1756 | 3361 | 4815 | 1931 | 3675 | 5245 |
| 8 | 1500 | 2873 | 4117 | 1721 | 3291 | 4710 | 1884 | 3605 | 5141 |
| 10 | 1477 | 2838 | 4059 | 1698 | 3245 | 4640 | 1861 | 3559 | 5071 |
| 12 | 1454 | 2791 | 4001 | 1675 | 3198 | 4571 | 1838 | 3512 | 5001 |
| 14 | 1431 | 2756 | 3943 | 1652 | 3152 | 4512 | 1814 | 3466 | 4931 |
| 16 | 1407 | 2710 | 3884 | 1628 | 3105 | 4443 | 1791 | 3408 | 4861 |

注：表中数据是根据 A 型保温板、表面涂无光漆、倾斜安装（与水平面呈 60°夹角）的条件下编制的。当采用的辐射板的制造和使用条件与使用条件不符时，散热量应作修正。（详见本书第三章第四节所述）。

## 附表 3-12 金属辐射板的最低安装高度

| 热媒平均温度/℃ | 水平安装/m | 倾斜安装（与水平面夹角） | | | 垂直安装/m |
|---|---|---|---|---|---|
| | | 30° | 45° | 60° | |
| 110 | 3.2 | 2.8 | 2.7 | 2.5 | 2.3 |
| 120 | 3.4 | 3.0 | 2.8 | 2.7 | 2.4 |
| 130 | 3.6 | 3.1 | 2.9 | 2.8 | 2.5 |
| 140 | 3.9 | 3.2 | 3.0 | 2.9 | 2.6 |
| 150 | 4.2 | 3.3 | 3.2 | 3.0 | 2.8 |
| 160 | 4.5 | 3.4 | 3.3 | 3.1 | 2.9 |
| 170 | 4.8 | 3.5 | 3.4 | 3.1 | 2.9 |

附表 4-1 水在各种温度下的密度ρ(压力为 100kPa 时)

| 温度/℃ | 密度/(kg/m³) | 温度/℃ | 密度/(kg/m³) | 温度/℃ | 密度/(kg/m³) | 温度/℃ | 密度/(kg/m³) |
|---|---|---|---|---|---|---|---|
| 0 | 999.80 | 56 | 985.25 | 72 | 976.66 | 88 | 966.68 |
| 10 | 999.73 | 58 | 984.25 | 74 | 975.48 | 90 | 965.34 |
| 20 | 998.23 | 60 | 983.24 | 76 | 974.29 | 92 | 963.99 |
| 30 | 995.67 | 62 | 982.20 | 78 | 973.07 | 94 | 962.61 |
| 40 | 992.24 | 64 | 981.13 | 80 | 971.83 | 95 | 961.92 |
| 50 | 988.07 | 66 | 980.05 | 82 | 970.57 | 97 | 960.51 |
| 52 | 987.15 | 68 | 987.94 | 84 | 969.30 | 100 | 958.38 |
| 54 | 986.21 | 70 | 977.81 | 86 | 968.00 | | |

附表 4-2 在自然循环上供下回双管热水供暖系统中，由于水在管路内冷却而产生的附加压力    单位：Pa

| 系统的水平距离/m | 锅炉到散热器的高度/m | 自总立管至计算立管之间的水平距离 | | | | | |
|---|---|---|---|---|---|---|---|
| | | <10m | 10~20m | 20~30m | 30~50m | 50~75m | 75~100m |
| 1 | 2 | 3 | 4 | 5 | 6 | 7 | 8 |
| 未保温的明装立管 (1) 1 层或 2 层的房屋 | | | | | | | |
| 25 以下 | 7 以下 | 100 | 100 | 150 | — | — | — |
| 25~50 | 7 以下 | 100 | 100 | 150 | 200 | — | — |
| 50~75 | 7 以下 | 100 | 100 | 150 | 150 | 200 | — |
| 75~100 | 7 以下 | 100 | 100 | 150 | 150 | 200 | 250 |
| (2) 3 层或 4 层的房屋 | | | | | | | |
| 25 以下 | 15 以下 | 250 | 250 | 250 | — | — | — |
| 25~50 | 15 以下 | 250 | 250 | 300 | 350 | — | — |
| 50~75 | 15 以下 | 250 | 250 | 250 | 300 | 350 | — |
| 75~100 | 15 以下 | 250 | 250 | 250 | 300 | 350 | 400 |
| (3) 高于 4 层的房屋 | | | | | | | |
| 25 以下 | 7 以下 | 450 | 500 | 550 | — | — | — |
| 25 以下 | 大于 7 | 300 | 350 | 450 | — | — | — |
| 25~50 | 7 以下 | 550 | 600 | 650 | 750 | — | — |
| 25~50 | 大于 7 | 400 | 450 | 500 | 550 | — | — |
| 50~75 | 7 以下 | 550 | 550 | 600 | 650 | 750 | — |
| 50~75 | 大于 7 | 400 | 400 | 450 | 500 | 550 | — |
| 75~100 | 7 以下 | 550 | 550 | 550 | 600 | 650 | 700 |
| 75~100 | 大于 7 | 400 | 400 | 400 | 450 | 500 | 650 |

续表

| 系统的水平距离/m | 锅炉到散热器的高度/m | 自总立管至计算立管之间的水平距离 | | | | | |
|---|---|---|---|---|---|---|---|
| | | <10m | 10~20m | 20~30m | 30~50m | 50~75m | 75~100m |
| 未保温的暗装立管 (1) 1层或2层的房屋 | | | | | | | |
| 25以下 | 7以下 | 80 | 100 | 130 | — | — | — |
| 25~50 | 7以下 | 80 | 80 | 130 | 150 | — | — |
| 50~75 | 7以下 | 80 | 80 | 100 | 130 | 180 | — |
| 75~100 | 7以下 | 80 | 80 | 80 | 130 | 180 | 230 |
| (2) 3层或4层的房屋 | | | | | | | |
| 25以下 | 15以下 | 180 | 200 | 280 | — | — | — |
| 25~50 | 15以下 | 180 | 200 | 250 | 300 | — | — |
| 50~75 | 15以下 | 180 | 200 | 200 | 250 | 300 | — |
| 75~100 | 15以下 | 180 | 200 | 180 | 230 | 280 | 330 |

附表 4-3 供暖系统各设备供给每 1kW 热量的水容量 $V_0$

| 供暖系统设备和附件 | $V_0$/L | 供暖系统设备和附件 | $V_0$/L |
|---|---|---|---|
| 长翼型散热器（60 大） | 16.0 | 板式散热器（带对流片） 600×（400~800） | 2.4 |
| 长翼型散热器（60 小） | 14.6 | 板式散热器（带对流片） 600×（400~800） | 2.6 |
| 四柱 813 型 | 8.4 | 板式散热器（带对流片） 600×（400~800） | 4.1 |
| 四柱 760 型 | 8.0 | 板式散热器（带对流片） 600×（400~800） | 4.4 |
| 四柱 640 型 | 10.2 | 空气加热器、暖风机 | 0.4 |
| 四柱 700 型 | 12.7 | 室内机械循环管路 | 6.9 |
| M-132 型 | 10.6 | 室内重力循环管路 | 13.8 |
| 圆翼型散热器（d50） | 4.0 | 室外管网机械循环 | 5.2 |
| 钢制柱型散热器（600×120×45） | 12.0 | 有鼓风设备的火管锅炉 | 13.8 |
| 钢制柱型散热器（640×120×35） | 8.2 | 无鼓风设备的火管锅炉 | 25.8 |
| 钢制柱型散热器（620×135×40） | 12.4 | | |
| 钢串片闭式对流散热器 150×80 | 1.15 | | |
| 240×1000 | 1.13 | | |
| 300×80 | 1.25 | | |

注：1. 本表部分摘自《供暖通风设计手册》（1987 年）。
2. 该表按低温热水供暖系统估算。
3. 室外管网与锅炉的水容量，最好按实际设计情况，确定水容量。

附表 5-1 热水供暖系统管道水力计算表 （$t'_g$=95℃, $t'_h$=70℃, K=0.2mm）

| 公称直径 | 15 mm | | 20 mm | | 25 mm | | 32 mm | | 40 mm | | 50 mm | | 70 mm | |
| --- | --- | --- | --- | --- | --- | --- | --- | --- | --- | --- | --- | --- | --- | --- |
| 内径 | 15.75 mm | | 21.25 mm | | 27.00 mm | | 35.75 mm | | 41.00 mm | | 53.00 mm | | 68.00 mm | |
| G | R | v | R | v | R | v | R | v | R | v | R | v | R | v |
| 30 | 2.64 | 0.04 | | | | | | | | | | | | |
| 34 | 2.99 | 0.05 | | | | | | | | | | | | |
| 40 | 3.52 | 0.06 | | | | | | | | | | | | |
| 42 | 6.78 | 0.06 | | | | | | | | | | | | |
| 48 | 8.60 | 0.07 | | | | | | | | | | | | |
| 50 | 9.25 | 0.07 | 1.33 | 0.04 | | | | | | | | | | |
| 52 | 9.92 | 0.08 | 1.38 | 0.04 | | | | | | | | | | |
| 54 | 10.62 | 0.08 | 1.43 | 0.04 | | | | | | | | | | |
| 56 | 11.34 | 0.08 | 1.49 | 0.04 | | | | | | | | | | |
| 60 | 12.84 | 0.09 | 2.93 | 0.05 | | | | | | | | | | |
| 70 | 16.99 | 0.10 | 3.85 | 0.06 | | | | | | | | | | |
| 80 | 21.68 | 0.12 | 4.88 | 0.06 | | | | | | | | | | |
| 82 | 22.69 | 0.12 | 5.10 | 0.07 | | | | | | | | | | |
| 84 | 23.71 | 0.12 | 5.33 | 0.07 | | | | | | | | | | |
| 90 | 26.93 | 0.13 | 6.03 | 0.07 | | | | | | | | | | |
| 100 | 32.72 | 0.15 | 7.29 | 0.08 | 2.24 | 0.05 | | | | | | | | |
| 105 | 35.82 | 0.15 | 7.93 | 0.08 | 2.45 | 0.05 | | | | | | | | |
| 110 | 39.05 | 0.16 | 8.66 | 0.09 | 2.66 | 0.05 | | | | | | | | |
| 120 | 45.93 | 0.17 | 10.15 | 0.10 | 3.10 | 0.06 | | | | | | | | |
| 125 | 49.57 | 0.18 | 10.93 | 0.10 | 3.34 | 0.06 | | | | | | | | |
| 130 | 53.5 | 0.19 | 11.74 | 0.10 | 3.58 | 0.06 | | | | | | | | |
| 135 | 57.27 | 0.20 | 12.58 | 0.11 | 3.83 | 0.07 | | | | | | | | |
| 140 | 61.32 | 0.20 | 13.45 | 0.11 | 4.09 | 0.07 | 1.04 | 0.04 | | | | | | |

| 公称直径 | 15 mm | | 20 mm | | 25 mm | | 32 mm | | 40 mm | | 50 mm | | 70 mm | |
|---|---|---|---|---|---|---|---|---|---|---|---|---|---|---|
| 内径 | 15.75 mm | | 21.25 mm | | 27.00 mm | | 35.75 mm | | 41.00 mm | | 53.00 mm | | 68.00 mm | |
| G | R | ν | R | ν | R | ν | R | ν | R | ν | R | ν | R | ν |
| 160 | 78.87 | 0.23 | 17.19 | 0.13 | 5.20 | 0.08 | 1.31 | 0.05 | | | | | | |
| 180 | 98.59 | 0.26 | 21.38 | 0.14 | 6.44 | 0.09 | 1.61 | 0.05 | | | | | | |
| 200 | 120.48 | 0.29 | 26.01 | 0.16 | 7.80 | 0.10 | 1.95 | 0.06 | | | | | | |
| 220 | 144.52 | 0.32 | 31.08 | 0.18 | 9.29 | 0.11 | 2.31 | 0.06 | | | | | | |
| 240 | 170.73 | 0.35 | 36.58 | 0.19 | 10.90 | 0.12 | 2.70 | 0.07 | | | | | | |
| 260 | 199.09 | 0.38 | 42.52 | 0.21 | 12.64 | 0.13 | 3.12 | 0.07 | | | | | | |
| 270 | 214.08 | 0.39 | 45.66 | 0.22 | 13.55 | 0.13 | 3.34 | 0.08 | | | | | | |
| 280 | 229.61 | 0.41 | 48.91 | 0.22 | 14.50 | 0.14 | 3.57 | 0.08 | 1.82 | 0.06 | | | | |
| 300 | 262.29 | 0.44 | 55.72 | 0.24 | 16.48 | 0.15 | 4.05 | 0.08 | 2.06 | 0.06 | | | | |
| 400 | 458.07 | 0.58 | 96.37 | 0.32 | 28.23 | 0.20 | 6.85 | 0.08 | 3.46 | 0.09 | | | | |
| 500 | | | 147.91 | 0.40 | 43.03 | 0.25 | 10.35 | 0.11 | 5.21 | 0.11 | | | | |
| 520 | | | 159.53 | 0.41 | 46.35 | 0.26 | 11.13 | 0.14 | 5.6 | 0.11 | 1.57 | 0.07 | | |
| 560 | | | 184.07 | 0.45 | 53.38 | 0.28 | 12.78 | 0.15 | 6.42 | 0.12 | 1.79 | 0.07 | | |
| 600 | | | 210.35 | 0.48 | 60.89 | 0.30 | 14.54 | 0.16 | 7.29 | 0.13 | 2.03 | 0.08 | | |
| 700 | | | 283.67 | 0.56 | 81.79 | 0.35 | 19.43 | 0.17 | 9.71 | 0.15 | 2.69 | 0.09 | | |
| 760 | | | 332.89 | 0.61 | 95.79 | 0.38 | 22.69 | 0.21 | 11.33 | 0.16 | 3.13 | 0.10 | | |
| 780 | | | 350.17 | 0.62 | 100.71 | 0.38 | 23.83 | 0.22 | 11.89 | 0.17 | 3.28 | 0.10 | | |
| 800 | | | 367.88 | 0.64 | 105.74 | 0.39 | 25.00 | 0.23 | 12.47 | 0.17 | 3.44 | 0.10 | | |
| 900 | | | 462.97 | 0.72 | 132.72 | 0.44 | 31.25 | 0.25 | 15.56 | 0.19 | 4.27 | 0.12 | 1.24 | 0.07 |
| 1000 | | | 568.94 | 0.80 | 162.75 | 0.49 | 38.20 | 0.28 | 18.98 | 0.21 | 5.19 | 0.13 | 1.50 | 0.08 |
| 1050 | | | 626.01 | 0.84 | 178.90 | 0.52 | 41.93 | 03.0 | 20.81 | 0.22 | 5.69 | 0.13 | 1.64 | 0.08 |
| 1100 | | | 685.79 | 0.88 | 195.81 | 0.54 | 45.83 | 0.31 | 22.73 | 0.24 | 6.20 | 0.14 | 1.79 | 0.09 |
| 1200 | | | 813.52 | 0.96 | 231.92 | 0.59 | 54.14 | 0.34 | 26.81 | 0.26 | 7.29 | 0.15 | 2.10 | 0.09 |

| 公称直径 | 15 mm | | 20 mm | | 25 mm | | 32 mm | | 40 mm | | 50 mm | | 70 mm | |
|---|---|---|---|---|---|---|---|---|---|---|---|---|---|---|
| 内径 | 15.75 mm | | 21.25 mm | | 27.00 mm | | 35.75 mm | | 41.00 mm | | 53.00 mm | | 68.00 mm | |
| G | R | v | R | v | R | v | R | v | R | v | R | v | R | v |
| 1250 | | | 881.47 | 1.00 | 251.11 | 0.62 | 58.55 | 0.35 | 28.98 | 0.27 | 7.87 | 0.16 | 2.26 | 0.10 |
| 1300 | | | | | 271.06 | 0.64 | 63.14 | 0.37 | 31.23 | 0.28 | 8.47 | 0.17 | 2.43 | 0.10 |
| 1400 | | | | | 313.24 | 0.69 | 72.82 | 0.39 | 35.98 | 0.30 | 9.74 | 0.18 | 2.79 | 0.11 |
| 1600 | | | | | 406.71 | 0.79 | 94.24 | 0.45 | 46.47 | 0.34 | 12.56 | 0.20 | 3.57 | 0.12 |
| 1800 | | | | | 512.34 | 0.89 | 118.39 | 0.51 | 58.28 | 0.39 | 15.65 | 0.23 | 4.44 | 0.14 |
| 2000 | | | | | 630.11 | 0.99 | 145.28 | 0.56 | 71.42 | 0.43 | 19.12 | 0.26 | 5.41 | 0.16 |
| 2200 | | | | | | | 174.91 | 0.62 | 85.88 | 0.47 | 22.92 | 0.28 | 6.47 | 0.17 |
| 2400 | | | | | | | 207.23 | 0.68 | 101.66 | 0.51 | 27.07 | 0.10 | 7.62 | 0.19 |
| 2500 | | | | | | | 224.47 | 0.70 | 110.04 | 0.53 | 29.28 | 0.32 | 8.23 | 0.19 |
| 2600 | | | | | | | 242.35 | 0.73 | 118.76 | 0.56 | 31.56 | 0.33 | 8.86 | 0.20 |
| 2800 | | | | | | | 280.18 | 0.79 | 137.19 | 0.60 | 36.39 | 0.36 | 10.20 | 0.22 |
| 2900 | | | | | | | 300.11 | 0.82 | 146.89 | 0.62 | 38.93 | 0.37 | 10.90 | 0.23 |
| 3000 | | | | | | | 320.73 | 0.84 | 156.93 | 0.64 | 41.56 | 0.38 | 11.62 | 0.23 |
| 3100 | | | | | | | 342.04 | 0.87 | 167.30 | 0.66 | 44.27 | 0.40 | 12.37 | 0.24 |

注：1. 本表部分摘自《供暖通风设计手册》(1987 年)。

2. 本表按供暖季平均水温 $t \approx 60℃$，相应密度 $\rho = 983.248 \ kg/m^3$ 条件编制。

3. 摩阻阻力系数 $\lambda$ 值按下述原则确定：层流区中，按式 (5-4) 计算；紊流区，按式 (5-11) 计算。

4. 表中符号：$G$ 为管段水流量，kg/h；$R$ 为比摩阻，Pa/m；$v$ 为流速，m/s。

### 附表 5-2　热水及蒸汽供暖系统局部阻力系数 ξ 值

| 局部阻力名称 | ξ | 说明 |
|---|---|---|
| 双柱散热器 | 2.0 | |
| 铸铁锅炉 | 2.5 | 以热媒在导管中的流速计算局部阻力 |
| 钢制锅炉 | 2.0 | |
| 突然扩大 | 1.0 | 以其中较大的流速计算局部阻力 |

| 局部阻力名称 | 在下列管径时的 ξ 值 | | | | | |
|---|---|---|---|---|---|---|
| | 15mm | 20mm | 25mm | 32mm | 40mm | ≥50mm |
| 截止阀 | 16.0 | 10.0 | 9.0 | 9.0 | 8.0 | 7.0 |
| 旋塞 | 4.0 | 2.0 | 2.0 | 2.0 | 2.0 | |
| 斜杆截止阀 | 3.0 | 3.0 | 3.0 | 2.5 | 2.5 | 2.0 |
| 闸阀 | 1.5 | 0.5 | 0.5 | 0.5 | 0.6 | 0.5 |

续表

| 局部阻力名称 | 说明 | 在下列管径时的ξ值 | | | | | |
|---|---|---|---|---|---|---|---|
| | | 15mm | 20mm | 25mm | 32mm | 40mm | ≥50mm |
| 弯头 | 90°煨弯及乙字弯 | 2.0 | 2.0 | 1.5 | 1.5 | 1.0 | 1.0 |
| | 拐弯（图6） | 1.5 | 1.5 | 1.0 | 1.0 | 0.5 | 0.5 |
| | 急弯双弯头 | 3.0 | 2.0 | 2.0 | 2.0 | 2.0 | 2.0 |
| | 缓弯双弯头 | 2.0 | 2.0 | 2.0 | 2.0 | 2.0 | 2.0 |
| | | 1.0 | 1.0 | 1.0 | 1.0 | 1.0 | 1.0 |

| 局部阻力名称 | 说明 | ξ |
|---|---|---|
| 突然缩小 | | 0.5 |
| 直流三通（图1） | | 1.0 |
| 旁流三通（图2） | | 1.5 |
| 合流三通（图3） | | 3.0 |
| 分流三通（图3） | | 3.0 |
| 直流三通（图4） | | 2.0 |
| 分流三通（图5） | | 3.0 |
| 方形补偿器 | | 2.0 |
| 套管补偿器 | | 0.5 |

**附表 5-3　热水供热系统局部阻力系数 $\xi=1$ 的局部损失（动压头）值 $\Delta P_d=\rho v^2/2$(Pa)**

| v | $\Delta P_d$ | v | $\Delta P_d$ | v | $\Delta P_d$ | v | $\Delta P_d$ | v | $\Delta P_d$ | v | $\Delta P_d$ |
|---|---|---|---|---|---|---|---|---|---|---|---|
| 0.01 | 0.05 | 0.13 | 8.31 | 0.25 | 30.73 | 0.37 | 67.30 | 0.49 | 118.04 | 0.61 | 182.93 |
| 0.02 | 0.20 | 0.14 | 9.64 | 0.26 | 33.23 | 0.38 | 70.99 | 0.50 | 122.91 | 0.62 | 188.98 |
| 0.03 | 0.44 | 0.15 | 11.06 | 0.27 | 35.84 | 0.39 | 74.78 | 0.51 | 127.87 | 0.65 | 207.71 |
| 0.04 | 0.79 | 0.16 | 12.59 | 0.28 | 38.54 | 0.40 | 78.66 | 0.52 | 132.94 | 0.68 | 227.33 |
| 0.05 | 1.23 | 0.17 | 14.21 | 0.29 | 41.35 | 0.41 | 82.64 | 0.53 | 138.10 | 0.71 | 247.83 |
| 0.06 | 1.77 | 0.18 | 15.93 | 0.30 | 44.25 | 0.42 | 86.72 | 0.54 | 143.36 | 0.74 | 269.21 |
| 0.07 | 2.41 | 0.19 | 17.75 | 0.31 | 47.25 | 0.43 | 90.90 | 0.55 | 148.72 | 0.77 | 291.48 |
| 0.08 | 3.15 | 0.20 | 19.66 | 0.32 | 50.34 | 0.44 | 95.18 | 0.56 | 154.17 | 0.80 | 314.64 |
| 0.09 | 3.98 | 0.21 | 21.68 | 0.33 | 53.54 | 0.45 | 99.55 | 0.57 | 159.73 | 0.85 | 355.20 |
| 0.10 | 4.92 | 0.22 | 23.79 | 0.34 | 56.83 | 0.46 | 104.03 | 0.58 | 165.38 | 0.90 | 398.22 |
| 0.11 | 5.95 | 0.23 | 26.01 | 0.35 | 60.22 | 0.47 | 108.60 | 0.59 | 171.13 | 0.95 | 443.70 |
| 0.12 | 7.08 | 0.24 | 28.32 | 0.36 | 63.71 | 0.48 | 113.27 | 0.60 | 176.98 | 1.00 | 491.62 |

注：本表按设计供水温度 95℃，回水温度 70℃，供暖季平均水温 $t=60℃$，相应密度 $\rho=983.248$ kg/m³ 编制。

附表 5-4　一些管径的 $\lambda/d$ 值和 $A$ 值

| 公称直径/mm | 15 | 20 | 25 | 32 | 40 | 50 | 70 | 89×3.5 | 108×4 |
|---|---|---|---|---|---|---|---|---|---|
| 外径/mm | 21.25 | 26.75 | 33.5 | 42.25 | 48 | 60 | 75.5 | 89 | 108 |
| 内径/mm | 15.75 | 21.25 | 27 | 35.75 | 41 | 53 | 68 | 82 | 100 |
| $\lambda/d$ 值/m$^{-1}$ | 2.6 | 1.8 | 1.3 | 0.9 | 0.76 | 0.54 | 0.4 | 0.31 | 0.24 |
| $A/\dfrac{Pa}{(kg/h)^2}$ | $1.03\times10^{-3}$ | $1.03\times10^{-4}$ | $1.20\times10^{-4}$ | $3.89\times10^{-5}$ | $2.25\times10^{-5}$ | $8.06\times10^{-6}$ | $2.97\times10^{-6}$ | $1.41\times10^{-6}$ | $6.36\times10^{-7}$ |

注：本表按设计供水温度 95℃，回水温度 70℃，供暖季平均水温 $t$=60℃，相应密度 $\rho$=983.248 kg/m³ 编制。

附表 5-5　按 $\zeta_{zh}=1$ 确定热水供暖系统管段压力损失的管径计算表

| 项目 | 公称直径 DN/mm | | | | | | | | | 流速 $v$/ (m/s) | $\Delta P(Pa)$ |
|---|---|---|---|---|---|---|---|---|---|---|---|
| | 15 | 20 | 25 | 32 | 40 | 50 | 70 | 80 | 100 | | |
| 水流量 $G$/(kg/h) | 76 | 138 | 223 | 391 | 514 | 859 | 1415 | 2054 | 3059 | 0.11 | 5.95 |
| | 83 | 151 | 243 | 427 | 561 | 937 | 1544 | 2241 | 3336 | 0.12 | 7.08 |
| | 90 | 163 | 263 | 462 | 608 | 1015 | 1678 | 2428 | 3615 | 0.13 | 8.31 |
| | 97 | 176 | 283 | 498 | 655 | 1094 | 1802 | 2615 | 3893 | 0.14 | 9.64 |
| | 104 | 188 | 304 | 533 | 701 | 1171 | 1930 | 2801 | 4170 | 0.15 | 11.06 |
| | 111 | 201 | 324 | 569 | 748 | 1250 | 2059 | 2988 | 4449 | 0.16 | 12.59 |
| | 117 | 213 | 344 | 604 | 795 | 1328 | 2187 | 3175 | 4727 | 0.17 | 14.21 |
| | 124 | 226 | 364 | 640 | 841 | 1406 | 2316 | 3361 | 5005 | 0.18 | 15.93 |
| | 131 | 239 | 385 | 675 | 888 | 1484 | 2445 | 3548 | 5283 | 0.19 | 17.75 |
| | 138 | 251 | 405 | 711 | 935 | 1562 | 2573 | 3734 | 5560 | 0.20 | 19.66 |
| | 145 | 264 | 425 | 747 | 982 | 1640 | 2702 | 3921 | 5838 | 0.21 | 21.68 |
| | 152 | 276 | 445 | 782 | 1028 | 1718 | 2830 | 4108 | 6116 | 0.22 | 23.79 |
| | 159 | 289 | 466 | 818 | 1075 | 1796 | 2959 | 4295 | 6395 | 0.23 | 26.01 |
| | 166 | 301 | 486 | 853 | 1122 | 1874 | 3088 | 4482 | 6673 | 0.24 | 28.32 |
| | 173 | 314 | 506 | 889 | 1169 | 1953 | 3217 | 4668 | 6951 | 0.25 | 30.73 |
| | 180 | 326 | 526 | 924 | 1215 | 2030 | 3345 | 4855 | 7228 | 0.26 | 33.23 |
| | 187 | 339 | 547 | 960 | 1262 | 2109 | 3474 | 5042 | 7507 | 0.27 | 35.84 |
| | 193 | 351 | 567 | 995 | 1309 | 2187 | 3602 | 5228 | 7784 | 0.28 | 38.54 |
| | 200 | 364 | 587 | 1031 | 1356 | 2265 | 3731 | 5415 | 8063 | 0.29 | 41.35 |

| 项目 | 公称直径 DN/mm | | | | | | | | | 流速 v/（m/s） | △P（Pa） |
|---|---|---|---|---|---|---|---|---|---|---|---|
| 水流量 G/（kg/h） | 15 | 20 | 25 | 32 | 40 | 50 | 70 | 80 | 100 | | |
| | 207 | 377 | 607 | 1067 | 1402 | 2343 | 3860 | 5602 | 8341 | 0.30 | 44.25 |
| | 214 | 389 | 627 | 1102 | 1449 | 2421 | 3989 | 5789 | 8619 | 0.31 | 47.25 |
| | 221 | 402 | 648 | 1138 | 1496 | 2499 | 4117 | 5975 | 8897 | 0.32 | 50.34 |
| | 228 | 414 | 668 | 1173 | 1543 | 2577 | 4246 | 6162 | 9175 | 0.33 | 53.54 |
| | 235 | 427 | 688 | 1209 | 1589 | 2655 | 4374 | 6349 | 9453 | 0.34 | 56.83 |
| | 242 | 439 | 708 | 1244 | 1636 | 2733 | 4503 | 6535 | 9731 | 0.35 | 60.22 |
| | 249 | 452 | 729 | 1280 | 1683 | 2811 | 4632 | 6722 | 10090 | 0.36 | 63.71 |
| | 256 | 464 | 749 | 1315 | 1729 | 2890 | 4760 | 6909 | 10287 | 0.37 | 67.30 |
| | 263 | 477 | 769 | 1351 | 1766 | 3124 | 4889 | 7096 | 10565 | 0.38 | 70.99 |
| | 276 | 502 | 810 | 1422 | 1870 | 3280 | 5146 | 7469 | 11121 | 0.40 | 78.66 |
| | 290 | 527 | 850 | 1493 | 1963 | 3436 | 5404 | 7842 | 11677 | 0.42 | 86.72 |
| | 304 | 552 | 891 | 1564 | 2057 | 3493 | 5661 | 8216 | 12233 | 0.44 | 95.18 |
| | 318 | 577 | 931 | 1635 | 2150 | 3596 | 5918 | 8590 | 12789 | 0.46 | 104.03 |
| | 332 | 603 | 972 | 1706 | 2244 | 3749 | 6176 | 8963 | 13345 | 0.48 | 113.27 |
| | 345 | 628 | 1012 | 1778 | 2337 | 3905 | 6433 | 9336 | 13902 | 0.50 | 122.91 |
| | 380 | 690 | 1113 | 1955 | 2571 | 4296 | 7076 | 10270 | 15292 | 0.55 | 148.72 |
| | 415 | 753 | 1214 | 2133 | 2805 | 4686 | 7719 | 11203 | 16681 | 0.60 | 176.98 |
| | 449 | 816 | 1316 | 2311 | 3038 | 5076 | 8363 | 12137 | 18072 | 0.65 | 207.71 |
| | 484 | 879 | 1417 | 2489 | 3272 | 5467 | 9006 | 13071 | 19462 | 0.70 | 240.90 |
| | | 1004 | 1619 | 2844 | 3740 | 6248 | 10293 | 14938 | 22242 | 0.80 | 314.64 |
| | | | | 3200 | 4207 | 7029 | 11579 | 16860 | 25023 | 0.90 | 398.22 |
| | | | | | | 7810 | 12866 | 18673 | 27803 | 1.00 | 491.62 |
| | | | | | | | | 22407 | 33363 | 1.20 | 707.94 |

注：按公式 G=（△P/A）$^{0.5}$ 公式计算，其中△P 按附表 5-3，A 按附表 5-4 计算。

附表 5-6 供暖系统中摩擦损失与局部损失的概率分配比例 α

| 供暖系统形式 | 摩擦损失/% | 局部损失/% |
|---|---|---|
| 重力循环热水供暖系统 | 50 | 50 |
| 机械循环热水供暖系统 | 50 | 50 |
| 低压蒸汽供暖系统 | 60 | 40 |
| 高压蒸汽供暖系统 | 80 | 20 |
| 室内高压凝水管路系统 | 80 | 20 |

附表 6-1 疏水器的排水系数 Ap 值

| 排水阀孔直径 d/mm | $\Delta P$/kPa | | | | | | | | | |
|---|---|---|---|---|---|---|---|---|---|---|
| | 100 | 200 | 300 | 400 | 500 | 600 | 700 | 800 | 900 | 1000 |
| 2.6 | 25 | 24 | 23 | 22 | 21 | 20.5 | 20.5 | 20 | 20 | 19.8 |
| 3 | 25 | 23.7 | 22.5 | 21 | 21 | 20.4 | 20 | 20 | 20 | 19.5 |
| 4 | 24.2 | 23.5 | 21.6 | 20.6 | 19.6 | 18.7 | 17.8 | 17.2 | 16.7 | 16 |
| 4.5 | 23.8 | 21.3 | 19.9 | 18.9 | 18.3 | 17.7 | 17.3 | 16.9 | 16.6 | 16 |
| 5 | 23 | 21 | 19.4 | 18.5 | 18 | 17.3 | 16.8 | 16.3 | 16 | 15.5 |
| 6 | 20.8 | 20.4 | 18.8 | 17.9 | 17.4 | 16.7 | 16 | 15.5 | 14.9 | 14.3 |
| 7 | 19.4 | 18 | 16.7 | 15.9 | 15.2 | 14.8 | 14.2 | 13.8 | 13.5 | 13.5 |
| 8 | 18 | 16.4 | 15.5 | 14.5 | 13.8 | 13.2 | 12.6 | 11.7 | 11.9 | 11.5 |
| 9 | 16 | 15.3 | 14.2 | 13.6 | 12.9 | 12.5 | 11.9 | 11.5 | 11.1 | 10.6 |
| 10 | 14.9 | 13.9 | 13.2 | 12.5 | 12 | 11.4 | 10.9 | 10.4 | 10 | 10 |
| 11 | 13.6 | 12.6 | 11.8 | 11.3 | 10.9 | 10.6 | 10.4 | 10.2 | 10 | 9.7 |

注: $\Delta P = P_1 - P_2$

附表 6-2 低压蒸气供暖系统管路水力计算表（表压力 $P_b$ =5~20kPa，k=0.2mm）

| 比摩阻 R /(Pa/m) | | 15mm | 20mm | 25mm | 32mm | 40mm | 50mm | 70mm |
|---|---|---|---|---|---|---|---|---|
| | | 公称直径 | | | | | | |
| 5 | 通过热量 Q | 790 | 1510 | 2380 | 5260 | 8010 | 15760 | 30050 |
| | 蒸气流速 v/(m/s) | 2.92 | 2.92 | 2.92 | 3.67 | 4.23 | 5.1 | 5.75 |
| 10 | 通过热量 Q | 918 | 2066 | 3541 | 7727 | 11457 | 23015 | 43200 |
| | 蒸气流速 v/(m/s) | 3.43 | 3.89 | 4.34 | 5.4 | 6.05 | 7.43 | 8.35 |
| 15 | 通过热量 Q | 1090 | 2490 | 4395 | 10000 | 14260 | 28500 | 53400 |
| | 蒸气流速 v/(m/s) | 4.07 | 4.88 | 5.45 | 6.65 | 7.64 | 9.31 | 10.35 |
| 20 | 通过热量 Q | 1239 | 2920 | 5240 | 11120 | 16720 | 33050 | 61900 |
| | 蒸气流速 v/(m/s) | 4.55 | 5.65 | 6.41 | 7.80 | 8.83 | 10.85 | 12.10 |
| 30 | 通过热量 Q | 1500 | 3615 | 6350 | 13700 | 20750 | 40800 | 76600 |
| | 蒸气流速 v/(m/s) | 5.55 | 7.01 | 7.77 | 9.60 | 10.95 | 13.20 | 14.95 |
| 40 | 通过热量 Q | 1759 | 4220 | 7330 | 16180 | 24190 | 47800 | 89400 |
| | 蒸气流速 v/(m/s) | 6.51 | 8.20 | 8.98 | 11.30 | 12.70 | 15.30 | 17.35 |
| 60 | 通过热量 Q | 2219 | 5130 | 9310 | 20500 | 29550 | 58900 | 110700 |
| | 蒸气流速 v/(m/s) | 8.17 | 9.94 | 11.4 | 14.00 | 15.60 | 19.03 | 21.40 |
| 80 | 通过热量 Q | 2570 | 5970 | 10630 | 23100 | 34400 | 67900 | 127600 |
| | 蒸气流速 v/(m/s) | 9.55 | 11.60 | 13.15 | 16.30 | 18.40 | 22.10 | 24.80 |
| 100 | 通过热量 Q | 2900 | 6820 | 11900 | 25655 | 38400 | 76000 | 142900 |
| | 蒸气流速 v/(m/s) | 10.70 | 13.20 | 14.60 | 17.90 | 20.35 | 24.60 | 27.60 |
| 150 | 通过热量 Q | 3520 | 8323 | 14678 | 31707 | 47358 | 93495 | 168200 |
| | 蒸气流速 v/(m/s) | 13.00 | 16.10 | 18.00 | 22.15 | 25.00 | 30.20 | 33.40 |
| 200 | 通过热量 Q | 4052 | 9703 | 16975 | 36545 | 55568 | 108210 | 202800 |
| | 蒸气流速 v/(m/s) | 15.00 | 18.80 | 20.90 | 25.50 | 29.40 | 35.00 | 38.90 |
| 300 | 通过热量 Q | 5049 | 11939 | 20778 | 45140 | 68360 | 132870 | 250000 |
| | 蒸气流速 v/(m/s) | 18.70 | 23.20 | 25.60 | 31.60 | 35.60 | 42.80 | 48.20 |

## 附表 6-3 低压蒸气供暖系统管路水力计算用动压头

| v/(m/s) | $\frac{v^2 p}{2}$ /Pa | v/(m/s) | $\frac{v^2 p}{2}$ /Pa | v/(m/s) | $\frac{v^2 p}{2}$ /Pa | v/(m/s) | $\frac{v^2 p}{2}$ /Pa |
|---|---|---|---|---|---|---|---|
| 5.5 | 9.58 | 10.5 | 34.93 | 15.5 | 76.12 | 20.5 | 133.16 |
| 6.0 | 11.40 | 11.0 | 38.34 | 16.0 | 81.11 | 21.0 | 139.73 |
| 6.5 | 13.39 | 11.5 | 41.90 | 16.5 | 86.26 | 21.5 | 146.46 |
| 7.0 | 15.53 | 12.0 | 45.93 | 17.0 | 91.57 | 22.0 | 153.36 |
| 7.5 | 17.82 | 12.5 | 49.50 | 17.5 | 97.04 | 22.5 | 160.41 |
| 8.0 | 20.28 | 13.0 | 53.50 | 18.0 | 102.66 | 23.0 | 167.61 |
| 8.5 | 22.89 | 13.5 | 57.75 | 18.5 | 108.44 | 23.5 | 174.98 |
| 9.0 | 25.66 | 14.0 | 62.10 | 19.0 | 114.38 | 24.0 | 182.51 |
| 9.5 | 28.60 | 14.5 | 66.60 | 19.5 | 120.48 | 24.5 | 190.19 |
| 10.0 | 31.69 | 15.0 | 71.29 | 20.0 | 126.74 | 25.0 | 198.03 |

注：本表摘自苏联 В.Н.Богословский 等著，《采暖与通风》（1980年莫斯科）。

## 附表 6-4 蒸汽供暖系统干式和湿式自流凝结水管管径选择表

| 凝水管径/mm | 形成凝结水时，由蒸汽放出的热量/kW | | | | | |
|---|---|---|---|---|---|---|
| | 干式凝水管 | | | 湿式凝水管（水平或垂直的） | | |
| | 低压蒸汽 | | 高压蒸汽 | 计算管段的长度 | | |
| | 水平管段 | 垂直管段 | | 50m以下 | 50~100m | 100m以上 |
| 1 | 2 | 3 | 4 | 5 | 6 | 7 |
| 15 | 4.7 | 7 | 8 | 33 | 21 | 9.3 |
| 20 | 17.5 | 26 | 29 | 82 | 53 | 29 |
| 25 | 33 | 49 | 45 | 145 | 93 | 47 |
| 32 | 79 | 116 | 93 | 310 | 200 | 100 |
| 40 | 120 | 180 | 128 | 440 | 290 | 135 |
| 50 | 250 | 370 | 230 | 760 | 550 | 250 |
| 76×3 | 580 | 875 | 550 | 1750 | 1220 | 580 |
| 89×3.5 | 870 | 1300 | 815 | 2620 | 1750 | 875 |
| 102×4 | 1280 | 2000 | 1220 | 3605 | 2320 | 1280 |
| 114×4 | 1630 | 2420 | 1570 | 4240 | 3000 | 1600 |

注：1. 第5、6、7栏计算管段的长度系最远散热器到锅炉的长度。
2. 本表选自《供暖通风设计手册》，上册，《采暖及供热》基辅（1976年版）单位经换算。
3. 干式水平凝水管坡度 0.005。

附表6-5 室内高压蒸汽供暖系统管径计算表 (蒸汽表压力 $P_b$=200kPa, K=0.2mm)

| 公称直径/mm | | 15 | | 20 | | 25 | | 32 | | 40 | |
|---|---|---|---|---|---|---|---|---|---|---|---|
| 内径/mm | | 15.75 | | 21.25 | | 27 | | 35.75 | | 41 | |
| 外径/mm | | 21.25 | | 26.75 | | 32.50 | | 42.25 | | 48 | |
| Q | G | R | v | R | v | R | v | R | v | R | v |
| 4000 | 7 | 71 | 5.7 | | | | | | | | |
| 6000 | 10 | 154 | 8.6 | 34 | 4.7 | 10 | 2.9 | | | | |
| 8000 | 13 | 270 | 11.5 | 58 | 6.3 | 17 | 3.9 | | | | |
| 10000 | 17 | 418 | 14.4 | 89 | 7.9 | 26 | 4.9 | | | | |
| 12000 | 20 | 597 | 17.2 | 127 | 9.5 | 37 | 5.9 | 9 | 3.3 | | |
| 14000 | 23 | 809 | 20.1 | 172 | 11.1 | 50 | 6.8 | 12 | 3.9 | | |
| 16000 | 27 | 1052 | 23.0 | 223 | 12.6 | 65 | 7.8 | 16 | 4.5 | 8 | 3.4 |
| 18000 | 30 | | | 281 | 14.2 | 82 | 8.8 | 20 | 5.0 | 10 | 3.8 |
| 20000 | 33 | | | 345 | 15.8 | 100 | 9.8 | 24 | 5.6 | 12 | 4.2 |
| 24000 | 40 | | | 494 | 18.9 | 143 | 11.7 | 34 | 6.7 | 17 | 5.1 |
| 28000 | 47 | | | 670 | 22.1 | 194 | 13.7 | 46 | 7.8 | 23 | 5.9 |
| 32000 | 53 | | | 871 | 25.3 | 252 | 15.6 | 59 | 8.9 | 29 | 6.8 |
| 36000 | 60 | | | 1100 | 28.4 | 317 | 17.6 | 74 | 10.0 | 37 | 7.6 |
| 40000 | 67 | | | 1355 | 31.6 | 390 | 19.6 | 91 | 11.2 | 45 | 8.5 |
| 44000 | 73 | | | 1636 | 34.7 | 471 | 21.5 | 110 | 12.3 | 54 | 9.3 |
| 50000 | 83 | | | 2108 | 39.5 | 606 | 24.4 | 141 | 13.9 | 70 | 10.6 |
| 60000 | 100 | | | | | 868 | 29.3 | 202 | 16.7 | 100 | 12.7 |
| 70000 | 116 | | | | | 1178 | 34.2 | 274 | 19.5 | 135 | 14.8 |
| 80000 | 133 | | | | | 1535 | 39.1 | 356 | 22.3 | 175 | 17.0 |
| 90000 | 150 | | | | | | | 449 | 25.1 | 220 | 19.1 |
| 100000 | 166 | | | | | | | 553 | 27.9 | 271 | 21.2 |
| 140000 | 233 | | | | | | | 1077 | 39.0 | 527 | 29.7 |

公称直径/mm：15　20　25　32　40　50　70
内径/mm：15.75　21.25　27　35.75　41　53　68
外径/mm：21.25　26.75　32.50　42.25　48　60　75.5

| Q | G | DN15 R | DN15 v | DN20 R | DN20 v | DN25 R | DN25 v | DN32 R | DN32 v | DN40 R | DN40 v | DN50 R | DN50 v | DN70 R | DN70 v |
|---|---|---|---|---|---|---|---|---|---|---|---|---|---|---|---|
| 28000 | 47 | 6 | 3.6 | | | | | | | | | | | | |
| 32000 | 53 | 8 | 4.1 | | | | | | | | | | | | |
| 36000 | 60 | 10 | 4.6 | | | | | | | | | | | | |
| 40000 | 67 | 12 | 5.1 | 3 | 3.1 | | | | | | | | | | |
| 44000 | 73 | 15 | 5.6 | 4 | 3.4 | | | | | | | | | | |
| 48000 | 80 | 17 | 6.1 | 5 | 3.7 | | | | | | | | | | |
| 50000 | 83 | 19 | 6.3 | 5 | 3.9 | | | | | | | | | | |
| 60000 | 100 | 27 | 7.6 | 7 | 4.6 | | | | | | | | | | |
| 70000 | 116 | 36 | 8.9 | 10 | 5.4 | | | | | | | | | | |
| 80000 | 133 | 46 | 10.1 | 13 | 6.2 | | | | | | | | | | |
| 90000 | 150 | 58 | 11.4 | 16 | 6.9 | | | | | | | | | | |
| 100000 | 166 | | | | | | | | | | | 72 | 12.7 | 20 | 7.7 |
| 140000 | 233 | | | | | | | | | | | 139 | 17.8 | 38 | 10.8 |
| 180000 | 299 | | | | | | | 1774 | 50.2 | 868 | 38.2 | 228 | 22.8 | 63 | 13.9 |
| 220000 | 366 | | | | | | | | | 1292 | 46.6 | 339 | 27.9 | 93 | 17.0 |
| 260000 | 433 | | | | | | | | | | | 472 | 33.0 | 129 | 20.0 |
| 300000 | 499 | | | | | | | | | | | 626 | 38.1 | 171 | 23.1 |
| 340000 | 566 | | | | | | | | | | | 803 | 43.1 | 219 | 26.2 |
| 380000 | 632 | | | | | | | | | | | 1001 | 48.2 | 273 | 29.3 |
| 420000 | 699 | | | | | | | | | | | | | 333 | 32.4 |
| 460000 | 765 | | | | | | | | | | | | | 398 | 35.5 |
| 500000 | 832 | | | | | | | | | | | | | 470 | 38.5 |

注：1. 制表时假定蒸汽运动黏度 $\nu = 8.21 \times 10^{-6}\ \mathrm{m^2/s}$，汽化潜热 $\gamma = 2164\,\mathrm{kJ/kg}$，密度 $\rho = 1.651\,\mathrm{kg/m^3}$。

2. 按式（4-12）确定摩擦阻力系数 $\lambda$ 值。

3. 表中符号：$Q$ 为管段热负荷，W；$G$ 为管段蒸汽流量，kg/h；$R$ 为比摩阻，Pa/m；$v$ 为流速，m/s。

附表 6-6 室内高压蒸汽供暖管路局部阻力当量长度（K=0.2mm）

单位：m

| 局部阻力名称 | 公称直径/mm | | | | | | | | | | | | |
| --- | --- | --- | --- | --- | --- | --- | --- | --- | --- | --- | --- | --- | --- |
| | 15 | 20 | 25 | 32 | 40 | 50 | 70 | 80 | 100 | 125 | 150 | 175 | 200 |
| | 1/2″ | 3/4″ | 1″ | 11/4″ | 11/2″ | 2″ | 21/2″ | 3″ | 4″ | 5″ | 6″ | — | — |
| 双柱散热器 | 0.7 | 1.1 | 1.5 | 2.2 | — | — | — | — | — | — | — | — | — |
| 钢制钢炉 | — | — | — | — | 2.6 | 3.8 | 5.2 | 7.4 | 10.0 | 13.0 | 14.7 | 17.6 | 20.0 |
| 突然扩大 | 0.4 | 0.6 | 0.8 | 1.1 | 1.3 | 1.9 | 2.6 | — | — | — | — | — | — |
| 突然缩小 | 0.2 | 0.3 | 0.4 | 0.6 | 0.7 | 1.0 | 1.3 | — | — | — | — | — | — |
| 截止阀 | 6.0 | 6.4 | 6.8 | 9.9 | 10.4 | 13.3 | 18.2 | 25.9 | 35.0 | 45.5 | 51.3 | 61.6 | 70.7 |
| 斜杆截止阀 | 1.1 | 1.7 | 2.3 | 2.8 | 3.3 | 3.8 | 5.2 | 7.4 | 10.0 | 13.0 | 14.7 | 17.6 | 20.2 |
| 闸阀 | — | 0.3 | 0.4 | 0.6 | 0.7 | 1.0 | 1.3 | 1.9 | 2.5 | 3.3 | 3.7 | 4.4 | 5.1 |
| 旋塞阀 | 1.5 | 1.5 | 1.5 | 2.2 | — | — | — | — | — | — | — | — | — |
| 方形补偿器 | — | — | 1.7 | 2.2 | 2.6 | 3.8 | 5.2 | 7.4 | 10.0 | 13.0 | 14.7 | 17.6 | 20.2 |
| 套管补偿器 | 0.2 | 0.3 | 0.4 | 0.6 | 0.7 | 1.0 | 1.3 | 1.9 | 2.5 | 3.3 | 3.7 | 4.4 | 5.1 |
| 直流三通 | 0.4 | 0.6 | 0.8 | 1.1 | 1.3 | 1.9 | 2.6 | 3.7 | 5.0 | 6.5 | 7.3 | 8.8 | 10.0 |
| 旁流三通 | 0.6 | 0.8 | 1.1 | 1.7 | 2.0 | 2.8 | 3.9 | 5.6 | 7.5 | 9.8 | 11.0 | 13.2 | 15.1 |
| 合流三通 | 1.1 | 1.7 | 2.2 | 3.3 | 3.9 | 5.7 | 7.8 | 11.1 | 15.0 | 19.5 | 22.0 | 26.4 | 30.3 |
| 直流三通 | 0.7 | 1.1 | 1.5 | 2.2 | 2.6 | 3.8 | 5.2 | 7.4 | 10.0 | 13.0 | 14.7 | 17.6 | 20.2 |
| 分流三通 | 1.1 | 1.7 | 2.2 | 3.3 | 3.9 | 5.7 | 7.8 | 11.1 | 15.0 | 19.5 | 22.0 | 26.4 | 30.3 |
| 弯头 | 0.7 | 1.1 | 1.1 | 1.7 | 1.3 | 1.9 | 2.6 | — | — | — | — | — | — |
| 90°煨弯及乙字弯 | 0.6 | 0.7 | 0.8 | 0.9 | 1.0 | 1.1 | 1.3 | 1.9 | 2.5 | 3.3 | 3.7 | 4.4 | 5.1 |
| 括弯 | 1.1 | 1.1 | 1.5 | 2.2 | 2.6 | 3.8 | 5.2 | 7.4 | 10.0 | 13.0 | 14.7 | 17.6 | 20.2 |
| 急弯双弯 | 0.7 | 1.1 | 1.5 | 2.2 | 2.6 | 3.8 | 5.2 | 7.4 | 10.0 | 13.0 | 14.7 | 17.6 | 20.2 |
| 缓弯双弯 | 0.4 | 0.6 | 0.8 | 1.1 | 1.3 | 1.9 | 2.6 | 3.7 | 5.0 | 6.5 | 7.3 | 8.8 | 10.1 |